U0416109

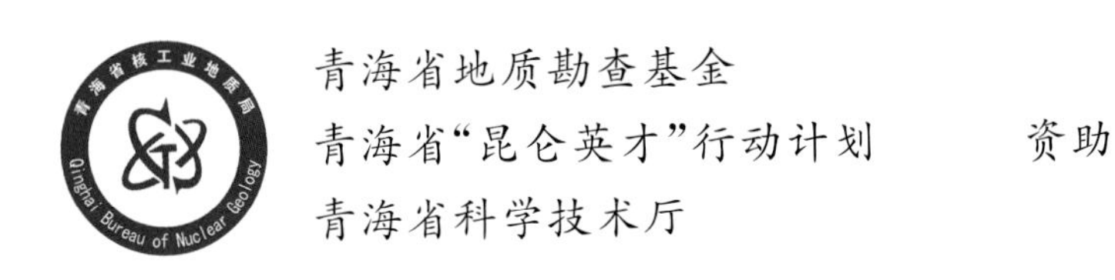

青海省地质勘查基金
青海省“昆仑英才”行动计划　　资助
青海省科学技术厅

青海省核工业地质局地质勘查(察)成果系列丛书

东昆仑成矿带铀矿成矿理论创新与找矿突破

DONGKUNLUN CHENGKUANGDAI YOUKUANG CHENGKUANG LILUN CHUANGXIN YU ZHAOKUANG TUPO

戴佳文　段建华　李为民　李彦强　郑振华　等编著

内容提要

在概述东昆仑成矿带铀矿地质勘查研究历程，梳理制约铀矿找矿突破的关键科学问题和系统收集、整理区域基础地质工作取得最新成果的基础上，综合分析了区域铀矿成矿地质条件、成矿特征及找矿前景等，全面总结了东昆仑成矿带在火山岩型、花岗岩型铀矿勘查及科研两方面取得的最新进展和创新性成果；特别是在大量野外地质调查、现代分析测试和综合研究的基础上，精确测定了海德乌拉铀矿床成岩、成矿时代，总结了铀矿体的产出特征及其受控因素，探讨了成矿物质来源及成矿流体性质，并构建了火山岩型铀矿成矿模式，为东昆仑成矿带铀矿找矿提供了理论支撑和技术指导。

本书可供从事铀矿地质勘查规划、生产管理及科研等工作的相关人员阅读参考。

图书在版编目(CIP)数据

东昆仑成矿带铀矿成矿理论创新与找矿突破/戴佳文等编著. —武汉：中国地质大学出版社，2024.12. —ISBN 978-7-5625-5997-9

Ⅰ. P619.14

中国国家版本馆 CIP 数据核字第 20249PM078 号

东昆仑成矿带铀矿成矿理论创新与找矿突破

戴佳文　段建华　李为民　李彦强　郑振华　**等编著**

责任编辑：沈婷婷　　选题策划：江广长　毕克成　段　勇　　责任校对：张咏梅

出版发行：中国地质大学出版社(武汉市洪山区鲁磨路 388 号)　　邮编：430074

电　话：(027)67883511　　传　真：(027)67883580　　E-mail：cbb@cug.edu.cn

经　销：全国新华书店　　http://cugp.cug.edu.cn

开本：787mm×1092mm　1/16　　字数：336 千字　　印张：13.25

版次：2024 年 12 月第 1 版　　印次：2024 年 12 月第 1 次印刷

印刷：武汉中远印务有限公司

ISBN 978-7-5625-5997-9　　定价：158.00 元

《东昆仑成矿带铀矿成矿理论创新与找矿突破》

主　　　编:戴佳文　段建华　李为民　李彦强　郑振华

主要编写人:赵生辉　张宇宏　白　强　刘松林　张得鑫
袁兴民　王元昊　赵有军　王　勇　何虎虎
王利文　马小龙　李桂英　田芳莲　刘　龙
白宝云　郭　宝

序　一

铀资源是重要的战略资源与能源矿产，其供应链安全对我国核工业健康发展和“双碳”目标的实现具有重要意义。国家高度重视天然铀产业的发展，21世纪以来，相继出台了一系列支持铀矿勘查的政策措施，铀矿地质勘查和研究工作进入了新的发展阶段，铀矿找矿取得了历史性突破。

值此中华人民共和国成立75周年、我国第一颗原子弹爆炸成功60周年、我国核工业创建即将70周年之际，青海省核工业地质局组织编纂出版了《东昆仑成矿带铀矿成矿理论创新与找矿突破》一书。以青海省自然资源厅、青海省科学技术厅安排部署的省级财政地质勘查项目和重点研发与转化计划项目为支撑，系统总结了东昆仑铀矿勘查取得的历史性突破和铀矿地质科研新进展，对东昆仑铀矿成矿远景做出了评价，为今后找矿工作部署提供了重要的地质理论依据，为广大铀矿地质工作者提供了可借鉴的参考。

青海省地域辽阔，成矿地质条件优越，矿产资源十分丰富。衷心希望青海省铀矿地质战线的广大科技工作者，深入学习贯彻习近平新时代中国特色社会主义思想，认真落实习近平总书记给山东省地矿局第六地质大队全体地质工作者重要回信精神，在省委、省政府坚强领导下，立足“三个最大”省情定位和“三个更加重要”战略地位，聚焦新发展阶段国家能源资源安全战略与青海省经济社会发展需求，大力弘扬“两弹一星”精神，求真务实、攻坚克难，全力推进新一轮找矿突破战略行动，不断总结规律、开拓创新，为保障国家能源资源安全做出更大的贡献！

青海省自然资源厅厅长

2024年10月

序 二

铀矿是事关我国经济、能源和国防安全的紧缺战略性矿产资源。当前,我国已成为世界上在建核电规模最大的国家,核电的大发展必然对天然铀资源的需求带来极大增长。21世纪以来,我国已全面加强了各主要铀成矿区(带)的勘查工作,以提高铀矿资源对国防建设和核电发展的保障能力。

东昆仑造山带构造一岩浆活动强烈,成矿地质条件优越,是青海省矿产资源最丰富、矿床产出最为集中、成矿类型最多的地区。随着地勘投入的不断加大,该区铀矿找矿工作得到持续加强,青海省核工业地质局在该成矿带先后评价了黑山、洪水河、海德乌拉、纳克秀玛等铀矿床(点),取得了大量的第一手勘查研究资料。

作者全面回顾了东昆仑成矿带铀矿地质勘查研究历程,梳理了制约铀矿找矿突破的关键科学问题,系统反映了取得的最新找矿成果。作者充分借鉴该区基础地质工作取得的新成果,通过大量实地调查研究,紧密结合铀矿勘查生产实践,在综合分析的基础上,以现代区域成矿理论及构造一岩浆(热液)一成岩(矿)理论为指导,深入分析研究了东昆仑地区铀矿成矿地质条件,系统总结了区内主要铀矿床(点)的成矿特征、控矿因素、成矿规律及找矿标志等。在典型铀矿床解剖方面,作者从分析研究东昆仑地区板块俯冲增生造山作用过程中成岩成矿地球动力学背景入手,运用岩石学、岩石地球化学、同位素年代学、矿床地球化学等研究方法,重点剖析了海德乌拉火山盆地构造一岩浆热液作用与铀成矿机理,提出了东昆仑造山带中晚三叠世碰撞伸展作用提供形成环境,后期构造叠加导致铀成矿的理论认识,初步构建了铀矿成矿模式,创新了东昆仑火山岩型铀矿成矿理论,进一步指导海德乌拉地区铀矿找矿取得了历史性突破,发现了我国西北地区首个与陆相火山岩有关的独立铀矿——海德乌拉铀矿床,具有十分重要的科研价值及找矿意义。

总之,《东昆仑成矿带铀矿成矿理论创新与找矿突破》一书是对东昆仑成矿带铀矿找矿工作进展和铀矿地质科研成果的系统总结,研究内容丰富,基础扎实。该研究成果为该区铀矿找矿提供了理论支撑和技术指导,无疑将进一步促进东昆仑成矿带铀矿资源潜力评价工作。同时衷心希望东昆仑地区铀矿找矿取得更大突破,为保障我国能源资源安全做出新的更大贡献。

中国科学院院士 赵鹏大

2024年11月

前　言

东昆仑造山带位于青藏高原北部，区域岩浆活动频繁，断裂构造发育，成矿地质条件十分优越，有色金属及贵金属矿找矿已取得了显著成果。有关学者和地质勘查单位、科研院所也对东昆仑成矿带构造-岩浆演化特征，多金属矿成矿规律、矿床成因及找矿模型等做了大量的研究工作，出版了《青海东昆仑成矿环境、成矿规律与找矿方向》等专著，极大地提高了东昆仑成矿带综合研究水平。

21 世纪以来，我国制定了宏伟的核电发展目标，这对优化能源结构、确保能源安全、积极应对气候变化和保护环境都具有重要意义。核电的大发展迫切需要巨大的铀资源储量作保障，因此铀矿地质勘查也迎来了新的发展机遇。花岗岩型、火山岩型、碳硅泥岩型和砂岩型铀矿床是我国四大主要工业铀矿类型。随着地质勘查投入的不断加大，东昆仑成矿带的铀矿地质工作得到持续加强，先后发现了黑山、洪水河和海德乌拉等花岗岩型、火山岩型铀矿床(点)，并率先在海德乌拉地区取得火山岩型铀矿找矿重大突破。

"青海省东昆仑火山岩型铀矿资源调查理论创新与找矿突破"为青海省科学技术厅下达的科研项目。课题组在系统收集整理东昆仑地区最新基础地质成果资料、野外实地调查以及参阅相关文献、专著的基础上，通过全体成员的共同努力，完成了《东昆仑成矿带铀矿成矿理论创新与找矿突破》一书的编写工作。全书共分为 6 章。第一章概要介绍了东昆仑地区的自然地理条件和地质矿产工作简史，重点介绍了青海省及东昆仑地区铀矿地质勘查、研究概况，以及本研究的选题依据、研究思路和研究内容等。第二章介绍了东昆仑地区各地层岩石类型组合与沉积建造组合，岩浆活动与岩浆岩，地质构造分区及主要区域性深大断裂基本特征等铀成矿地质条件。第三章重点介绍了研究区大地构造位置，海德乌拉火山盆地铀成矿地质背景，放射性异常及水系沉积物铀异常特征和遥感地质特征等。第四章介绍了东昆仑成矿带一批具有代表性的火山岩型、花岗岩型铀矿床(点)特征。从矿区地质背景、矿床地质特征、矿石特征、围岩蚀变类型、控矿因素、找矿标志等方面对海德乌拉、洪水河典型火山岩型铀矿床(点)和黑山、纳克秀玛典型花岗岩型铀矿点进行了详细介绍。第五章在对海德乌拉铀矿床进行大量的野外地质调查、地质科研样品分析测试成果和室内综合研究的基础上，重点探讨了海德乌拉火山盆地构造-岩浆演化特征，分析总结其成岩成矿环境，剖析了矿床成因及形成机理，创新了东昆仑火山岩型铀矿成矿理论，并建立了东昆仑火山岩型铀矿成矿模式，随之，东昆仑成矿带铀矿地质综合研究水平也得到了提高。第六章简要叙述了本次研究在东昆仑成矿带铀矿找矿及理论创新方面取得的成果及今后铀矿找矿工作建议。

本书全面总结了东昆仑成矿带在火山岩型、花岗岩型铀矿勘查及科研两方面取得的最新进展和创新性成果。其中前言由戴佳文、段建华、李彦强、郑振华完成，第一章由戴佳文、段建华、李为民完成，第二章由戴佳文、李彦强、郑振华、张得鑫完成，第三章由赵生辉、戴佳文、张宇宏、刘松林、袁兴民、王元昊、刘龙完成，第四章由戴佳文、赵生辉、张宇宏、白强、赵有军、刘松林、王勇、何虎虎、王利文、马小龙、白宝云完成，第五章由戴佳文、段建华、李彦强完成，第六章由戴佳文、段建华、李彦强、郑振华完成，最后由戴佳文统一修改、定稿，文中插图由赵生辉、张宇宏、白强、刘松林、袁兴民、王元昊、何虎虎、李桂英、田芳莲、郭宝负责清绘。

本课题研究工作的开展与本书的编著出版，得到了青海省清洁能源矿产勘查专项之“青海省都兰县海德乌拉地区铀矿预、普查”，青海省科学技术厅重点研发与转化专项之“青海省东昆仑火山岩型铀矿资源调查理论创新与找矿突破”，及青海省“昆仑英才”行动计划的资助。铀矿勘查研究得到了青海省自然资源厅、青海省地质调查局、东华理工大学、核工业北京地质研究院、中国地质大学(武汉)等单位的大力支持与协作。希望本书的出版，为东昆仑成矿带铀矿找矿提供理论支撑和技术指导，为参加东昆仑地区铀矿勘查研究的同志提供有益的素材，促进学术思想交流，加速推进东昆仑成矿带铀矿资源潜力评价，促进东昆仑成矿带铀矿找矿取得新的更大突破。在此，笔者向所有资助和关心支持本研究的单位和个人表示最诚挚的感谢。

由于笔者水平有限，时间紧迫，加之东昆仑地区花岗岩型铀矿基础研究薄弱，对其他火山盆地野外调查不足，铀矿地质勘查研究程度总体还较低，书中可能存在一定的不足和错误之处，敬请各位读者批评指正。

笔　者
2024 年 8 月 16 日

目　录

第一章　绪　论 …………………………………………………………………… (1)

第一节　战略意义和选题依据 ………………………………………………… (1)

第二节　东昆仑地区自然地理 ………………………………………………… (2)

第三节　东昆仑地区地质矿产工作简史 ……………………………………… (3)

第四节　国内外火山岩型铀矿研究现状 ……………………………………… (6)

第五节　铀矿地质工作现状 …………………………………………………… (10)

第六节　目标任务及研究内容 ………………………………………………… (15)

第二章　区域地质背景 ……………………………………………………… (17)

第一节　区域地层及沉积建造 ………………………………………………… (17)

第二节　岩浆活动与岩浆岩 …………………………………………………… (22)

第三节　地质构造与分区 ……………………………………………………… (28)

第三章　研究区地质背景 …………………………………………………… (39)

第一节　地质特征 ……………………………………………………………… (39)

第二节　放射性异常特征 ……………………………………………………… (53)

第三节　水系沉积物铀异常特征 ……………………………………………… (54)

第四节　重砂异常特征 ………………………………………………………… (55)

第五节　遥感地质特征 ………………………………………………………… (56)

第四章　典型铀矿床(点)特征 ……………………………………………… (65)

第一节　海德乌拉铀矿床 ……………………………………………………… (65)

第二节　洪水河铀矿床 ………………………………………………………… (78)

第三节　黑山铀矿点 …………………………………………………………… (87)

第四节　纳克秀玛铀矿点 ……………………………………………………… (98)

第五章　海德乌拉火山盆地岩浆作用与铀成矿机理研究 ………………… (109)

第一节　海德乌拉火山盆地岩浆岩 ………………………………………… (109)

第二节　海德乌拉火山岩年代学特征 ……………………………………… (115)

第三节　海德乌拉火山岩地球化学特征及成因分析 ……………………… (127)

第四节　海德乌拉铀矿床铀矿物特征及物质组合 ………………………… (150)

第五节　海德乌拉铀矿床沥青铀矿化学特征 ……………………………… (152)

第六节　海德乌拉铀矿床成矿流体来源及特征 …………………………… (159)

第七节　海德乌拉铀矿床成矿时代 …………………………………………………… (169)
第八节　海德乌拉铀矿床成矿模式及意义 ……………………………………………… (171)
第六章　结　论 ……………………………………………………………………… (176)
主要参考文献 ………………………………………………………………………… (179)

第一章 绪 论

第一节 战略意义和选题依据

一、战略意义

铀矿是事关我国经济发展、能源安全和国防安全的紧缺战略性矿产资源，也是我国核工业履行“筑牢国家安全基石、发展高科技战略产业”的使命责任，以及在“双碳”目标下加快推进发展核能最重要的物质基础。

核能是一种安全、高效且对大气不造成污染的清洁能源，因此其在应对气候变化方面的作用得到国际能源组织和气候环境专家的一致认同。2015年，第21届联合国气候大会在法国巴黎举行，会议达成的《巴黎协定》对全球应对气候变化有着重要意义，与会各国均承诺控制温室气体的排放。在国际社会越来越重视温室气体排放、气候变暖的形势下，积极推进核电建设是我国能源建设的一项重要政策，提高核能在能源中的份额对实现温室气体减排目标至关重要。

早在2007年10月，我国就批准并发布了《核电中长期发展规划(2005—2020年)》。党的二十大报告提出“积极安全有序发展核电，加强能源产供储销体系建设，确保能源安全”，这也为我国核能高质量发展提供了根本遵循。根据中国核能行业协会公布的《中国核能发展报告(2023)》，截至2023年12月31日，我国在运核电机组共55台，总装机容量约5700万kW，在运机组数量及总装机容量均位列世界第三，总发电量约4333亿kW·h，位列世界第二，占全国发电量的4.86%，并且我国核电的在建装机容量已经多年位居世界第一，这标志着我国核电发展已经进入一个新的历史阶段。

核电的大发展必然对天然铀矿资源的需求带来极大增长。预计2030年、2035年我国核电发展规模将分别达到1.31亿kW、1.69亿kW，发电量占比将分别达到全国发电量的10.0%、13.5%，届时我国核电发展对天然铀矿的需求将分别达到约20 000t/a、25 000t/a。然而，我国天然铀矿资源储量十分有限，对外依存度高达80%，在面对国家“双碳”目标纵深推进、优化能源结构、积极安全有序发展核电迫切需求铀资源的新要求，尤其是面对当前世界百年未有之大变局加速演进、世界进入动荡变革期的新时代，已探明的铀矿资源储量远远不能满足未来核电大规模发展的需求，核电燃料的供应将会成为我国核电发展的瓶颈。因此，加强铀矿成矿理论与勘查技术方法的研究，加快铀矿地质勘查进程，尽快发现和探明一批新的铀矿产地，已成为我国铀矿地质工作当前面临的十分紧迫的战略任务。

我国政府高度重视铀矿资源的勘查及开发活动。2008年3月，国土资源部、国防科学技术工业委员会联合印发了《关于加强铀矿地质勘查工作的若干意见》(国土资发〔2008〕45号)，本着铀矿资源最终安全保障要立足国内的原则，明确了要对铀矿加大勘查力度，尽快摸清铀矿资源"家底"(张金带等，2012)，以提高天然铀矿资源对国防建设和核电发展的保障能力。"十三五"以来，我国从政策、资金、规划等方面持续加大了铀矿资源勘查开发的支持力度，国内铀矿资源勘查开发取得了显著成效。

二、选题依据

欧亚巨型古生代褶皱成矿域是世界上主要的古生代热液型铀矿成矿域。该成矿域的西部是法国花岗岩型铀成矿带，铀矿资源储量达10余万吨；中部是哈萨克斯坦科克契塔夫和楚-伊犁火山岩型铀成矿带，铀矿资源储量超过30万t(IAEA，2018)，我国西北地区就位于该成矿域东部。前人工作仅在新疆雪米斯坦铀成矿带发现了与火山岩有关的铀矿床，伴生铍矿(方锡珩等，2012；蔡煜琦等，2015)，而在西昆仑、东昆仑及阿尔金造山带，与火山岩有关的铀矿床却鲜有报道。

东昆仑造山带岩浆活动频繁，断裂构造发育，成矿地质条件十分优越，成矿作用复杂，热液蚀变强烈，矿化类型多样，是青海省矿产资源最丰富、矿产最为集中、成矿类型最多的地区之一。21世纪以来，随着地质勘查投入的不断加大，东昆仑成矿带在有色金属矿及贵金属矿找矿工作中取得了显著成果，已有的矿产资源量大幅度提升；铀矿找矿也取得了历史性突破，发现了我国西北地区首个与陆相火山岩有关的独立铀矿——海德乌拉铀矿床，具有十分重要的科研价值及找矿意义。

第二节 东昆仑地区自然地理

东昆仑造山带位于青藏高原北部，是我国中央造山带的重要组成部分，横跨多个地形、地貌单元，同时也是我国江河源区内陆水系和外流水系的分水岭。研究区西起阿尔金断裂，东与鄂拉山相接，北临柴达木盆地，南止于木孜塔格—布青山一线，东西长约1000km，南北宽100～210km，面积超过10万km^2，基本涵盖了东昆仑造山带的主体部分。区内自然地理条件极差，海拔大多在4000m以上，平均4500m，最高峰塔鹤托坂日海拔为5972m，一般相对高差600～1000m。山势陡峻，近山脊部位碎石流发育，难以通行，其中部分高寒山区常年积雪，无法登及。区内交通条件总体尚可，青藏公(铁)路、格尔木—茫崖公路从研究区北部一带通过，其中青藏公(铁)路经由格尔木再向南横穿研究区。昆仑山北坡主要水系较宽，非雨季越野车均可通行，研究区北部交通较为方便；昆仑山南坡由于沟谷切割很深，大多无法通车，交通条件较差，具体范围和交通情况见图1-2-1。区内水系较发育，大部分沟谷有季节性河流，那陵郭勒河、格尔木河、诺木洪河、托素河等主要水系为常年流水，可满足生产、生活用水。区内气候寒冷，冬长夏短，四季不明，以年温差及日温差大为特点，年平均气温2～5℃，东昆仑山区多风少雨，蒸发量(>250mm)远大于降水量(<150mm)，植被稀少，土地荒漠化严重，属典型的大陆性高寒山区气候。除格尔木市、都兰县、香日德等城镇外，东昆仑地区人迹罕至，无工农

业生产，经济条件落后，居民以蒙古族、哈萨克族和藏族等为主，居住分散，多从事季节性的游牧生活，放牧牲畜以羊、马为主，牛、骆驼次之，是一个亟待开发的少数民族地区。区内珍稀野生动物资源主要有岩羊、盘羊、野驴、野牦牛、熊、雪鸡、高原蝮蛇等。

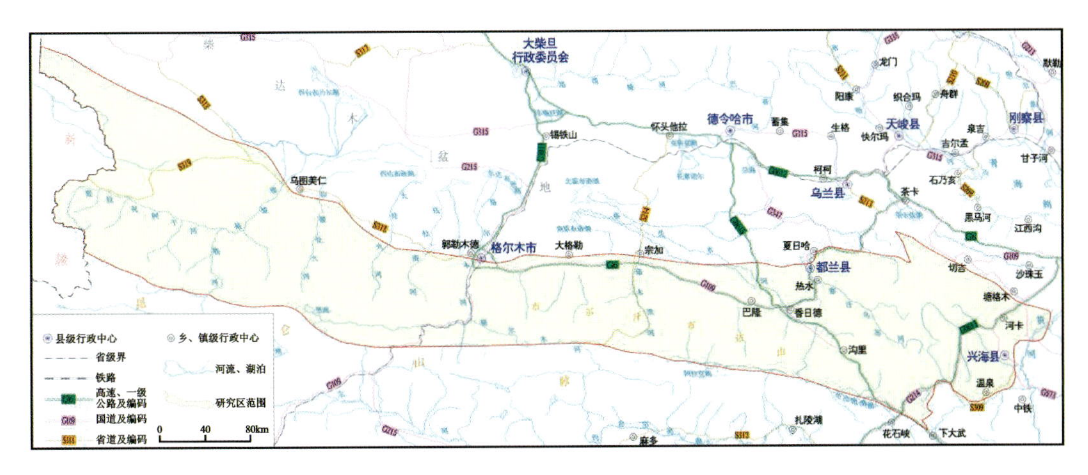

图 1-2-1　东昆仑交通图

第三节　东昆仑地区地质矿产工作简史

东昆仑造山带处于古亚洲构造域与特提斯构造域叠接复合部位，西被北东东向阿尔金构造带斜切，东接西秦岭构造带，北部多被柴达木盆地覆盖，南部与巴颜喀拉构造带拼接，有着极其复杂的地质历史及构造演化过程（杜玉良等，2012）。东昆仑地区地质工作研究程度在新中国成立之前几乎为空白，仅有少数学者进行过简单的路线地质调查。1949 年至 20 世纪 70 年代，在东昆仑地区陆续开展了 1∶100 万、1∶50 万及 1∶20 万区域地质调查和铁、金及铜多金属矿找矿工作。前期主要为基础地质工作，以找铁矿为主，后期方法和技术手段较多，加大了综合研究力度，矿种上逐步扩展到多金属与贵金属。自国土资源大调查工作开展以来，东昆仑地区的地质矿产勘查和地质科研综合研究水平不断得到提高（郭正府，1998；丰成友等，2009；祁生胜等，2014），也进一步将综合找矿和综合评价工作提高到了重要位置，在铁、金、铜及镍钴多金属矿找矿方面取得了一批重要找矿成果，各相关地质勘查单位及科研院所也对东昆仑地区成矿规律、矿床成因及找矿模型等做了大量的研究工作（李世金等，2020），预测了一批重点成矿远景区（潘彤等，2011；贾群子等，2016；魏小林，2022），逐步提高了区域地质矿产勘查程度和综合研究水平。

一、区域地质调查

20 世纪五六十年代，地质人员首次对东昆仑地区进行的 1∶100 万、1∶50 万和部分 1∶20 万区域地质调查工作，奠定了区域地质研究的基础。

自 1959 年开展 1∶20 万区域地质调查工作以来，至 2000 年前后，基本完成了东昆仑地区 1∶20 万区域地质调查工作，期间在野马泉、诺木洪和都兰一带还进行了少量路线地质调查。区域地质调查工作的完成为东昆仑地区地层、构造、岩浆岩、变质岩及大地构造演化的研究积累了大量的基础资料，同时也取得了一些突破性的认识。

1996年地勘单位开始了1∶25万区域地质调查试点工作，截至2015年底，东昆仑地区布伦台幅、大灶火幅、卡巴纽尔多幅、阿拉克湖幅、冬给措纳湖幅、兴海幅等主要图幅的1∶25万区域地质调查工作已全面完成。

自20世纪70年代中期起，特别是80年代以来，围绕重点成矿远景区（带）和重点矿种，地勘单位相继开展了1∶5万区域地质矿产调查工作；截至2015年底，该项工作已全面覆盖了东昆仑成矿带。1∶5万区域地质矿产调查采用了火山岩、沉积岩、变质岩和花岗岩等新方法填图，全面提高了对基础地质以及主要矿产成矿规律的认识程度和研究水平。

二、区域地球物理调查

1986—1991年和1995年，青海省地球物理勘查技术研究院先后分两次完成了青海东部地区和南部地区1∶100万区域重力调查工作，并提交了重力调查报告；1996—2004年，青海省地球物理勘查技术研究院及青海省地质调查院相继完成了东昆仑地区10个图幅的1∶20万区域重力调查工作，并对异常进行了解释。

20世纪60年代至21世纪初期，随着各个阶段找矿工作和国土资源大调查的推进，东昆仑地区1∶100万、1∶50万航磁基本实现全覆盖，在格尔木—都兰一带还开展了1∶20万航磁测量工作；尤其是进入21世纪以来，1∶5万地面高精度磁法测量工作得到快速推进，已基本覆盖了东昆仑成矿带，各阶段工作均获取了较系统的磁法资料，取得了丰硕的成果。

前人在东昆仑地区开展1∶20万区域地质调查的同时顺便进行了放射性伽马测量，测量路线与地质观测同步进行，线距、点距较为随机，由于区调工作时间周期跨度较长，历次工作所使用的仪器型号不一等因素影响，各图幅资料整理程度也不尽一致，仅从伽马异常点的分布情况看，大致圈定了乌兰乌珠尔和纳赤台—八宝山—沟里两片规模较大的放射性异常区。20世纪60—80年代，核工业西北地质勘查局182大队在祁漫塔格局部和东昆仑中东部地区开展了中小比例尺（1∶5万～1∶20万）伽马概查工作，先后在黑山、小灶火、南戈滩等地段圈定了一批放射性异常点、带，为东昆仑地区铀矿找矿工作奠定了基础。

三、区域地球化学调查

1978—2015年，东昆仑地区1∶20万区域水系沉积物测量工作基本全覆盖。自2010年开始，对1∶20万区域化探资料不可利用区和1∶50万区域化探甚低密度工作区进行系统的1∶25万区域化探扫面工作。区域1∶5万水系沉积物测量基本与1∶5万区域地质调查同步开展，该项工作已全面覆盖了东昆仑成矿带。历次区域化探工作均圈定了大量的水系沉积物综合异常，这为东昆仑地区有色金属及贵金属矿产找矿突破奠定了坚实的基础。

四、矿产地质工作

1949年之前，东昆仑地区的矿产资源勘查基本处于空白。1949—1999年底，东昆仑地区的矿产勘查经历了飞跃式的发展。1949—1978年间，为摸清青海省矿产资源家底，国家高度重视青海省地勘事业的发展，从全国组派各类地勘队伍进入青海开展全省范围内的普查找矿工作。该时期以路线地质调查和小比例尺区调工作为主，同时应用了电、磁等新技术新方法，找矿效果十分显著，提交了一大批可供勘查和开发的重要成果，其中在东昆仑西段先后发现了肯德可克、野马泉、尕林格等10余处矽卡岩型铁矿。1979—1999年间，随着1∶5万区调工作的持续推进和“青藏高原的形成与演化”等一批国家重大专项研究的启动，东昆仑地区的地质科研工作不断得到加强，矿产资源的勘查开发也迈入了高速发展阶段，区域找矿由单一铁矿勘查向多金属和贵金属矿产勘查深入，先后发现了五龙沟、开荒北、东大滩等一批金、金锑矿床(点)，驼路沟、督冷沟铜钴多金属矿床。

2000年以来，随着国民经济的高速发展，对矿产资源的需求日益增大，特别是“西部大开发”国家战略的实施，使青海省矿产勘查工作展开了崭新的篇章。2001—2007年期间，东昆仑成矿带成为矿产勘查工作的重点地区，勘查矿种以铜、铅、锌、钴、锰、金为主，兼顾铂族、铀、银、铌钽、石墨等。通过进一步工作，都兰县五龙沟金矿、格尔木市驼路沟钴矿等矿床规模不断扩大，期间还新发现了卡而却卡、乌兰乌珠尔斑岩型铜矿，显示出东昆仑成矿带不仅是铁、铅锌矿的富集区，而且是铜、钴、金资源的重要产区。

2008年以来，在东昆仑成矿带西段的祁漫塔格地区，以喷流沉积成矿理论为指导，尕林格、野马泉、哈西亚图、那陵郭勒河西等铁矿勘查工作不断取得新进展，同时加强了对铜、铅、锌、锡、钴、铋、金等矿产的综合评价。在东昆仑成矿带东段还新发现了下得波利、哈日扎、哈龙休玛等一批斑岩型铜钼矿床(点)，扩大了东昆仑成矿带斑岩型矿床的找矿潜力。果洛龙洼、瓦勒尕大型构造蚀变岩型-石英脉型金矿的发现显示了东昆仑成矿带蕴藏着巨大的岩金找矿潜力，特别是2011年夏日哈木超大型铜镍钴矿床的发现为东昆仑造山带的找矿开辟了新方向，充分说明东昆仑地区是一个极具斑岩-矽卡岩型铁多金属矿、构造蚀变岩型金矿和岩浆熔离型铜镍矿找矿潜力的成矿带。

五、地质科学研究

东昆仑地区地质科研工作起步较晚，研究程度相对较低，不同地质单位、科研院所曾先后开展了不同研究程度、不同工作性质的科研工作。近年来，由青海省地质矿产勘查开发局牵头完成的《青海省矿产资源潜力评价》和《中国矿产地质志·青海卷》在充分收集已有勘查成果、相关综合研究及矿产预测等科学研究成果和全面集成的基础上，总结规律、创新认识、开拓思路，为新时期地质找矿工作提供了科学理论支撑，是青海省地质科研的最新成果，代表青海省地质科技工作的最高研究水平。其中在东昆仑成矿带最新取得的代表性研究成果如下。

(1)在基础地质研究方面，先后编写出版了《1∶100万青海地质图及其说明书》《青海省岩石地层》，相继发布了“东昆仑山南坡变火山岩的基本特征及其含矿性的研究”(青海省地质矿产勘查开发局，1989)，“东昆仑中酸性侵入岩及其成矿作用研究”(青海省区域地质调查综合地质大队，1993)，“青海省东昆仑地区地球化学编图”(青海省地球化学勘查技术研究院，1997)等诸多研究成果。《中国区域地质志·青海志》认为东昆仑造山带处于秦祁昆造山系和北羌塘造山系的对接部位，将北部的东昆仑造山带划属秦祁昆造山系，南部的昆南俯冲增生杂岩带划属康西瓦-修沟-磨子潭地壳对接带。

(2)在矿产地质研究方面,先后开展了"青海省都兰县五龙沟地区构造蚀变带金矿成矿特征及成矿预测研究""青海省东昆仑金铜成矿带勘查工作总体部署"(青海省地质矿产勘查开发局,1995)、"东昆仑地区综合找矿预测与突破研究"(张德全,2001)、"青海省第三轮矿产资源成矿远景区划及找矿靶区预测"(青海省国土资源厅,2005)、"东昆仑斑岩型铜矿成矿潜力评价"及"青海省驼路沟—督冷沟地区钴成矿规律及找矿潜力研究"(青海省国土资源厅,2005—2007)、"青海省东昆仑中段1∶5万矿调多元地质信息集成与找矿预测"(青海省地质调查局,2015)、"青海省柴周缘'三稀'矿找矿潜力评价与靶区优选"(青海省第五地质勘查院,2019)等一系列找矿突破科研项目。"十四五"期间,东昆仑地区与后碰撞伸展环境有关的稀有稀土矿、钨锡矿找矿取得重大进展,由青海省地质调查局、青海省地质调查院、吉林大学共同承担实施的"东昆仑伸展作用背景下成矿规律及找矿方向研究"项目以典型矿床解剖为抓手,开展成矿特征、控矿因素研究,建立矿床成矿模式及找矿模型。

(3)在东昆仑地区深部地质构造研究方面,以东昆仑—唐古拉地区地壳演化深部构造及大陆动力学研究(许志琴等,1997)为代表的科研成果对昆中断裂、昆南断裂、东昆仑地壳结构、成矿规律、控矿因素及成因类型等问题进行了较为系统的研究,发表了大量的科技论文和出版了许多专著,全面反映了东昆仑地区深地研究的总体水平。

第四节　国内外火山岩型铀矿研究现状

火山岩型铀矿床是指一类与火山岩或次火山岩在成因、时空上都有紧密联系的铀矿,是我国铀矿勘查的重点类型之一。该类型矿床通常产于以酸性岩或碱性岩为主的陆相火山岩系中(方锡珩,2009;IAEA,2018),其储量在世界铀矿床中所占比例不是很高(约占3.9%)(IAEA,2018)。

一、时空分布

与火山岩相关的铀矿床主要出现在火山口杂岩内或附近,在喷出岩和次火山岩中以层间结构为主的有少量层控矿化。Streltsovskoye 铀矿(俄罗斯)和 Dornod 铀矿(蒙古国)是全球最著名的火山岩型铀矿床,其他较著名的铀矿有相山铀矿(中国)、Macusani 铀矿(秘鲁)、Kurišková 铀矿(斯洛伐克)、Novoveská Huta 铀矿(斯洛伐克)以及 McDermitt 破火山口矿床(美国)(IAEA,2018)。截至2015年,世界铀矿床分布数据库中列出了138个火山岩型铀矿床,世界上最大的火山岩型铀矿床是 Streltsovskoye 铀矿(俄罗斯),该矿田拥有20个矿床,资源总计27万t(IAEA,2018)。自1963年以来,已从10个矿床中开采了14.4万t铀,其中2015年开采了1977t铀。火山岩型铀矿床在我国分布广泛,其铀矿资源量大约占我国铀矿资源总量的17.6%(Cai et al.,2015),典型成矿带主要有中生代—新生代的东部滨太平洋3条火山岩带(南部华东南火山岩带、中部宁芜火山岩带、北部大兴安岭火山岩带)以及古生代的天山-阴山东西向构造带(西部天山火山岩带、东部相交于大兴安岭火山岩带)(方锡珩,2009),其中华东南火山岩带是我国最主要的火山岩型铀矿产地。依据产出的岩相学特征可将火山岩型铀矿划分为5个亚类:火山角砾岩筒型、次火山岩型、密集裂隙带型、层间破碎带型、火山沉积碎屑岩型(方锡珩,2009),与之相对应的典型矿床如表1-4-1所示。

表 1-4-1　中国火山岩型铀矿床分类方案(据方锡珩等,2009)

类型	亚类	典型铀矿床
火山岩型	火山角砾岩筒型	尖山矿床
		草桃背矿床
		巴泉矿床
	次火山岩型	横涧矿床
		沙洲矿床
		大桥坞矿床
		红卫矿床
		张麻井矿床
		红山子矿床
		白杨河矿床
	密集裂隙带型	邹家山矿床
		居隆庵矿床
		石洞矿床
	层间破碎带型	大茶园矿床
		雷公殿矿床
		盛源矿床
	火山沉积碎屑岩型	干沟矿床
		熊家矿床
		双坑矿床

据前人统计,火山岩型铀矿床的成矿时代主要包含 3 个阶段,即白垩纪、古近纪和新近纪(张龙等,2020)。中国与俄罗斯的火山岩型铀矿多集中于白垩纪(如中国的大洲铀矿成矿时代为 110～107Ma、俄罗斯 Streltsovskoye 铀矿田的 U-Mo 矿成矿年龄约为 130Ma),美国与墨西哥的一些矿床成矿集中形成于古近纪和新近纪(如美国的 McDermitt 铀矿约 51Ma)。中国少数火山岩型铀矿床形成于三叠纪,例如中国白杨河铍铀伴生矿床和东昆仑海德乌拉铀矿床分别形成于约 229Ma(夏毓亮等,2019)、约 235Ma(朱坤贺等,2022)。在火山岩型铀矿床中,除了一期铀成矿作用的矿床外,还存在多期铀成矿的矿床,例如我国大桥坞铀矿床形成于 118～106Ma、约 75Ma(邱林飞等,2009;韩效忠等,2010)。

二、构造与成矿

火山岩主要出现在 4 种类型的大地构造背景下:两个大洋板块离散的洋中脊、洋弧;陆弧环境中两个板块会聚边缘的俯冲带;板块内“热点”(位于洋壳、陆块之下);陆内裂谷环境(IAEA,2018)。而控制着火山岩带的构造通常亦控制着火山岩型铀成矿带,这些构造往往是长期活动的区域性深断裂带，一般出现在凸起的边缘，尤其是沉降交接的地方(Cunningham et al.，1978；Finch et al.，1996；邱爱金等，1999；Lin et al.，2006；Zhou et al.，2006；李子颖等，2010，2014b)。此外，如放射状构造、火山塌陷构造、爆发角砾岩筒以及次火山岩墙等火山构造与区域构造组成的圈闭或半开放构造系统通常也控制着火山活动、热液活动以及铀成矿作用(刘小于，1991；沈峰等，1995；陈贵华等，1999；方锡珩等，2009)。

与火山岩相关的铀矿床往往位于火山口内或其附近，火山口主要由基性至酸性的火山岩和碎屑沉积物组成的一种复式组合充填(IAEA，2018)。火山岩型铀矿床主要受构造控制，铀矿化通常在火山岩侵入体、火山岩、流动状或层状的火山碎屑单元中呈脉状和网脉状出现；较小的矿石堆积出现在受地层控制的矿化带中，在可渗透的流动状角砾岩、凝灰岩、夹层火山碎屑、碎屑沉积物中扩散和浸染；铀矿化也可能延伸到下伏和相邻的基底岩石中，集中分布于花岗碎裂岩和变质岩中(Dahlkamp，2010)。火山岩型铀矿控矿主要有 3 种类型。

(1)构造控矿：①在火山岩侵入体、火山岩、流动状或层状的火山碎屑单元中呈脉状和网脉状存在；②充填于相似岩性的表层裂隙中(图 1-4-1)；③铀矿床位于花岗岩下伏火山口中的镁铁质火山岩至长英质火山岩中。受构造控矿作用，这些铀矿体由层状镁铁质至长英质火山片岩中几层断断续续出现的矿脉组成，并夹有陆地沉积物(IAEA，2018)。沿陡倾和浅倾断层的强碎裂化和角砾化控制了矿体的位置和大小，岩石沿构造的方向呈现出多期多阶段蚀变和矿化的多金属成矿作用，而且铀常与 Mo、Fe、Pb、硫化物、石英、碳酸盐、层状硅酸盐、钠长石和萤石等矿物相伴生。铀矿化可能呈浸染状、条带状、块状，并出现在不规则的脉状、网脉状和不同高度的板状、层状矿脉中，典型实例为俄罗斯 Streltsovskaoye 铀矿床(IAEA，2018)。

(2)层控矿由可渗透的流动状角砾岩、凝灰岩、夹层火山碎屑、碎屑沉积物中扩散和浸染的含矿流体所控制(IAEA，2018)。火山岩型铀矿床层内矿化主要存在于美国 Aurora 和 McDermitt 内火山口，俄罗斯 Yubilenoye、Streltsovska 火山口，意大利 Novazza 外火山口，墨西哥 Margaritas 围岩中，层内铀矿化往往由于火山岩与非火山碎屑沉积物发生混合所致。

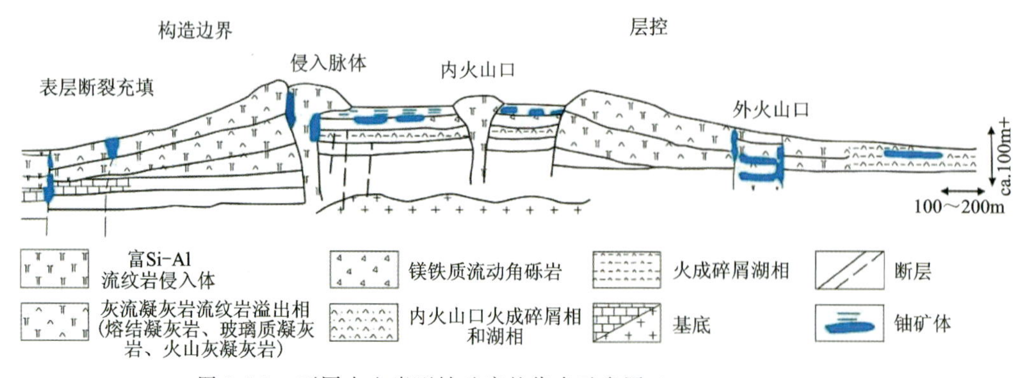

图 1-4-1　不同火山岩型铀矿床的代表示意图(据 Dahlkamp，2010)

(3)火山-沉积控矿发现于外火山口环境下，主要由含凝灰质成分的碳质沉积物组成，铀络合物普遍品位比较低[(50～200)$\times10^{-6}$]，与 V、Mo、Li、F、B、Cu 和 Ni 不规则高品位矿化带异常有关(如美国 Anderson 矿)(IAEA，2018)。

三、矿体和矿石特征

火山岩型铀矿主要产于次火山岩、火山熔岩和火山碎屑岩中。矿体一般具有较复杂的形态,多为脉状、层状、囊状和柱状等(章邦桐,1990;覃慕陶和刘师先,1998)。在以往的研究中,发现矿体产状接近于火山岩,因此,一些矿体是沿次火山岩的接触带形成的。如新疆雪米斯坦白杨河铍铀矿床中的铀矿体处于花岗斑岩与断层的交界部位(王谋等,2012)。火山岩型铀矿床的原生铀矿物主要有沥青铀矿、铀石和钛铀矿(张龙等,2020)。然而,在火山岩铀矿体系中,这些原生铀矿物常被氧化成次生铀矿物,如钙铀云母、铀黑、硅钙铀矿、钒钾铀矿等。Sierra Pea Blanca(墨西哥)铀矿区将铀矿划分为原生铀矿物和次生铀矿物。原生铀矿物主要包括沥青铀矿、黄铁矿,原岩流体经过后期热液蚀变、氧化等作用生成硅钙铀矿、水铅铀矿、水硅钾铀矿和准钙钒铀矿等次生铀矿物,次生铀矿物具有较强的再生性。因此,次生铀矿物是在岩浆热液和表生氧化的共同作用下产生的(George et al.,1991;Reyes-Cortés et al.,2010)。在高温背景下,可在少量的铀矿床中发育含钍沥青铀矿、钛铀矿以及含铀钍石等矿物(Cuney and Kyser,2008)。然而,金属矿物则以赤铁矿、辉钼矿及黄铁矿等矿物为主;非金属矿物以石英、长石、钠长石、钾长石、绢云母、方解石及绿泥石等为主;热液矿物则主要包括石英、萤石、方解石、绢云母及绿泥石等(张龙等,2020)。

四、成矿流体特征

作为热液型铀矿床主要类型之一,火山岩型铀矿床主要分布在我国华南相山地区。近些年,国内外学者对华南火山岩型矿产资源进行了大量的调查分析,特别是对流体性质进行了深入分析,认为热液型铀矿作用与深部流体作用具有密切关系,且相山地区的火山岩型铀矿床的成矿流体多具有高温高压、中—高盐度的特征,这说明了该地区同类型矿床的形成受到了深部流体的影响(王健等,2015)。前人对相山地区进行了许多相关研究,并对其中一些地区成矿流体的特点进行了归纳(邱林飞等,2012;吴玉,2013;郭建等,2014;郭晶晶等,2020)。邱林飞等(2012)对相山地区的居隆庵矿床成矿流体特征进行研究,认为居隆庵铀矿床成矿流体为中—高温、中—高盐度流体,含有大量CO_2的三相包裹体。研究表明,该地区的碳具有深源特征。吴玉(2013)通过对邹家山矿床研究发现相山铀矿床成矿期温度大多在220～327℃之间,为中—高温热液型铀矿床,具有中—低盐度(2.4%～21.3%)的流体,同时还存在有一期低温的热液流体成矿(140～170℃)。郭建等(2014)和郭晶晶等(2020)对邹家山铀矿床成矿流体特征的研究结果表明:该矿床主成矿阶段成矿流体温度集中在180～330℃,为中—低温热液。

五、成矿流体来源

关于火山岩型铀矿床成矿流体的来源主要有以下两种观点。

第一种观点是强氧化的大气降水与热液成矿有密切关系,成矿热液是在炎热干旱古气候下表生大气降水经加热后回返上升过程中通过水岩蚀变形成(凌洪飞,2011;Hall et al.,2022)。凌洪飞(2011)通过分析铀在岩浆流体中的溶解度后认为,U^{4+}转化为U^{6+}是铀溶解进入流体、溶液铀浓度升高和铀迁移的最重要条件。然而,只有大气降水才能够达到U^{6+}所需的氧逸度，因此，高氧逸度流体的终极来源为源自地表的氧化性大气降水。Hall 等(2022)认为美国 Coles Hill 铀矿床的形成与大气降水形成的地下水流体有关；Shabaga 等(2020)对加拿大 Kiggavik 铀矿床成矿期的伊利石和白云母氢-氧同位素分析后认为该矿床成矿流体来自地表雪融水；Ballouard 等(2018)通过对法国阿莫利卡华力西带 Pontivy-Rostrene 矿床研究后提出该地区成矿流体为下渗的大气降水；Bonnetti 等(2021)提出新疆白杨河矿床的形成与大气降水及其形成的盆地卤水有关；加拿大阿萨巴斯卡盆地铀矿床同样被认为与强氧化的浅部流体有关，且该盆地高品位铀矿的形成可能与高盐度卤水的关系密切(Mercadier et al.，2011；Chi et al.，2020)。

第二种观点是深部岩浆参与热液成矿，热液铀成矿作用中的成矿热液既有大气降水成分，又可能存在深部高温流体参与(Hu et al.，2008，2009；Zhong et al.，2020)。Hu 等(2008)对华南热液铀矿床 C-O 同位素研究后提出深部富 CO_2 的流体参与了华南热液铀成矿作用；Hu 等(2009)对相山铀矿田研究成矿流体的 He-Ar-C 同位素研究后提出该矿田热液成矿流体由富 CO_2 的地幔流体和贫 CO_2 的大气降水混合而成；Zhong 等(2020)对茇岭铀矿床成矿期方解石 C-H-O 研究后认为该矿床成矿流体为大气降水和岩浆水的混合；Yu 等(2020)发现茇岭高温脉状的晶质铀矿，进一步证实高温流体参与了铀成矿作用。

目前，国内火山岩型铀矿床的研究主要集中于华南相山地区，部分学者认为其成矿物质主要来源于地壳，同时可能含有少量地幔物质的参与(张万良和李子颖，2005；吴玉，2013；郭晶晶，2021)。张万良和李子颖(2005)对邹家山铀矿床的成矿特征和物源进行了探讨，并提出成矿物质、火山岩和斑岩均来自深层岩浆房系，且这三者均属于深部剧烈岩浆活动的有效产物；吴玉(2013)通过对邹家山铀矿床进行碳、氧同位素研究，暗示成矿热液中的 C 主要来自深成 CO_2，可能与地幔去气作用有关；郭晶晶(2021)通过对相山铀矿田邹家山铀矿床特富矿石中磷灰石中硼同位素研究表明，邹家山铀矿床 $\delta^{11}B$ 值变化范围为 $-38.29‰ \sim -17.12‰$，表明该地区的成矿物质来源以壳源为主，同时可能含有少量幔源物质。邱林飞等(2012)和张笑天等(2022)通过研究与铀矿物密切共生的脉石矿物中流体包裹体的稳定同位素，得出其 δD 值小于 $-60‰$，以及结合包裹体含有 CO_2、H_2 等气相成分，揭示了成矿流体具有地幔深源的特点，成矿晚期时，成矿流体的来源以大气降水为主。

第五节　铀矿地质工作现状

一、青海省铀矿地质勘查研究简史

青海省铀矿地质工作始于 1956 年，根据工作性质和工作程度大体上划分为 4 个阶段。

1956—1971 年，工作区主要集中在祁连成矿带，青海东部地区、鄂拉山成矿带及柴达木盆地周边，自 1965 年随着铀矿找矿队伍的扩大，预查工作范围也逐步涉及青海省各州县。主要针对花岗岩区开展了铀矿概查、预查、普查，找矿方法主要采用路线地质调查、伽马测量，辅以少量射气测量和铀矿水化学测量等手段，先后在祁连成矿带、西秦岭成矿带、柴北缘成矿带和东昆仑成矿带圈出了一批铀异常点(带)，青海省内大部分有找矿前景的铀矿(化)点均为该阶段所发现，同时也为 621(扁都口)铀矿床的发现奠定了基础。

1972—1980年，工作区主要为祁连冷龙岭地区，主要工作是对621(扁都口)铀矿床进行勘探及外围普查，大部分探矿工程均部署在621矿区。同时在青海东部地区小范围开展了以预、普查为主的找矿工作，面上仍以伽马测量为主，点上增添了α径迹法、Po法、活性炭法和地面伽马能谱法等。由于投入的工作量有限，找矿成果不理想。

1981—1993年，由于国家对铀矿找矿投入的减少，621(扁都口)铀矿床的勘探工作接近尾声(1981年上半年结束)，其他地区的铀找矿工作也基本结束，该阶段的主要工作是资料综合整理。其中1981—1985年，在对以往地质成果资料综合整理的基础上，开展了区域铀矿成矿条件的研究，并对铀异常进行了筛选，初步划了铀成矿远景区11处。1985年以后核工业西北地勘局652大队由于全面转产，地质技术人员大多流失，铀矿地质工作基本停滞，仅在祁连、化隆、海晏、乌兰和都兰等地区进行了一般性概略检查。值得强调的是：1990—1993年，根据核工业西北地勘局的部署，开展了青海省铀矿地质编图工作，对青海省1956年以来所取得的铀矿地质成果进行了全面系统的总结。

1999年以来，持续低迷的地质勘查行业逐渐被激活，全国上下掀起了地质找矿的热潮。在原青海省国土资源厅的领导与支持下，先后完成了“青海省铀矿成矿远景区划研究及找矿靶区预测”项目及乌兰乌珠尔、果可山、牦牛山、诺木洪等地区铀矿资源调查评价和黑山、小灶火、洪水河、海德乌拉等铀矿点的预查与普查工作。自此，青海省的铀矿地质工作又重新迎来了新气象。

二、东昆仑地区铀矿地质工作概况

东昆仑地区铀矿地质工作可划分为两个阶段。

第一阶段为1965—1970年，核工业西北地质勘查局182大队先后主要在东昆仑成矿带东段南戈滩—乌龙滩地区，西段祁漫塔格黑山地区、中灶火地区及中东段秀沟—八宝山地区开展小比例尺放射性测量工作，通过实施1∶5万～1∶10万地面伽马概查，相继圈定了一批放射性异常点(带)，经后期概略查证，相继发现了7303(黑山)、4004(小灶火)、诺木洪702(海德乌拉)、都兰117(纳克秀玛)铀矿点及南戈滩44、野马驮725铀矿化点。

第二阶段为进入21世纪以后，青海省核工业地质局和核工业二〇三研究所针对前人发现的异常点(带)和铀矿(化)点开展了综合研究及一些查证工作(表1-5-1)，在东昆仑地区划分出铀成矿远景区3处、铀矿找矿靶区7处，通过地表调查、槽探揭露和少量钻探验证，新发现了一批铀矿(化)点，并圈定了一批铀矿(化)体。各矿点工作简述如下。

(1)东昆仑成矿带西段祁漫塔格地区主要围绕黑山铀矿点和小灶火铀矿点进行区域铀矿资源远景调查，点上开展铀矿普查，主攻类型为花岗岩型铀矿，工作方法主要为1∶5万铀矿地质填图、1∶5万地面伽马能谱测量及槽(钻)探工程。铀矿资源远景调查在乌兰乌珠尔—景忍地区圈定铀异常点40个、异常带13条，经初步查证，圈定铀矿化带8条、铀矿体2条、铀矿化体2条，新发现铀矿点2处(小狼牙山南、西大沟脑)、铀矿化点1处(骆驼峰东)，提交铀矿找矿靶区1处、远景区2处；在乌图美仁地区新发现了那东铀铁矿点，圈定铀铁矿体2条。点上普查工作在黑山矿区圈定铀矿化带3条、铀矿体21条，在小灶火地区圈定铀矿化带4条、铀矿体6条。

表 1-5-1 东昆仑地区铀矿地质科研及调查、勘查项目一览表

序号	项目名称	工作时间	项目来源	承担单位	完成主要工作量	
					钻探/m	槽探/m^3
1	青海省铀矿成矿远景区划研究及找矿靶区预测	2002—2003 年	青海省财政	青海省核工业地质局	—	—
2	青海省都兰县洪水河地区铀矿预查	2005—2006 年	青海省财政	青海省核工业地质局	—	5731
3	青海省茫崖行委黑山南坡地区铀矿普查	2008 年	青海省财政	青海省核工业地质局	—	4030
4	青海省格尔木市小灶火地区铀矿普查	2009—2010 年	青海省财政	青海省核工业地质局	1514	10107
5	青海省茫崖行委黑山南坡地区铀矿普查	2010—2011 年	青海省财政	青海省核工业地质局	3406	10040
6	青海省茫崖行委黑山南坡地区铀矿普查	2011—2013 年	中央财政	青海省核工业地质局	5137	2383
7	青海省茫崖行委乌兰乌珠尔—景忍地区铀矿资源远景调查	2011—2014 年	中央财政	青海省核工业地质局	1462	11984
8	青海省格尔木市小灶火地区铀矿普查	2012—2013 年	自　筹	青海省核工业地质局	694	—
9	青海省祁漫塔格成矿带胡杨格里—乌尔格地区铀、多金属调查评价	2012—2014 年	中央财政	核工业二〇三研究所	—	10856
10	青海省都兰县洪水河地区铀矿普查	2015—2016 年	青海省财政	青海省核工业地质局	1283	6090
11	青海省都兰县诺木洪地区四幅 1∶5 万放射性矿产调查	2016—2018 年	青海省财政	青海省核工业地质局	—	1000
12	青海省都兰县海德乌拉地区铀矿预查	2016—2020 年	青海省财政	青海省核工业地质局	4488	7145
13	青海省都兰县海德乌拉地区两幅 1∶5 万放射性矿产调查	2019—2020 年	青海省财政	青海省核工业地质局	—	1502

续表 1-5-1

序号	项目名称	工作时间	项目来源	承担单位	完成主要工作量	
					钻探/m	槽探/m^3
14	青海省都兰县南戈滩—乌龙滩地区铀矿远景调查	2020 年	中央财政	核工业二〇三研究所	—	1002
15	青海省都兰县纳克秀玛地区铀矿调查评价	2021—2022 年	青海省财政	青海省核工业放射性地质勘查院	1000	3326
16	青海省东昆仑火山岩型铀矿资源调查理论创新与找矿突破	2021—2022 年	青海省财政	青海省核工业放射性地质勘查院	—	—
17	青海省都兰县海德乌拉地区铀矿普查	2021 年至今	青海省财政	青海省核工业放射性地质勘查院	4658	4106

(2)东昆仑成矿带东段主要围绕纳克秀玛铀矿点和南戈滩铀矿化点进行区域铀矿资源远景调查，点上对纳克秀玛矿点开展铀矿调查评价，主攻类型为花岗岩型铀矿，工作方法主要为1∶5万铀矿地质编图、1∶5万地面伽马能谱测量及槽(钻)探工程。铀矿资源远景调查在南戈滩—乌龙滩地区，圈定铀异常点3个、异常带10条，经初步查证，圈定铀矿化带3条、铀矿体6条、铀矿化体1条，提交铀矿找矿远景区2处；点上普查工作在纳克秀玛矿区圈定铀钼矿化带2条、铀矿体4条、铀矿化体1条、钼矿体1条、铀钼复合矿体2条。

(3)东昆仑成矿带中东段主要围绕洪水河铀矿点和海德乌拉铀矿点进行区域铀矿资源远景调查，点上开展铀矿预查、普查，主攻类型为火山岩型铀矿，兼顾花岗岩型铀矿，工作方法主要为1∶5万地面伽马能谱测量及槽(钻)探工程。铀矿资源远景调查在诺木洪地区圈定铀异常点8个、异常带13条，经初步查证，圈定铀矿化带6条、铀矿体4条、铀矿化体10条，新发现铀矿点1处(注斯楞)、铀矿化点5处(达特乌拉、起次日赶特、埃肯郭勒、东达肯得、哈拉郭勒北)及铀矿化线索4处(吐鲁英郭勒、肯德乌拉、桑根乌拉、桑根埃肯乌拉)，提交铀矿找矿靶区8处、远景区3处；在海德乌拉地区圈定铀异常点12个、异常带7条，经初步查证，外围新圈定铀矿化带4条、铀矿体7条、铀矿化体11条，新发现铀矿点4处(野马沟、野马沟东、火焰沟、海德乌拉东)，提交铀矿找矿靶区4处。点上预查、普查工作在洪水河矿区圈定铀矿化带3条、铀矿体11条、铀矿化体5条，在海德乌拉铀矿区圈定铀矿化带15条、铀矿(化)体100多条，同时加强了火山岩型铀成矿规律和控矿因素的研究，取得了东昆仑地区铀矿找矿的历史性突破，矿床规模达中型。

三、制约东昆仑地区铀矿找矿突破的关键问题

东昆仑地区地域广阔，自然环境极其恶劣，交通条件总体较差，铀矿找矿工作起步相对较

晚，找矿时间短，投入工作少，前人铀矿找矿工作一直未取得突破。相较于东昆仑成矿带有色、贵金属矿成矿规律、成矿演化模式及找矿潜力等的研究，东昆仑地区铀矿勘查工作程度和地质研究程度极低，区域铀矿找矿前景不明。近年来在海德乌拉地区虽取得了铀矿找矿重大突破，但勘查工作仍处于初期阶段，尚有诸多的地质、矿产问题亟待加强研究。

1. 区域系统性的放射性扫面工作程度低

20 世纪 60 年代，在较短时间内开展的小比例尺伽马概查工作仅涉及东昆仑成矿带西段的祁漫塔格地区和中东段布尔汗布达山北坡一带通行条件较好的局部地段，在东昆仑成矿带西段和昆南地区该类概查工作几乎为空白。该项工作部署不系统，历次伽马概查工作相邻区块比例尺不统一，路线较随机，且普遍存在较大范围的弃点现象，直至 2011 年按规则网度开展了 1∶5 万伽马能谱测量工作。东昆仑地区具一定规模的放射性扫面工作中断时间长达 40 年之久，工作面积占比还不到东昆仑成矿带的 1/10。

2. 铀矿成矿的地球动力学背景问题

矿床的形成是区域地质发展历史特定阶段的产物，并受控于不同类型的区域岩石建造，查明成矿的地球动力学背景条件是总结成矿规律、进行成矿区划、开展找矿评价的重要前提。东昆仑成矿带洪水河铀矿点和海德乌拉铀矿床的发现，充分显示出该成矿带具有巨大的铀矿找矿潜力。海德乌拉铀矿区首次厘定了一套与铀成矿关系密切的古生代陆相火山岩，但铀成矿年龄却与中生代基性、中酸性脉岩侵入年龄接近，表明东昆仑成矿带成矿地球动力学演化研究仍不够清晰，直接制约着区域铀矿找矿突破的实现。

3. 主攻铀矿床类型及成矿时代、成矿规律总结研究问题

各类地质体的精确定年对厘清东昆仑地区的地质演化、确定主要成矿期、查明各类矿化的时间分布规律至关重要。前人研究表明：东昆仑造山带在加里东期和印支期存在两次强烈的碰撞伸展造山作用，同时形成了大量斑岩-矽卡岩型多金属矿、构造蚀变岩型金矿和碳酸岩型稀有稀土矿。在铀矿成矿方面，从已发现的铀矿床和铀矿(化)点成矿类型来看，祁漫塔格地区铀矿化与海西期中酸性侵入岩体关系密切，主要受岩体外接触带和岩体边部硅化断裂带控制，主攻类型为花岗岩型，成矿时代不明；东昆仑东段铀矿化与印支期中酸性侵入岩体关系密切，主要受岩体外接触带控制，主攻类型为花岗岩型，成矿时代为印支期；东昆仑中东段铀矿化与古生代陆相火山岩及海西期中酸性侵入岩关系均较密切，主要受火山盆地和侵入岩体内各期次断裂构造控制，主攻类型为火山岩型、花岗岩型，成矿时代为印支期。因此，推断东昆仑成矿带由西至东在铀矿化类型和成矿时代上还存在较大差异，区域铀矿成矿特征、成矿规律等理论研究水平有待提高。

4. 新理论和新技术方法在铀矿勘查实践中的应用问题

东昆仑造山带主体海拔较高，发育冰川、永冻层和碎石流，放射性地球物理探测方法受到较大的限制，然而历次开展的区域地球化学测量工作均圈定了较大规模、强度较高的铀异常。

铀元素高背景场及高值区与钾质、(钙)碱性、过铝质陆相火山岩和中酸性侵入岩空间位置较一致,其中具备较大找矿潜力的铀异常区主要分布于东昆仑中东部的石灰沟—大干沟—大格勒沟脑—埃坑德勒斯特—哈图沟脑一带加里东期碱性花岗岩地区和西部的景忍、喀雅克登、野马泉、小灶火地区上三叠统鄂拉山组陆相火山岩中,找矿前景巨大。纵观东昆仑地区铀矿找矿历史,以就点找矿为主,就矿论矿,目标分散,对区域成矿条件及找矿远景认识不足,总体勘查程度很低。当前放射性测量工作已圈定的伽马异常和发现的铀矿床(点)与地球化学铀异常不匹配,还有相当一批地球化学铀异常未得到有效查证。合理地解决好新理论、新方法与勘查实践的有机结合,为东昆仑地区铀矿找矿突破提供理论技术支撑,应用好新技术方法实现找矿突破、找好矿、找大矿,快速推进新一轮找矿突破战略行动是新时代铀矿地质工作中所面临的重要问题。

第六节 目标任务及研究内容

一、研究目的及意义

东昆仑成矿带海德乌拉铀矿区是青海省迄今为止发现的最具火山岩型铀矿找矿潜力的地区。矿区主体工作侧重于放射性异常检查和矿体的追索控制,而对东昆仑造山带构造-岩浆演化及八宝山组陆相火山岩与铀成矿的关系,矿区铀矿成矿特征、成矿规律及关键控制因素,区域铀矿找矿前景等的研究非常薄弱,有必要开展成岩-成矿动力学背景及铀矿成矿机理方面的研究,总结一套有效的铀矿勘查的技术方法组合,为东昆仑地区铀矿找矿提供理论支撑和技术指导,加速推进东昆仑成矿带铀矿资源潜力评价,促进东昆仑地区铀矿找矿取得新突破,保障国家能源资源安全。

二、研究思路

以现代区域成矿理论及构造-岩浆(热液)-成岩(矿)理论为指导,以东昆仑成矿带最新发现的典型火山岩型铀矿床为研究对象,在全面收集分析研究区以往地质成果的基础上,采用野外调查取样和室内综合整理、研究相结合的工作手段,紧密结合区域铀矿地质工作研究程度,重点解剖海德乌拉铀矿床,开展区域铀矿成矿地质条件、成岩-成矿地球动力学背景、关键控矿因素及铀矿成矿机理等方面的研究,构建铀成矿模式,开展成矿预测。

三、研究内容

根据青海省科学技术厅重点研发课题的目标任务,在全面收集区域基础地质资料的基础上,对海德乌拉铀矿区开展详细野外地质考察,采集新鲜火山岩和铀矿化样品开展岩矿鉴定和必要的测试工作,总结铀成矿规律和勘查技术方法,指导找矿实现突破。研究内容具体如下。

(1)系统收集东昆仑地区各类地质矿产、地球物理、地球化学及科研等工作所取得的成果资料,充分利用《青海省矿产资源潜力评价》及《中国矿产地质志·青海卷》取得的最新成果资料，进行总结归纳及综合研究，力争梳理解决与铀矿成矿有关的重大地质问题。通过采集海德乌拉铀矿区及其外围“高分二号”(GF-2)及美国陆地卫星 Landsat 8 遥感影像数据，重点对海德乌拉火山盆地的有利地层、岩浆岩、线环状构造进行解译，并提取遥感蚀变信息，预测铀矿成矿有利远景区。

(2)点上系统收集典型铀矿区资料，对海德乌拉铀矿区进行重点剖析，开展野外调查研究和取样测试，全面总结区内铀矿成矿特征、成矿规律，厘定控矿要素和找矿标志，总结铀矿勘查技术方法组合形式。成矿理论研究方面主要对海德乌拉火山盆地采集的火山岩、花岗斑岩及辉绿岩等进行岩相学鉴定和全岩地球化学分析，详细厘定火山岩岩性、岩相特征及岩石类型组合，岩石地球化学特征等，分析其形成环境。采用激光剥蚀电感耦合等离子质谱(LA-ICP-MS)和激光剥蚀多接收电感耦合等离子质谱(LA-MC-ICP-MS)测试技术，对矿区火山岩中的锆石开展 U-Pb 同位素分析和锆石 Hf 同位素测试工作，以厘定其形成年龄，探讨火山岩成因。采用 LA-ICP-MS 测试技术，对铀矿石中的沥青铀矿开展 U-Pb 同位素测试工作，以厘定矿床的成矿年龄。采用气源同位素比质谱仪对研究区与沥青铀矿共生的方解石及其中的流体包裹体开展 C-H-O 同位素测试工作，采用 LA-ICP-MS 技术对沥青铀矿开展 U-Pb 同位素测试工作，研究成矿流体及成矿物质来源，构建铀矿成矿模式。

第二章　区域地质背景

东昆仑造山带地处青藏高原北部，在漫长的地质历史过程中，不同时期经历了不同性质不同强度的构造运动，发育多种类型的岩石组合和沉积建造组合，岩浆活动频繁，地质构造十分复杂。

第一节　区域地层及沉积建造

东昆仑地区从元古宙至新生代各时代不同类型的地层基本齐全，以三叠纪地层最为发育，分布面积最广。沉积地层以海相沉积为主，陆相沉积次之。元古宇、下古生界几乎全由海相地层组成，白垩纪以后基本全为陆相地层，上古生界和中生界二者兼而有之。沉积建造组合以不同沉积环境的碎屑岩为主，其次为海相沉积环境形成的碳酸盐岩；火山岩多独立成组或作为夹层赋存于沉积岩层中。古元古界长城系基本经受了区域动力热流变质作用改造，蓟县系—三叠系普遍经历了区域低温动力变质作用。

一、元古宙地层

元古宙地层主要由古元古界金水口岩群，长城系小庙岩组，蓟县系狼牙山组、万保沟群和青白口系丘吉东沟组构成。

金水口岩群：主要分布于东昆仑山北坡，总体呈北西西-南东东向展布，为一套层状无序的中高级变质岩系，分为片麻岩组、大理岩组和片岩岩组。片麻岩组岩性主要有黑云斜长片麻岩、黑云角闪片麻岩、混合岩夹黑云石英片岩、斜长角闪岩夹大理岩等，原岩为基性火山岩-黏土岩-镁质碳酸盐岩组合。大理岩组岩性以大理岩为主，夹黑云斜长片麻岩、石英片岩等，主要为一套碳酸盐岩建造组合。片岩岩组岩性主要由黑云片岩、石英片岩、绿泥片岩等组成，原岩成分为泥砂质。金水口岩群是该地区的结晶基底，变质变形较强烈，遭受了多期次变质变形作用，各岩组之间均为韧性剪切接触关系。

长城系小庙岩组：断续出露在柴达木盆地以南、格尔木河以东的诺木洪河、洪水河、清水河、哈图—益克光一带，是以石英质岩石为主的一套片岩，岩性主要为长石石英片岩、云母石英片岩、黑云片岩夹大理岩、斜长角闪片岩、条带状混合岩化黑云斜长片麻岩，原岩建造为泥砂质岩-中基性火山岩-碳酸盐岩建造组合。小庙岩组是该地区的结晶基底，岩石普遍糜棱岩化和混合岩化。

蓟县系狼牙山组：主要分布在东昆仑西段和祁漫塔格主脊狼牙山—布尔汗布达山北坡冰

沟一带，呈北西西向条带状断续分布，为一套陆内盆地滨海相碳酸盐岩沉积。下部以碎屑岩为主，中部为碎屑岩与灰岩互层，上部以白云岩为主夹碎屑岩。

万保沟群：呈近东西向带状断续分布在东昆仑南坡地区，受区域性断裂控制明显，由温泉沟组和青办食宿站组构成。温泉沟组主要由深海洋岛型玄武质火山岩组成，岩性组合为玄武岩、玄武安山岩、安山岩夹玄武质凝灰熔岩、大理岩等。青办食宿站组由碳酸盐岩组成，岩性主要有结晶灰岩和白云岩。

丘吉东沟组：主要分布在诺木洪河下游冰沟、丘吉东沟一带，岩性组合为粉砂质板岩夹粉砂岩、长石石英砂岩、复成分砾岩等，下部夹较多的硅质板岩、泥钙质硅质岩，顶、底部有少量白云岩夹层，沉积环境为远滨-浅海相沉积。

二、早古生代地层

早古生代沉积在东昆仑地区非常发育，均为海相沉积，沉积类型复杂。地层主要有下—中寒武统沙松乌拉组、寒武纪—奥陶纪纳赤台蛇绿混杂岩、寒武纪—奥陶纪十字沟蛇绿混杂岩和奥陶系祁漫塔格群。

沙松乌拉组：在东昆仑南坡西段温泉沟沟脑和万保沟中上游地区广泛出露，大多呈近东西向展布。岩性组合主要为长石岩屑杂砂岩、岩屑长石砂岩、千枚状板岩夹灰岩、白云岩等，局部夹中—基性火山岩。沉积环境为陆缘裂谷滨浅海陆架斜坡。

纳赤台蛇绿混杂岩：分布于塔鹤托坂日—冬给措纳湖东北，呈近东西向带状展布，由基性火山岩组合、碳酸盐岩组合、硅质岩组合、碎屑岩组合、中酸性火山岩组合和蛇绿岩组合组成。基性火山岩组合主要为块状玄武岩、杏仁状玄武岩，在诺木洪郭勒一带玄武岩枕状构造极发育，火山岩具有洋岛、岛弧及弧后盆地多种成因环境；碳酸盐岩组合属局限台地沉积，为海山碳酸盐岩；硅质岩组合多呈夹层赋存在碎屑岩、火山岩中，岩石组合为含绢云母硅质岩、绢云母硅质板岩等，为深海盆地平原沉积；碎屑岩组合以细碎屑岩为主，多呈断块产出，受断裂带控制，断块长轴近东西向排列，具浊积岩特征，属深海-半深海浊积扇相；中酸性火山岩组合主要为蚀变安山岩、流纹英安岩、英安质火山角砾熔岩夹安山质凝灰熔岩、流纹质熔结凝灰岩、晶屑凝灰岩，局部夹少量碎屑岩，为海相裂隙式喷发，属钙碱性系列，具岛弧火山岩特征；蛇绿岩组合呈断块或透镜状散布在各组合间隙中，蛇绿岩主要有纯橄榄岩、二辉橄榄岩、堆晶岩、枕状玄武岩、辉绿玢岩、硅质岩和辉长辉绿岩，多为洋壳组分。

十字沟蛇绿混杂岩：与俯冲作用有关的SSZ型蛇绿岩，夹持于莲花石-小狼牙山南缘断裂和昆北断裂之间，呈北西西向展布，由基性火山岩组合、碳酸盐岩组合、碎屑岩组合和蛇绿岩组合组成。基性火山岩组合以基性火山熔岩为主，火山岩属深海裂隙喷发环境；碳酸盐岩组合以岩块产出，岩性组合有微晶灰岩、白云岩等，形成于广海陆棚环境；碎屑岩组合主要为一套由碎屑岩组成的浊积岩建造，为浅海-半深海俯冲增生杂岩楔环境形成的浊积扇；蛇绿岩组合呈断块状、透镜状产出，零星分布，岩石组合有蛇纹石化细粒橄榄岩、蛇纹岩、橄榄辉长岩、蚀变辉长岩、枕状玄武岩等，少量硅质岩、斜长岩等，形成于浅海-半深海环境。

祁漫塔格群：广泛出露于祁漫塔格和东昆北地区，呈北西西向带状展布，可分为下部碎屑岩组、中部火山岩组和上部碳酸盐岩组。碎屑岩组由一套中—细粒碎屑岩组成，属半深海斜坡沟谷-滨浅海潮坪沉积；火山岩组多以不连续的断块状产出，岩石类型包含基性、中性、酸性各类火山熔岩和火山碎屑岩，火山岩以钙碱系列为主，局部为拉斑系列，形成于岛弧或弧后盆地环境；碳酸盐岩组零星分布于东昆仑北坡那陵郭勒上游南、北两侧，岩性组合有大理岩、灰岩夹粉砂岩、板岩，为弧前盆地弧前构造高地碳酸盐岩沉积建造组合。

三、晚古生代地层

1. 泥盆纪地层

泥盆纪地层主要有早泥盆世契盖苏组、雪水河组和晚泥盆世黑山沟组、哈尔扎组。

契盖苏组：广泛出露于祁漫塔格和东昆仑西段北坡，是一套由陆相碎屑岩-火山岩组成的地层，为陆相磨拉石沉积和陆相火山岩堆积，下部以河流相碎屑岩为主，上部由中—酸性火山岩组成，火山岩为碰撞环境火山岩组合，属火山-沉积断陷盆地环境。

雪水河组：主要出露于大干沟以南昆仑河两侧，是一套由陆相碎屑岩夹火山岩和少量碳酸盐岩组成的地层，沉积环境可能为陆相，局部有可能夹海相地层，属三角洲相或湖沼相沉积，属陆内火山断陷盆地沉积环境。

黑山沟组和哈尔扎组：仅出露于祁漫塔格东段北坡老茫崖南红柳泉、黑山一带，为一套海陆交互相碎屑岩夹灰岩、火山岩地层。黑山沟组为海陆交互相滨浅海碎屑岩组合。哈尔扎组岩性以中—酸性凝灰熔岩、凝灰岩为主，夹薄层粉砂质板岩、粉砂质泥质灰岩，属大陆伸展火山-沉积断陷盆地环境，是晚古生代裂陷伸展盆地演化开始的标志，为盆地幼年阶段的产物。

2. 石炭纪—二叠纪地层

东昆仑地区在石炭纪出现一次较大的海侵，除中昆仑被海水围限，成为范围狭小的孤岛或半岛，遭受剥蚀而缺乏沉积外，其他地方均出现大面积的海侵。沉积环境表现为滨海-浅海-海陆交互相，构造古地理环境有陆表海、活动陆缘、被动陆缘、裂谷等类型。石炭纪—二叠纪地层及地质体主要有早石炭世石拐子组、大干沟组、哈拉郭勒组，晚石炭世缔敖苏组，石炭纪—中二叠世苦海-赛什塘蛇绿混杂岩及马尔争蛇绿混杂岩，晚石炭世—早二叠统浩特洛洼组，晚石炭世—中二叠世树维门科组，早—中二叠世打柴沟组，中二叠世切吉组，上二叠统格曲组、大灶火沟组。

石拐子组：主要分布于祁漫塔格北坡，其次在祁漫塔格南坡、东昆仑北坡有小面积分布，呈带状展布，总体为陆源碎屑岩-碳酸盐岩建造组合。下部碎屑岩由细砾岩、含砾粗砂岩和岩屑砂岩组成，上部主要为生物碎屑灰岩夹少量白云岩。

大干沟组：零星分布于东昆仑北坡哈是托、云居萨依、拉陵高里、大干沟等地，为一套陆源碎屑岩-碳酸盐岩建造组合，中上部岩性为灰岩，下部为硅质白云岩、砂质灰岩夹长石石英砂岩。

哈拉郭勒组：断续分布于东昆仑南坡巴能梗沙耶、起次日赶特乌拉、哈拉郭勒等地，岩石组合主要为碳酸盐岩、碎屑岩夹中酸性火山岩，属陆源碎屑-碳酸盐岩台地沉积环境，伴有微弱的火山活动。火山岩为钙碱系列，形成于陆缘裂谷环境。

缔敖苏组：广泛分布于东昆仑山北坡打柴沟、肯德可克、云居萨依、东大干沟等地。下部为海陆交互砂泥岩夹砾岩建造组合，主要岩性为砂岩、砾岩、砂砾岩夹粉砂岩等，上部为陆表海石灰岩建造组合，主要岩性为生物碎屑灰岩、含生物碎屑砾状灰岩夹砂岩、泥岩等。

苦海-赛什塘蛇绿混杂岩：包括基性火山岩组合、碳酸盐岩组合、碎屑岩组合、中酸性火山岩组合和蛇绿岩组合。其中碳酸盐岩组合中灰岩多化石，总体反映该组合沉积作用为深海盆地环境下海相碳酸盐岩沉积类型；碎屑岩组合保存有完整的鲍马序列，是陆缘俯冲增生陆块快速裂陷深-半深海沉积的产物。

马尔争蛇绿混杂岩：包括基性火山岩组合、碳酸盐岩组合、硅质岩组合、碎屑岩组合、中酸性火山岩组合和蛇绿岩组合。其中，碳酸盐岩组合沉积作用表现为滨浅海台缘浅滩相和缓斜坡相，属海山碳酸盐岩沉积类型。硅质岩组合属深海盆地环境下硅质岩沉积类型。碎屑岩组合属深海盆地的海相碎屑岩沉积类型。马尔争蛇绿混杂岩属半深海大陆斜坡相沉积，古地理环境为俯冲增生杂岩楔。

浩特洛洼组：零星分布于东昆仑山南坡红石山、东大干沟、埃肯雅玛托、阿不特哈达、冬木北山、年扎曲等地，为弧前盆地陆源碎屑岩-碳酸盐岩建造组合，组成岩石以碎屑岩、碳酸盐岩和火山岩互层为主。该地层为海相沉积作用下碎屑岩、碳酸盐岩沉积类型，为滨海相环境，火山岩形成于陆缘弧环境。

树维门科组：主要分布于昆南断裂和布青山南缘断裂之间的布青山主峰、马尔争、花石峡及阿尼玛卿等地，呈透镜状、断块状出露，近东西向带状展布。主体为一套巨厚层、块状礁灰岩组成的韵律性沉积建造组合，岩性主要为块层状碳酸盐岩，为活动陆缘弧前盆地环境。

打柴沟组：主要分布于祁漫塔格北坡云居萨依、野马泉、打柴沟、四角羊沟、牛苦头和缔敖苏等地，呈近东西向带状展布，主要由生物灰岩、白云质灰岩和白云岩组成，夹钙质硅质粉砂岩、钙质粉砂岩。沉积环境主要为陆表海盆地滨-浅海环境，局限台地碳酸盐岩-陆源碎屑岩组合。

切吉组：仅分布于直亥买、切吉水库、马温根等地区。岩石组合以砂板岩为主，其次为火山岩，夹少量灰岩。火山岩形成于活动大陆边缘火山弧环境。

格曲组：零星分布于东昆仑南坡温泉水库—苦海西。底部发育底砾岩，下部以滨海相碎屑岩为主，上部由生物礁相碳酸盐岩组成。

大灶火沟组：分布于大灶火河源头、沙松乌拉北坡一带，呈近东西向带状展布于昆中断裂两侧，为一套中酸性火山碎屑熔岩和火山碎屑岩建造的陆缘弧沉积体系。在东部冬给措纳湖北沟里一带，中酸性火山岩呈断块状，岩石组合以石英安山岩、粗安岩为主，夹凝灰岩、凝灰熔岩、火山角砾岩、凝灰质变粉砂岩、凝灰质杂砂岩等，安山岩中多发育柱状节理，火山岩形成于俯冲环境陆缘弧。

四、中生代地层

1. 三叠纪地层

东昆仑地区于早—中三叠世海水大面积侵入，于晚三叠世大部分地区逐渐转为陆相沉积，部分地区发育陆海交互相沉积，总体以陆块稳定型沉积、多岛洋环境活动陆缘沉积为特征。三叠纪地层发育有下三叠统洪水川组，下—中三叠统下大武组、闹仓坚沟组，中三叠统希里可特组，上三叠统鄂拉山组和八宝山组。

洪水川组：分布于东昆仑山南坡，以碎屑岩为主，局部夹中酸性火山岩，下部为砾岩、含砾砂岩夹长石石英砂岩、粉砂岩及泥岩，上部为砾岩、凝灰岩、玄武安山岩夹变粉砂岩、砂岩等。

下大武组：分布于阿尼玛卿山西侧至东部一带。下部沉积为砾岩、砂岩夹板岩的中粗碎屑岩组合，中部为中基性—酸性火山岩夹碎屑岩组合，上部为中细碎屑岩夹碳酸盐岩组合。

闹仓坚沟组：主要分布于阿拉克湖、冬给措纳湖等地，为一套碳酸盐岩、碎屑岩，局部夹火山岩，垂向上底部发育浅海碳酸盐岩台地沉积体系，向上变为大陆斜坡半深海浊流沉积体系。

希里可特组：分布于万保沟—鄂拉山地区，自下而上为一套细砾岩、含砾岩屑粗—中砂岩、细—粉砂岩、砾质岩屑砂岩，为滨海砂泥岩-砾岩夹火山岩组合，火山岩具弧后前陆盆地性质。

鄂拉山组：主要分布于柴达木盆地东、南缘、东昆仑北坡和鄂拉山地区，主要由一套陆相喷发的火山碎屑岩夹火山熔岩及不稳定碎屑岩夹层组成，下部以中基性火山岩为主夹碎屑岩，上部以中酸性火山岩为主夹碎屑岩。火山岩具陆相喷发堆积及陆相喷发水下(湖泊)沉积双重成因的特点，总体上为陆缘弧环境，属内陆火山盆地喷发沉积作用。

八宝山组：主要分布于阿拉克湖、海德乌拉、可鲁波、波洛斯太等地。下部主要有复成分砾岩、钙质岩屑石英砂岩、长石砂岩夹流纹岩、凝灰岩等；上部主要为泥钙质石英粉砂岩、粉砂质页岩、薄层泥灰岩、碳质页岩及煤线、长石岩屑砂岩、细砂岩等。火山岩具双峰式特点，反映岛弧和板内裂陷双重性。总体为一套以河流-湖沼相为主的沉积，局部发育海陆交互相。

2. 侏罗纪地层

侏罗纪地层只发育下—中侏罗统羊曲组，主要分布在东昆仑南坡及赛什塘—兴海地区，小库赛湖北哲黑纳里—热鸽一带、阿拉克湖以北，三道弯乌苏一带也有分布，为一套含煤碎屑岩建造，分布于大小不等的山间盆地，为一套河湖相沉积。下部以砾岩、砂砾岩及含砾砂岩为主；中上部为杂色含砾砂岩、砂岩、粉砂岩、泥岩夹碳质页岩、煤线及煤层，局部夹含砾砂岩透镜。该地层组为曲流河相-滨浅湖相沉积，属断陷盆地含煤碎屑岩建造。

五、新生代地层

东昆仑地区新生代沉积相当发育，所组成的地层遍及东昆仑各地。沉积环境大致相同，基本不受地层区划的控制，以陆相、河湖相为主体，物质成分以碎屑岩为主。

1. 古近纪—新近纪地层

该地区古近纪—新近纪地层较为发育，分布广泛，以紫红色—红色色调碎屑岩为特征，具有陆相沉积环境下的“红层”沉积特征。主要发育地层有古新统—始新统路乐河组、沱沱河组，渐新统—中新统干柴沟组、雅西措组，中新统五道梁组、查保马组、咸水河组，中新统—上新统湖东梁组，上新统曲果组、临夏组。

2. 第四纪沉积

第四纪沉积体以河流-湖泊相沉积作用为主。其中早更新世沉积基本固结成岩，建立的岩石地层单位有七个泉组、羌塘组、共和组，中更新世至全新世松散堆积物成因类型多样，有残坡积、冰碛、冰水堆积、黄土、洪积、冲积、洪冲积、化学沉积、泉华、风积、沼泽堆积、湖积以及过渡类型等。

第二节　岩浆活动与岩浆岩

一、火山岩

东昆仑地区火山活动频繁，从元古宙到新近纪都有火山活动，各时期火山活动的规模、强度和所处构造位置以及火山岩特征均有明显的差别。元古宙—早古生代为海相火山岩，晚古生代—中生代三叠纪既有海相又有陆相火山岩，白垩纪之后只有陆相火山岩，其中以寒武纪—奥陶纪、石炭纪—二叠纪两期海相火山岩和泥盆纪、晚三叠世两期陆相火山岩的分布最广，规模最大，这与洋陆转换造山过程相吻合。东昆仑成矿带火山岩分布如图 2-2-1 所示。

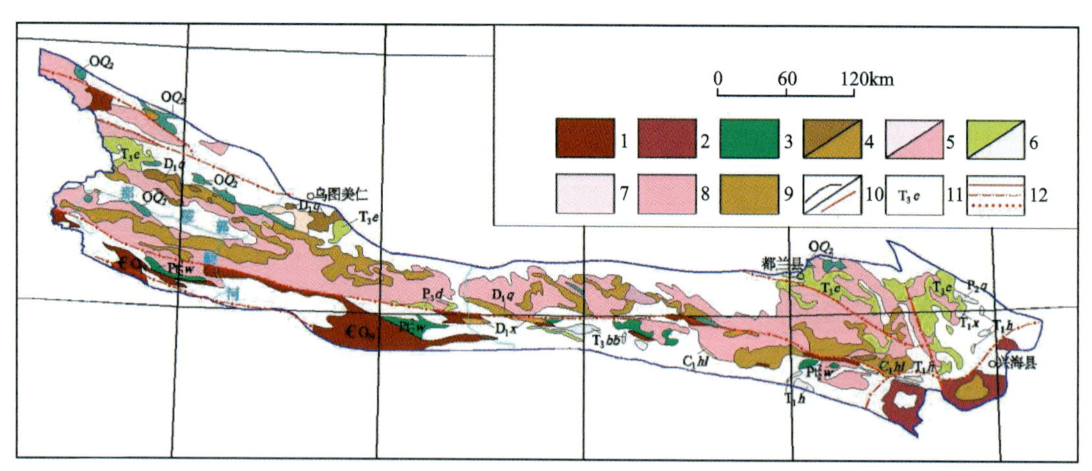

1. ∈—O 蛇绿混杂岩；2. C—P 蛇绿混杂岩；3. Pt_2—D 海相火山岩地层；4. Pt_2—D 陆相火山岩地层/夹层；5. C—T 海相火山岩地层/夹层；6. C—T 陆相火山岩地层/夹层；7. J—N 陆相火山岩；8. 花岗岩；9. 结晶基底；10. 地质界线/断裂；11. 火山岩地层代号；12. 构造岩浆岩单元界线

图 2-2-1　东昆仑成矿带火山岩分布图(据青海省地质矿产勘查开发局，2020 修改)

1. 古元古代火山岩

古元古代火山岩赋存于万保沟群底部温泉沟组中，分布较广，西起分水岭、雪峰山，经黑海、万保沟、纳赤台，东至智玉一带。火山岩以喷溢相的基性火山熔岩为主，岩石类型有玄武岩类、玄武安山岩等，为与大洋有关的洋岛拉斑玄武岩组合。

2. 早古生代火山岩

早古生代火山岩主要分布在东昆北构造岩浆岩带，十字沟蛇绿混杂岩带和纳赤台蛇绿混杂岩带均有出露。祁漫塔格群中部的火山岩组，在东昆北构造岩浆岩带最为发育，火山岩组集中分布在柴达木盆地西南缘的祁漫塔格火山盆地、野马泉火山盆地和卡而却卡火山盆地，盆地之间均有深大断裂相隔互不相连，岩石组合主体为玄武岩、玄武安山岩类基性—中基性岩，还有中酸性、酸性、碱性和亚碱性火山岩，总体上具有典型的岛弧火山岩特征。

十字沟蛇绿混杂岩带中的奥陶纪火山岩为基性火山岩组合，集中分布在十字沟、十字沟西沟一带，以基性火山熔岩为主，岩石类型有玄武岩、玻基玄武岩、细碧岩、基性火山角砾岩等，为玄武岩-玄武安山岩组合，属弧后扩张环境的产物。

纳赤台蛇绿混杂岩带中火山岩较为发育，主要为一套基性火山岩组合和中酸性火山岩组合，有玄武岩-玄武安山岩组合、安山岩-英安岩-流纹岩组合，局部发育拉斑玄武岩组合和碱性玄武岩组合，火山岩可能形成于洋岛、岛弧、弧后拉张、陆缘弧等环境。

3. 晚古生代火山岩

区内晚古生代火山活动较强，泥盆纪火山岩在柴南缘形成较大规模的陆相火山岩带，主要赋存于契盖苏组和雪水河组，另在祁漫塔格北缘小规模发育，赋存于哈尔扎组中；石炭纪—二叠纪火山岩主要赋存于哈拉郭勒组、浩特洛哇组、切吉组、大灶火沟组等，另外少量分布在苦海—赛什塘、马尔争蛇绿混杂岩带中。

契盖苏组广泛分布于祁漫塔格、野马泉、中灶火、大干沟一带，总体呈北西西向带状火山喷发，为一套形成于碰撞环境下陆相沉积-喷发火山岩地层。上部中酸性熔岩、火山碎屑岩分异较强，以中—高钾钙碱性系列流纹岩-英安岩-安山岩组合为主，少量为钾玄岩系列。

雪水河组主要分布于昆仑河两侧、水泥厂、雪水河、石灰厂和海德乌拉北坡等地，呈断续条带状分布，以酸性熔岩、火山碎屑岩为主的流纹岩-英安岩组合多夹于中—下部层位，为高钾—钾玄岩系列，形成于碰撞环境。

哈尔扎组主要分布于红柳泉一带，为一套形成于陆内局限伸展盆地浅海相及海陆交互相的火山岩，为一套以酸性凝灰岩、熔岩为主的流纹岩-英安岩组合，属钙碱性系列。

哈拉郭勒组沿东昆仑南坡断续分布，火山岩以夹层形式产出，主要为一套形成于陆缘裂谷环境下，由中酸性火山熔岩、火山碎屑岩组成的玄武岩-安山岩-英安岩-流纹岩组合，以钙碱性系列为主。

浩特洛哇组分布于分水岭西、黑海、红石山、大干沟、哈拉郭勒、浩特洛哇等地。火山岩以夹层或火山岩段的形式赋存于该组碎屑岩及碳酸盐岩中，为一套形成于洋陆俯冲背景下的弧火山岩组合。岩性以安山岩、英安岩为主，其次为中酸性的凝灰熔岩、凝灰岩，为钙碱性系列。

切吉组零散分布于哇洪山-温泉断裂以东的鄂拉山北坡一带。火山岩以夹层或岩段形态赋存于碎屑岩夹灰岩层系中，为一套形成于消减带岛弧环境下，以中酸性火山熔岩、火山碎屑岩为主的安山岩-英安岩-流纹岩组合，属钙碱性系列。

苦海-赛什塘蛇绿混杂岩带火山岩分布于东昆仑东部，由基性玄武岩-玄武安山岩组合和中酸性安山岩-英安岩-流纹岩组合组成。基性火山岩组合呈北西-南东向带状或呈大透镜状产出，岩石组合有灰绿色玄武质凝灰熔岩、凝灰质玄武岩夹玄武岩及玄武质角砾熔岩等；中酸性火山岩组合为玄武安山岩、玄武安山凝灰熔岩、安山岩、安山质凝灰岩、英安岩、英安质凝灰熔岩、流纹岩夹流纹质凝灰岩、英安质火山角砾岩、凝灰质砂岩、沉凝灰岩等，为钙碱性系列，形成环境为岛弧。

马尔争蛇绿混杂岩带内火山岩较为发育，由基性火山岩组合和中酸性火山岩组合组成。基性火山岩组合主要分布在马尔争—布青山一带，岩性主要有玄武岩、细碧岩、中基性凝灰熔岩、凝灰岩等。中酸性火山岩组合在马尔争东、布青山等地有不同程度发育，岩性有安山岩、安山质火山角砾岩、玄武安山岩、玄武安山质凝灰岩、紫红色火山角砾岩。火山岩的形成环境为陆缘裂谷、岛弧、弧后(弧间)盆地等。

4. 中生代火山岩

东昆仑地区中生代火山岩极为发育，分布广，规模较大。火山岩既有海相又有陆相，其中早—中三叠世海相火山岩呈夹层状分布，晚三叠世大规模陆相火山岩呈带状分布，是青海省规模最大的陆相火山岩之一。

鄂拉山组火山岩是东昆仑构造岩浆岩带分布最广的一期火山岩，属陆相中心式喷发，喷发强度大，分布面积广，火山岩的岩相、岩性和厚度变化较大，主要由中酸性熔岩和火山碎屑岩构成，成层性较差。火山岩相类型有溢流相、喷溢相、爆发空落相、火山碎屑流相、火山爆发崩塌相等，还见有火山喷发沉积相、潜火山岩相及火山通道相等。鄂拉山组为一套以中酸性火山碎屑岩、火山熔岩组合为主的安山岩-英安岩-流纹岩组合，局部见基性火山熔岩，火山岩以裂隙-中心式喷发为主，属于高钾钙碱性系列，部分为中钾钙碱性及钾玄岩系列，形成于俯冲向碰撞过渡的环境。

洪水川组主要分布于昆南构造岩浆岩带黑海、水泥厂、雪水河、埃坑得勒斯特、沟里等地，火山岩以夹层或透镜体形式赋存于该组碎屑岩中，主要为中酸性火山碎屑岩和火山熔岩，局部见基性火山熔岩、火山碎屑岩，为中钾—高钾钙碱性系列，属海相火山岩喷发环境，可能是在俯冲背景下弧后前陆盆地内形成的弧火山岩。

希里可特组火山岩很少，以夹层形式产出，以酸性火山碎屑岩为主，局部有安山岩等熔岩类。岩石类型包括英安质熔结凝灰岩、流纹质凝灰岩、英安质沉凝灰岩等，以钙碱性系列为主，形成于俯冲背景下弧后前陆盆地内的弧火山岩。

八宝山组集中分布于海德乌拉、埃肯迭特、八宝山一带，尤以海德乌拉一带火山岩出露厚度最大，为一套陆相-海陆交互相沉积碎屑岩夹火山岩的地层。岩石类型以基性和酸性熔岩为主，次为火山碎屑岩，主要有玄武岩、英安岩、流纹岩、粗面岩、流纹质晶屑玻屑凝灰岩和凝灰角砾岩等，为一套双峰式火山岩组合，形成环境具有岛弧和板内双重属性，其中酸性端元具有 A 型花岗岩的特点，标志着东昆仑造山带印支期造山增生事件的结束。

5. 新生代火山岩

新生代火山活动微弱，仅见于木孜塔格-西大滩-布青山构造岩浆岩亚带中，为上新统—

中新统湖东梁组和中新统查保马组的火山岩，全部为陆相。

湖东梁组火山岩分布于阿尼玛卿-布青山构造岩浆岩带中，为一套以流纹英安岩-流纹岩为主的酸性熔岩组合，火山岩相分属溢流相、潜火山岩相和火山通道相等，火山机构以裂隙式为主。火山岩属亚碱性系列，具壳源特征，形成于青藏高原快速隆升阶段。

查保马组分布于阿尼玛卿-布青山构造岩浆岩带中，主要为一套粗面岩-安粗岩-粗面英安岩组合，岩相类型主要有溢流相、喷发溢流相、爆发相和潜火山岩相等，属高钾—超钾质钙碱性系列，形成于大陆板内构造环境。

二、侵入岩

东昆仑地区深成侵入活动频繁且强烈，是青海省规模最大的侵入岩带，岩石类型复杂，有基底演化阶段的变质侵入体，又有显生宙以来的正常侵入体，岩石从基性—超基性、中性—酸性乃至碱性都有发育，定位于不同构造岩浆旋回的不同构造环境中，尤以中酸性岩分布广泛、规模大，成为岩浆活动的主体（图 2-2-2）。东昆仑侵入岩分布从时间上可分为古元古代—青白口纪、南华纪—泥盆纪、石炭纪—侏罗纪 3 个构造岩浆旋回。岩浆活动从古元古代到新生代，间歇性的火山喷发和岩浆侵入活动交替出现，构成不同构造岩浆期的岩石构造组合，携载了构造演化各阶段的岩石圈动力信息，从岩浆活动的程度和岩浆形成的规模而言，奥陶纪—志留纪、二叠纪—三叠纪为岩浆活动的高峰期。

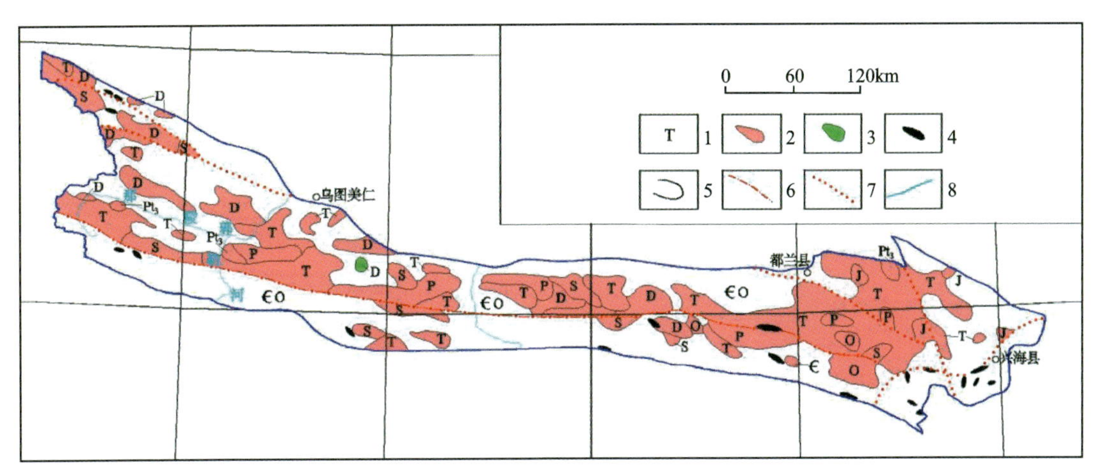

1. 侵入岩时代；2. 中酸性侵入岩；3. 基性—超基性侵入岩；4. 蛇绿岩；5. 侵入岩体界线；6. 构造岩浆岩带界线；7. 构造岩浆岩亚带界线；8. 河流

图 2-2-2 东昆仑成矿带侵入岩分布图（据青海省地质矿产勘查开发局，2020 修改）

（一）古元古代—青白口纪

1. 古元古代变质侵入体

古元古代变质侵入体主要分布在金水口等地，岩性主要为英云闪长质、石英闪长质、花岗闪长质、二长花岗质岩石，以及基性岩墙。岩石具片麻状构造、条带状构造、眼球状构造，并见较多片麻理褶皱。侵入于古元古代变质岩中，往往与中—新元古代变质侵入体伴生，为早期陆块裂解-会聚阶段陆壳重熔基底演化的产物。

2. 待建纪—青白口纪变质侵入体

待建纪—青白口纪变质侵入体分布于祁漫塔格、乌兰乌珠尔、野马泉、拉陵灶火、五龙沟、卡尔却卡、布伦台、沟里、尕日当等地区，岩石具片麻状构造，眼球状和条纹条带状构造也较多见。岩性主要为花岗闪长岩、二长花岗岩和斑状二长花岗岩。SiO_2含量高，具有高K_2O、低Na_2O的特征，K_2O/Na_2O值在1.1～11.1之间，平均2.45。铝饱和指数A/CNK在1.05～2.21之间，部分岩石中出现白云母、石榴石等过铝质矿物，岩石具S型花岗岩特征，为陆壳重融花岗岩，形成于碰撞环境。

（二）南华纪—泥盆纪

南华纪—泥盆纪构造岩浆旋回是东昆仑造山带形成与演化的主造山旋回，其形成与演化主要受其南部特提斯洋的控制。该期侵入岩分布在东昆仑岩带中、东段及祁漫塔格一带。可分为寒武纪—奥陶纪洋盆、寒武纪—志留纪俯冲、晚奥陶世—泥盆纪碰撞及后碰撞岩石构造组合，南华纪和震旦纪侵入岩不发育。

1. 寒武纪—志留纪俯冲型花岗岩

寒武纪—志留纪俯冲型花岗岩主要分布于东昆仑构造岩浆岩带，在纳赤台带的辉特陶可可—柯克沙一带发育一套岛弧环境的TTG花岗岩组合，为英云闪长岩、石英闪长岩、花岗闪长岩，少量二长花岗岩、斑状二长花岗岩及辉长岩组合，岩石中以出现大量的角闪石矿物为特征。SiO_2含量高，属于酸性岩范畴；K_2O/Na_2O值在0.16～0.88之间，平均0.54，具相对富Na、贫K特征；铝饱和指数A/CNK在0.54～1.14之间，平均0.91，为准铝质岩石。

奥陶纪发育大量俯冲型花岗岩，主要分布于克合特、分水岭西—尕日当等地，SiO_2含量高，属于酸性岩范畴；K_2O/Na_2O值在0.16～0.94之间，平均0.54，相对富Na、贫K特征；铝饱和指数A/CNK在0.69～1.25之间，平均0.97，为准铝质岩石。含有大量的角闪石，而钾长石含量相对较少。

晚奥陶世则以发育GG花岗岩组合为主，主要分布于土房子、辉特陶可可—腾格里大队—得里特等地，总体具有较高的Na_2O+K_2O含量，Na_2O、K_2O含量相近，K_2O/Na_2O平均在0.89～1.97之间，以偏铝质为主—弱过铝花岗岩。岩石组合以正长花岗岩、二长花岗岩、花岗闪长岩为主。花岗岩在空间分布上位于早—中奥陶世TTG组合花岗岩北部，整体显示了早古生代由南向北俯冲的特征。

志留纪发育少量俯冲型花岗岩，包括东昆仑地区的水泉子-克合特TTG花岗岩组合、十字沟-英德尔农场GG组合。其中高镁闪长岩组合岩性主要为石英闪长岩，MgO含量在6.43%～7.14%间，平均6.77%；K_2O/Na_2O值在0.46～0.59之间，平均0.53，所有样品中Na_2O含量均高于K_2O含量。$Mg^{\#}$值在62.54～63.90之间，平均63.16，具富Na、贫K；高Mg、高Ti的特征，具有岛弧花岗岩的性质，形成于俯冲环境。志留纪TTG组合和GG组合受那陵郭勒河断裂控制，空间上 GG 组合分布于 TTG 组合以北，显示出了由南向北俯冲的特征。

2. 晚奥陶世—泥盆纪碰撞型花岗岩

晚奥陶世—泥盆纪碰撞型花岗岩广泛分布于东昆仑构造岩浆岩带，发育小库赛湖-黑海二云母花岗岩组合（S_{1-3}）、灶火沟石榴石花岗岩组合（S_1）、夏拉尕诺-万保沟环斑花岗岩组合（S_1）、哈图-布青山高钾—钾玄质花岗岩组合（S_{1-2}）、中灶火-金水口强过铝（石榴石）花岗岩组合（D_1）、滩北雪峰-诺木洪南高钾—钾玄质花岗岩组合（D）。该期岩石组合以环斑花岗岩、白（二）云母花岗岩、石榴石花岗岩为特征，花岗岩类 SiO_2 含量普遍较高；具有低 TiO_2、Na_2O、高 Al_2O_3、K_2O 的特点，K_2O/Na_2O 值平均在 0.57～2.27 间，平均为 1.40，总体属富钾岩石。铝饱和指数 A/CNK 在 0.83～1.28 之间，平均 1.04，总体为过—偏铝质花岗岩。岩石中出现白（二）云母、石榴石等特征，并出现环斑结构，岩石形成于碰撞环境。

3. 泥盆纪后造山花岗岩

泥盆纪后造山花岗岩零星分布于拉陵灶火—五龙沟、喀雅克登—夏日哈木—五龙沟、小盆地等地，岩石构造组合为层状基性杂岩、基性岩墙群组合等。其中，喀雅克登—夏日哈木—五龙沟、小盆地为基性岩墙群或层状基性岩组合，岩石以辉长岩、辉绿岩、辉绿玢岩等为主，具高 TiO_2、MgO、Na_2O，低 K_2O 的特点，富钠，亚铝质，形成于伸展环境。拉陵灶火—五龙沟的岩石组合为正长花岗岩和二长花岗岩，具低 MgO、P_2O_5、Al_2O_3、TiO_2、CaO，高 K_2O、Na_2O 特点，富碱富钾，为偏铝质花岗岩，具有高分异 I 型花岗岩特点，经历了强烈的结晶分异作用，为岩浆结晶晚期的花岗岩，形成于俯冲增生造山后的伸展环境。

（三）石炭纪—侏罗纪

该期花岗岩分布较广，主要分布于东昆仑、南昆仑构造岩浆岩带，可分为扩展、俯冲、碰撞及后碰撞岩石构造组合。

1. 二叠纪—三叠纪俯冲岩石构造组合

该组合分布集中、规模大、时间延续长。晚二叠世、三叠纪花岗岩呈东西向大岩基分布于东昆北亚带、鄂拉山亚带，侵入于新元古代、晚奥陶世、晚志留世、晚泥盆世及早石炭世侵入岩，被早侏罗世侵入岩超动侵入，与上三叠统鄂拉山组火山岩呈不整合接触。岩石组合有高镁闪长岩组合、TTG 组合、GG 组合。

高镁闪长岩组合发育于卡尔却卡—中灶火地区，岩石组合为石英闪长岩、闪长岩，属闪长岩类，具有富 Na、贫 Ka 的特征，为亚铝质岩石，具有 TTG 花岗岩特征，形成于俯冲环境。

该旋回发育晚二叠世、中三叠世和晚三叠世早期三期 TTG 组合，其中晚二叠世 TTG 组合发育于沙松乌拉—中灶火、窑洞山、格尔木山口及克合特一带；中二叠世 TTG 组合发育在卡尔却卡、拉陵灶火、沙松乌拉—五龙沟、诺木洪地区。岩石岩性以英云闪长岩、石英闪长岩、花岗闪长岩和闪长岩为主，二长花岗岩次之。岩石整体 SiO_2 含量不高，K_2O/Na_2O 值在 0.56～

0.94之间，平均0.68，显示富钠特征。铝饱和指数A/CNK在0.9～1.02之间。具有TTG花岗岩的特点，形成于俯冲环境。

GG组合主要发育于晚二叠世—早三叠世、晚三叠世晚期。晚二叠世—早三叠世GG组合发育于楚拉克—伊克高勒、那陵郭勒河南—查汗乌苏等地，岩石以出现正常花岗岩为特征，以二长花岗岩和花岗闪长岩为主，正长花岗岩次之，少量的闪长岩。SiO_2含量较高；岩石中K_2O含量高于Na_2O或二者含量相近；铝饱和指数A/CNK在0.97～1.29之间，平均1.04，以弱过铝为主，部分为偏铝质花岗岩。具有GG花岗岩特点，形成于俯冲环境。东昆仑地区GG组合分布于TTG组合北部，显示了由南向北的俯冲特征。

2. 晚三叠世—早侏罗世碰撞岩石构造组合

该旋回碰撞型花岗岩出露较少，在黑山地区发育白云母花岗岩组合，呈长条状、透镜状展布，与马尔争蛇绿混杂岩带中的碎屑岩组合及基性火山岩组合呈断层接触。岩石中有含量不等的白云母，局部含量可达25%，岩石类型主要为二长花岗岩、正长花岗岩、花岗闪长岩。具有S型花岗岩的特征，形成于碰撞环境。

小南川—昆仑山零星发育早侏罗世高钾钙碱性花岗岩组合，岩性单一，为二长花岗岩，具高钾、高铝、低钠的特征，为偏铝质花岗岩，属高钾碱钙性岩系，是碰撞环境的高钾钙碱性花岗岩组合。

3. 晚三叠世—早侏罗世后造山岩石构造组合

晚三叠世—早侏罗世发育和后造山有关的岩石构造组合，包括基性岩墙群组合、基性杂岩组合。

基性杂岩组合发育于深沟一带，侵位于晚三叠世，岩石组合为辉长岩、苏长辉长岩，内部为橄榄辉长岩、角闪岩。以基性岩为主，具有高TiO_2、MgO、Na_2O，低K_2O的特点，为亚铝质岩石，形成于增生造山后伸展环境。

基性岩墙群分布于祁漫塔格—满仗岗一带，侵位于早侏罗世，岩性主要为辉长岩和辉绿岩，总体高TiO_2、Al_2O_3、MgO、K_2O、Na_2O含量中等，属富钠岩石，形成于伸展环境。

早侏罗世花岗岩分布于野马泉—小灶火河，岩石组合为正长花岗岩和石英正长岩，岩石具高硅，贫TiO_2、MgO、MnO、P_2O_5，富K_2O、Na_2O的特点，为典型的富钾岩石，主体为偏铝质—弱过铝花岗岩，具强烈的Eu负异常。岩石形成于后造山环境，形成于造山后的伸展环境。

第三节 地质构造与分区

一、构造单元划分

根据《中国区域地质志·青海志》的大地构造划分方案，东昆仑成矿带处于秦祁昆造山系和北羌塘-三江造山系的对接部位，北部的东昆仑造山带隶属秦祁昆造山系，南部的昆南俯冲增生杂岩带和阿尼玛卿-布青山俯冲增生杂岩带隶属康西瓦-修沟-磨子潭地壳对接带。东昆仑成矿带三级构造单元划分图如图 2-3-1 所示。

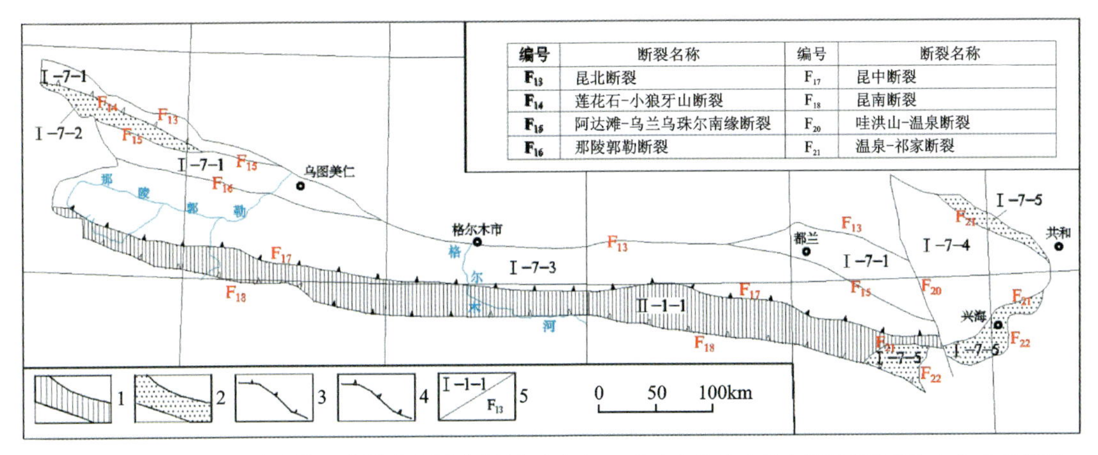

1. 板块对接带；2. 蛇绿混杂岩带；3. 板块结合断裂带及俯冲方向；4. 早古生代造山结合断裂带及俯冲方向；5. 构造单元编号及断裂编号。Ⅰ-7-1 祁漫塔格-夏日哈岩浆弧（O—S）；Ⅰ-7-2 十字沟蛇绿混杂岩带（∈—O）；Ⅰ-7-3 昆北复合岩浆弧（Pt_3、O—S、P—T）；Ⅰ-7-4 鄂拉山岩浆弧（T）；Ⅰ-7-5 苦海-赛什塘蛇绿混杂岩带（C—P_2）；Ⅱ-1-1 纳赤台蛇绿混杂岩带（Pt_2、∈—O）

图 2-3-1 东昆仑成矿带三级构造单元划分图（据青海省地质矿产勘查开发局，2020 修改）

1. 东昆仑造山带（Ⅰ-7）

东昆仑造山带呈近东西向展布于东昆仑北坡—鄂拉山一带，北部以昆北断裂为界与柴达木地块分开，南界以昆中断裂为界与康西瓦-修沟-磨子潭地壳对接带相邻；西端延展出省；东端大体以苦海-赛什塘断裂与西秦岭造山带分界。该造山带主要经历了加里东期—印支期复杂的演化过程。出露最老的地层单位为古元古界金水口岩群，另外在天台山一带发育一套以麻粒岩为主要特征的高级变质岩。

东昆仑造山带主造山期可进一步划分出如下 5 个Ⅲ级构造单元。

1）Ⅰ-7-1 祁漫塔格-夏日哈岩浆弧（O—S）

祁漫塔格-夏日哈岩浆弧呈近东西向分布于祁漫塔格北坡至夏日哈一带。西段夹持于昆北断裂和莲花石-小狼牙山断裂之间，中段多被新生界覆盖，东段基本上界于阿达滩-乌兰乌珠尔断裂和昆北断裂之间。该构造单元是一个在早古生代受控于祁漫塔格-都兰弧后洋盆的洋壳向北俯冲消减基本上奠基于柴达木地块南缘的一个多旋回复合岩浆弧带。

加里东期岩浆弧总体表现为岛弧型的浅海相火山-沉积组合特征，涉及的地层单位主要为奥陶系祁漫塔格群。祁漫塔格群火山岩在野马泉地区为碱性—亚碱性系列，在那陵格勒地区以钙碱性中基性火山岩为主，有由南向北逐渐向成熟岛弧过渡的趋势。侵入岩与原特提斯洋向北俯冲有关。奥陶纪侵入岩主要分布在滩北雪峰北部—骆驼峰北部和英德尔羊场一带；晚志留世花岗岩组合为 $\delta o+\gamma\delta o$，为过铝质高钾钙碱性系列，壳源型；晚泥盆世花岗岩组合为 $\gamma\delta+\eta\gamma$，为高钾—钾玄质系列，整体显示为后碰撞环境下的产物。

海西期—印支期岩浆弧涉及的地层单位为鄂拉山组，具陆缘弧特征，在火山岩中多处见含砾粗砂岩及凝灰质砂岩夹层，表明该火山作用有较大的喷发间断存在。在安山岩、玄武岩及部分流纹岩中见柱状节理，反映陆相喷发的特点。岩石属过铝质高钾—中钾钙碱性系列；稀土总量中等，呈现轻稀土中等富集，具弱的负 Eu 异常，微量元出现了较明显的 Ba、Nb、Ta、Sr、P、Ti 负异常和 Th、K、Zr、Hf 正异常，曲线明显右倾，显示大陆边缘火山弧特征。形成与古特提斯洋向北俯冲作用有关的侵入岩。二叠纪侵入岩主要在祁漫塔格、鲁木切以及都兰县英德尔羊场 3 个地区较集中，为一套俯冲期花岗岩组合，其中祁漫塔格地区岩石组合 $\delta o+\eta\gamma+\pi\eta\gamma$，为偏铝质钙碱性系列，壳幔混合源型，为与俯冲有关的 TTG 组合；鲁木切地区岩石组合为 $\delta o+\eta\gamma+\delta$，为钙碱性系列。三叠纪侵入岩主要在祁漫塔格北坡、鲁木切以及英德尔羊场出露，可以分为祁漫塔格地区$(\eta\gamma+\pi\eta\gamma)T_1$、鲁木切地区$(\delta o+\gamma\delta+\pi\gamma\delta+\eta\gamma+\pi\eta\gamma)T_2$、英德尔羊场地区$(\xi\gamma+\eta\gamma+\delta o)T_3$三个岩石组合，岩石以偏铝质为主，部分弱过铝质花岗岩，稀土总量中等，具有弱的 Eu 负异常，微量元素出现了 Ba、Nb、Ta、Sr、P、Ti 负异常和 Zr、Hf 正异常，该套岩石形成于与俯冲作用有关的岛弧环境。

除上述侵入体外，该构造单元在滩北雪峰发育早侏罗世基性岩墙，主要分布于滩北雪峰西南角等地，侵入于早期花岗岩、奥陶系祁漫塔格群碎屑岩组中，形成于陆内发展构造阶段，陆内叠覆构造期。

2）Ⅰ-7-2 十字沟蛇绿混杂岩带（∈—O）

该带沿阿牙克库木湖北、土房子、库木俄乌拉孜至野马泉一带，总体呈近东西向的反“S”形狭长带状展布。根据岩石组合及形成环境的不同，将十字沟蛇绿混杂岩划分为基性火山岩组合、碎屑岩组合、碳酸盐岩组合和蛇绿岩组合。

混杂带主体由十字沟蛇绿岩、莲花石-尕林格火山弧、野马泉-拉陵灶火弧前构造高地和十字沟增生杂岩等组成，岩浆弧的物质也卷入到混杂带中，主要为奥陶纪与俯冲有关的 GG 组合、早志留世与俯冲有关的 TTG 组合$(\gamma\delta o+\gamma\delta)$、晚志留世与俯冲有关的 GG 组合$(\eta\gamma+\gamma\delta)$、中泥盆世与碰撞有关的高钾—钾玄质花岗岩组合$(\xi\gamma+\eta\gamma+\gamma\delta+\delta)$、中泥盆世与碰撞有关的高钾—钾玄质花岗岩组合$(\pi\xi\gamma)$、晚泥盆世与碰撞有关的高钾—钾玄质花岗岩组合$(\gamma\delta+\delta o+\delta)$的侵入岩，另外在十字沟地区出露一套基性岩，多以岩墙形式产出，为一套与后造山有关的基性岩墙群组合$(\beta\mu+\nu)$。

3）Ⅰ-7-3 昆北复合岩浆弧（O—T_3）

昆北复合岩浆弧呈近东西向展布于昆北断裂和昆中断裂之间，西端延入新疆，东端被哇洪山-温泉断裂截切，是一个岩浆弧与地块重叠的构造单元，以往通常称为东昆仑中间隆起带（黄汲清等，1979）、东昆仑北坡断隆（青海省地质矿产勘查开发局，1991）。

岩浆弧的基底主要由广泛发育的古元古界金水口岩群结晶岩系组成，变质程度以角闪岩相为主，局部为麻粒岩相。多期次不同类型侵入岩的广泛发育是该单元的另一个主要特征，也是厘定岩浆弧的主要依据。近年来前寒武纪地质研究中一个重大的进展是在古元古代结晶岩系中解体出一些新元古代变质侵入体（陆松年等，2002；朱云海等，2000；王秉璋等，2000），从而证明该区南缘可能存在一条与柴北缘可比拟的新元古代与 Rodinia 超大陆拼合有关的花岗片麻岩带。

该岩浆弧是一个多旋回的复合岩浆弧，加里东期是岩浆弧主要岩浆活动期，成因类型复杂，包括中晚期奥陶世俯冲期岩浆杂岩，早志留世同碰撞岩浆杂岩及早泥盆世后碰撞岩浆杂岩；海西期的花岗岩，除早石炭世和晚泥盆世后造山花岗岩标志加里东期挤压造山结束进入一个新的岩浆构造旋回外，其余大部分是与南邻古特提斯向北俯冲相关的弧花岗岩；印支期由于古特提斯洋持续向北俯冲，仍以弧花岗岩为主，燕山期后造山花岗岩的出现，表明北昆仑岩浆弧造山带结束发展，进入以伸展垮塌为主要特征的构造岩浆旋回。

加里东期岩浆弧总体表现为岛弧型的浅海相火山-沉积组合特征，主要涉及奥陶系祁漫塔格群，其火山岩以钙碱性中基性火山岩为主，为岛弧环境。侵入岩主要有奥陶纪与原特提斯洋向北俯冲有关的岛弧环境的 TTG、GG 花岗岩组合（$\gamma\delta o+\delta o+\delta$ 和 $\gamma\delta+\delta o$），志留纪陆边缘弧环境的 TGG 和 GG 花岗岩组合，志留纪碰撞环境的花岗岩组合，泥盆纪碰撞环境的强过铝花岗岩组合（$\xi\gamma+\eta\gamma+\gamma\delta+\pi\gamma\delta$ 和 $\gamma\delta+\eta\gamma+\xi\gamma$）。

海西期—印支期岩浆弧主要由二叠纪—三叠纪侵入岩组成，是古特提斯洋向北俯冲的产物，岩石组合为 $\gamma\delta o+\gamma\delta+\delta+\pi\gamma\delta$、$\delta o+\delta$、$\xi\gamma+\eta\gamma+\pi\eta\gamma+\gamma\delta+\delta o+\delta$，属于准铝质钙碱性系列，整体为一套与俯冲有关的 TTG、GG 花岗岩组合，其中卡尔却卡—中灶火为与俯冲有关的高镁—镁闪长岩组合，具有初始弧特征。

另外，出露侏罗纪侵入岩，岩石组合为 $\xi\gamma+\xi o$，岩石具有高硅，贫 TiO_2、MgO、MnO、P_2O_5，富 K_2O、Na_2O 的特点，是典型的富钾岩石，属于偏铝—弱过铝质钙碱性—碱钙性岩系列，形成于造山后的伸展环境。

岩浆弧中还发育一期基性—超基性杂岩组合，岩石组合为 $\Sigma+\nu+\beta\mu$，岩石具有高 Al_2O_3、TiO_2、MgO，低 K_2O 的特点，为亚铝质钙碱性系列，稀土总量偏低，具弱 Eu 正异常，形成于局部伸展环境下幔源岩浆侵位。

近些年来在昆北复合岩浆弧中发现了规模较大的高压变质带，主要分布在苏海图、尕日当、温泉等地，呈不同大小的块状、透镜状赋存于金水口岩群中。岩石组合主要为榴辉岩、榴闪岩、角闪石榴辉石岩、纤闪石化榴辉岩，变质矿物组合为石榴石+绿辉石+普通角闪石+石英组合，原岩均属亚碱性玄武岩，主要产于岛弧构造环境，但也不排除局部可能存在洋壳物质残留。

4）Ⅰ-7-4 鄂拉山岩浆弧（T）

鄂拉山岩浆弧位于东昆仑造山带与西秦岭造山带的接合部位，围限于哇洪山-温泉断裂、苦海-赛什塘断裂及温泉-祁家断裂之间。涉及的地层较多，切吉组呈残留体或断片形式零星分布于哇玉滩和切吉水库等地，火山岩属钙碱性系列。鄂拉山组火山岩以出露面积大、沉积夹层少、熔岩组分高为主要特征，空间上自西向东有由熔岩向火山碎屑岩变化的趋势，火山岩属高钾钙碱性系列，壳源型。以上二者均为陆缘弧环境。洪水川组为一套滨浅海环境的砂泥岩、砾岩夹火山岩组合；闹仓坚沟组为一套陆源碎屑-碳酸盐岩组合。希里可特组为一套滨浅海相环境的砂泥岩、砾岩夹火山岩建造组合。其动力学背景与赛什塘-兴海碰撞造山带的北西向冲断荷载有关。

在青根河、都龙—虽根尔岗、加当根一带出露一套晚三叠世与俯冲有关 GG 花岗岩组合，岩石组合为 $\xi\gamma+\eta\gamma+\pi\eta\gamma+\gamma\delta$，岩石显示富钾特征，属弱过铝质钙碱性系列，具有 Eu 负异常，微量元素曲线呈右倾的锯齿状型式，出现 Ba、Nb、Ta、Sr、P、Ti 负异常和 Zr、Hf 正异常，形成于俯冲环境。另在满仗岗发育一套侏罗纪侵入岩，呈墙状顺层侵入下三叠统洪水川组中，岩石组合 $\beta\mu+\nu$，形成于后造山环境。

5）Ⅰ-7-5 苦海-赛什塘蛇绿混杂岩带（C—P_2）

苦海-赛什塘蛇绿混杂岩带总体为北东向向南东方向凸出的弧形构造带，展布于赛什塘—苦海一带，由于后期洼洪山-温泉右行走滑断裂和昆中右行走滑断裂的切错，使其错位成明显的北东和南西两段。北东段界于塘格木-赛什塘断裂和操什澄-雅日断裂之间；南西段限定于苦海断裂和温泉-那尔扎断裂之间。可划分为基性火山岩组合（CP_{2K}^{β}）、碳酸盐岩组合（CP_{2K}^{Ca}）、碎屑岩组合（CP_{2K}^{d}）、中酸性火山岩组合（CP_{2K}^{ζ}）和蛇绿岩组合。根据其物质组成的差异，可划分出以下 4 个四级构造单元和 3 个上叠盆地。

苦海-赛什塘蛇绿岩（CP_2），由全蛇纹石化纯橄岩（蛇纹岩及蛇纹片岩）、全蛇纹石化方辉橄榄岩、辉长岩、玄武岩、辉绿岩等组成，形成环境为与俯冲有关的小洋盆（弧后盆地、边缘海），具有 SSZ 型蛇绿岩特征。

雅日-拉龙秀玛火山弧（CP_2），主要为混杂岩中的基性火山岩组合（CP_{2K}^{β}）和中酸性火山岩组合（CP_{2K}^{ζ}）。基性火山岩组合总体演化趋势具拉斑玄武岩特点，少量为碱性玄武岩，形成于消减带上的扩张环境。中酸性火山岩组合为钙碱系列，具有陆缘火山弧的特点，火山岛弧的成熟度不高，可称为拉斑玄武岩岛弧，具绿片岩相变质。

双龙-沙乃亥-南木塘增生杂岩（CP_2），涉及混杂岩中碎屑岩组合（CP_{2K}^{d}），以细碎屑岩为主，遭受高压低绿片岩相变质作用和强烈韧性剪切动力变质变形而产生强烈的糜棱岩化，部分地区含蛇绿岩、玄武岩、灰岩等外来岩块。该单元为大陆斜坡深海-半深海弧前海沟边缘环境形成的浊积岩组合。

野仓弧前构造高地（CP_2），涉及混杂岩中碳酸盐岩组合（CP_{2K}^{Ca}），灰岩中产苔藓、海绵和菊石等化石，该组合岩石和生物特征反映为热带、亚热带浅海环境，是气候炎热干燥、高能条件下的产物。可能是弧前构造高地上的碳酸盐岩台地，沉积作用可能是伴随着岛弧的稳定下沉而发生的。

该构造单元发育的上叠盆地有柴南缘断陷盆地（D_3）、碎屑岩陆表海-碳酸盐岩陆表海（C_1—P_2）以及断陷盆地（J）、压陷盆地（J—Qp_1）、走滑拉分盆地（J_1—Qp_1）。黑山沟-夏日哈断陷盆地（D_1、D_3）分布于黑山沟及夏日哈等地，形成于陆内发展阶段，是秦祁昆造山系结束发展后位于造山系之上的拉张型山间盆地，涉及的地层单位有黑山沟组、哈尔扎组和契盖苏组，为火山-沉积断陷盆地，碎屑岩具有伸展磨拉石特征，具正粒序沉积韵律特点。石拐子碳酸盐岩陆表海（C_1）分布在石拐子一带，涉及陆表海环境的石拐子组、开阔台地环境的大干沟组、零星出露的缔敖苏组和打柴沟组组成的碳酸盐岩碎屑岩陆表海。兴海断陷盆地（E—Qp_1）是共和断陷盆地的南部延伸，涉及的地层主要为咸水河组、临夏组和共和组。

该构造单元西南发育一套三叠纪侵入体，岩石组合为 $\delta o+\gamma\delta+\eta\gamma+\gamma\pi$，岩石总体钾、钠含量近似，属弱过铝质钙碱性系列，为俯冲环境的 GG 花岗岩组合。

2. 昆南俯冲增生杂岩带（Ⅱ-1）

昆南俯冲增生杂岩带呈近东西向夹持于昆中断裂与昆南断裂之间，是晋宁、加里东期两次次板块裂离及俯冲碰撞过程中形成的一个复合型俯冲增生杂岩带。带内物质组成极为复杂，构造变形十分强烈，不同类型的岩石构造组合体、构造地层体多由不同规模、形态各异的岩片以不同构造组合样式拼贴或堆垛在一起，构成了纳赤台蛇绿混杂岩带。

纳赤台蛇绿混杂岩带是由不同时期，不同大地构造相，不同沉积环境形成的地质体的总和，主体由纳赤台蛇绿混杂岩组成，主构造期为加里东期。该带经过裂解、聚合、俯冲、碰撞等构造作用，产生强烈的构造搬运和构造混杂，各构造块体相互拼贴、无序叠置堆积在一起。各组分之间不具上下层序关系，相互均为断层、韧性剪切等构造界面接触。根据岩石组合的不同，将纳赤台蛇绿混杂岩划分为基性火山岩组合（$\in O_N^{\beta}$）、碳酸岩组合（$\in O_N^{Ca}$）、硅质岩组合（$\in O_N^{Si}$）、碎屑岩组合（$\in O_N^{d}$）和中酸性火山岩组合（$\in O_N^{\zeta}$）。根据大地构造环境可进一步划分为 7 个四级构造单元，没草沟-塔妥蛇绿岩（∈—O），主要岩石类型有二辉橄镜岩、蛇纹岩、绿泥石化辉石岩、尖晶石斜方辉石橄榄岩、辉长岩、辉石岩、辉长辉绿岩、辉绿岩、玄武岩，形成于寒武纪—奥陶纪，整体为 MORS 型，部分地区出现了与俯冲有关的 SSZ 型；沙松乌拉-黑海增生杂岩（∈—O），主要为沙松乌拉组和纳赤台蛇绿混杂岩带中碎屑岩组合，在早古生代以来的造山过程中沙松乌拉组以外来岩块的形式加入俯冲增生杂岩，纳赤台蛇绿混杂岩带中碎屑岩组合是由俯冲带上盘被刮下来的移到俯冲带附近的浊积岩，含有蛇绿岩碎片；水泥厂南—驼路沟沟脑海山（∈—O），主要涉及纳赤台蛇绿混杂岩带中碳酸盐岩组合，主要有粉晶灰岩、硅质结晶灰岩、白云石灰岩夹泥晶灰岩、角砾状灰岩，局部夹碳质千枚岩，属局限台地沉积，为海山碳酸盐岩；雪水河东-大干沟火山弧（∈—O）主要涉及混杂岩带中的中酸性火山岩组合，有蚀变安山岩、流纹英安岩、英安质火山角砾熔岩夹安山质凝灰熔岩、流纹质熔结凝灰岩、晶屑凝灰岩，局部夹碎屑岩，为海相裂隙式喷发，属弧火山岩；雪鞍山洋岛—海山（∈）是混在岩带中的一套早—中寒武世的洋岛玄武岩组合，主要为块状玄武岩、杏仁状玄武岩夹结晶灰岩、大理岩，具洋岛玄武岩特征，形成于洋盆构造期，为原扩张洋盆内受热点制约形成的一套产物；万保沟洋岛—海山（Pt_2^{2}）涉及的地层为万保沟群温泉沟组和青办食宿站组，这些岩块主要为碳酸盐岩和火山岩，总体反映了洋岛（或海山）的“双层型”结构，即下部为洋岛（或海山）玄武岩，上部为洋岛（或海山）碳酸盐岩；清水泉蛇绿岩（Pt_2^{2}）为残留于东昆中洋内的中元古代洋壳残片，岩石组合为蛇纹岩、辉石岩、辉长岩、角闪辉长岩、蚀变辉绿岩，形成于弧后盆地扩张环境。

3. 阿尼玛卿-布青山俯冲增生杂岩带（Ⅱ-2）

阿尼玛卿-布青山俯冲增生杂岩带呈北西西向或近东西向沿布喀达坂峰、东西大滩、布青山一带分布，夹持于昆南断裂和布青山南缘断裂之间，西延出省与木孜塔格带相接，东延出省与勉略带相连。空间上与昆南坡俯冲增生杂岩带相伴生，南侧与巴颜喀拉造山带相邻。带中广泛分布的晚古生代蛇绿岩，表明该带主要是古特提斯大洋岩石圈板块消减位置所在。带中金水口岩群以基底残块呈断块状分布。北侧北昆仑岩浆弧被构造肢解的岛弧型闪长岩体作为混杂岩块分布于带中。后碰撞花岗岩组合（206～193Ma）主要发育在东段，为过铝质高钾钙碱性系列，局部发育辉长岩组合（209～205Ma）为钙碱性系列，壳源，后碰撞环境。断陷盆地(J)为砾岩-石英砂岩-粉砂岩建造，为陆内断陷盆地沉积环境，其上被新近纪走滑拉分盆地(N)不整合覆盖。其主要由马尔争蛇绿混杂岩带三级构造单元和4个上叠盆地构成。

马尔争蛇绿混杂岩带($C—P_2$)：整个马尔争大洋盆地处于裂解扩张期，洋盆中开始出现洋壳物质，马尔争、察汗热格—哈尔郭勒、玛积雪山、德尔尼MORS型蛇绿岩是该时期的物质表现。从蛇绿岩组分中获得一大批345～259Ma同位素年龄，与扩张洋盆形成时期相吻合。按岩石组合的不同，划分为基性火山岩组合、碳酸盐岩组合、硅质岩组合、碎屑岩组合和中酸性火山岩组合，以及蛇绿混杂岩组合。据大地构造环境可分为5个四级构造单元和中、新生代上叠盆地：秀沟-布青山蛇绿混杂岩(CP_2)岩石组合包括蛇纹岩、蛇纹石化橄榄岩、辉石岩、辉长岩、变辉绿岩、玄武岩等，形成于大洋中脊的构造环境，部分熔融形成的玄武岩多为正常大洋中脊玄武岩成分相当的N-MORB，也有少量反映大洋板块内部洋岛环境下的E-MORB；树维门科-野马滩弧前构造高地(P_{1-2})涉及树维门科组，岩石组合主要为生物礁灰岩建造，形成于弧前盆地；东大滩-布青山增生杂岩(CP_2)涉及混杂岩碎屑岩组合，主要岩性有长石(岩屑)砂岩、泥钙质粉砂岩、粉砂质(泥质)板岩、绢云母千枚岩等夹少量灰岩、硅质岩，主体是由俯冲带上盘刮削下来的后来经拼贴形成的浊流沉积物，洋壳残片、洋岛-海山或洋内弧混杂其中，尔后遭受强烈剪切呈叠层状楔形体组成俯冲增生楔体系；布青山主脊-冬给措纳湖洋岛-海山(CP_2)涉及混杂岩中形成于滨浅海台缘浅滩相和缓斜坡相属海山碳酸盐岩沉积环境的碳酸盐岩组合和具洋岛玄武岩性质属深海相喷发环境拉斑系列玄武岩的基性火山岩组合；东曲西-布青山南坡火山弧(CP_2)涉及混杂岩中酸性火山岩组合，为一套安山岩、英安岩组合，具有火山弧特征；除上述混杂带的物质组成外，还发育一套岛弧型的火山-沉积组合，涉及下大武组，其中火山岩段为安山岩、英安岩、流纹岩组合，属以安山岩为主的钙碱成熟岛弧；该带中还发现早古生代蛇绿岩残块、闪长岩岩块，可见早古生代蛇绿岩残体的构造侵位，也有源自北昆仑岩浆弧被构造肢解的岛弧型侵入体作为混杂岩块的构造就位；大平沟-下勒可特里断陷盆地(J_{1-2})涉及的地层为羊曲组，为河湖相含煤碎屑岩组合，形成于陆内发展阶段，是造山带内边缘受断陷控制的拉张型山间盆地；黄土岭走滑拉分盆地($E—N_1$)涉及的地层为沱沱河组和雅西措组，是走滑断层系中转换拉张作用形成的断陷盆地；阿拉克湖走滑拉分盆地($E—Qp_1$)发育少量的沱沱河组和羌塘组，多被晚更新世以来的松散堆积物充填，是昆南左行走滑应力转换拉张作用形成的断陷盆地，可能属纵向松弛型走滑拉分盆地。

二、断裂构造

东昆仑成矿带位于板块交接部位的造山带，地质构造演化史漫长，在不同时期、不同构造背景下，形成了不同规模、不同力学性质和运动学特征、不同演化历程的复杂的断裂系统，因此，造就了非常错综复杂的断裂构造系统。根据《中国区域地质志·青海志》，将东昆仑地区的断裂划分为3个级别。

(一)一级断裂

一级断裂为一级构造分区板块的边界断裂，即昆中断裂和布青山南缘断裂，为祁秦昆造山系、康西瓦-修沟-磨子潭地壳对接带和北羌塘-三江造山系的分界断裂。

1. 昆中断裂(F_{17})

昆中断裂即东昆中断裂，为一级构造单元分界线，为康西瓦-修沟-磨子潭地壳对接带的北界断裂，是一条总体向北倾的超岩石圈断裂。青海省省内沿东昆仑山主脊呈近东西向延伸，西始于博卡雷克塔格北坡，东延经大干沟、清水泉、青根河至鄂拉山，被哇洪山-温泉断裂切割后呈陷伏状态出省与商丹断裂相连，向西进入新疆后与奥依塔格-库地断裂相接，省内长达760km以上。

《中国区域地质志·青海志》认为，该断裂具有切割深度大、活动期长的特征，连续性好，并具有多期活动特征。断裂走向为北西西-南东东，断面总体北倾，倾角为40°～60°，局部地段可达70°或近于直立，主断裂分布并不连续，多处被北西、北东向断裂切割。沿断裂走向形成宽20～300m的挤压断层破碎带，局部宽达1～2km。带内常见碎裂岩、压碎岩、角砾岩、断层泥、糜棱岩及糜棱岩化岩石。断裂带两侧糜棱岩类构造岩及挤压片理发育，宽度一般为500～1000m，出现S-C组构、旋转碎斑等显微组构，多指向左行斜冲。劈理、片理、节理发育，石英脉及中酸性岩脉贯入，局部可见绿泥石化、绢云母化、钠长石化、绿帘石化等蚀变。地貌上沿断层走向负地形、对头沟、鞍部地貌发育。该断裂是昆北复合岩浆弧与昆南俯冲增生杂岩带的分界线，两侧岩浆活动差异明显，北侧岩浆岩大面积出露，南侧侵入活动则较弱。

该带脆性断裂与韧性剪切变形共同构成了不同时期、不同构造层次上相互叠加的一条宏大且长期活动的脆韧性变形带。北侧以脆性断裂为主，南侧以韧性剪切变形、脆性断裂变形为特点。在岩石变质程度上，断裂北侧基底为区域热流变质，并具中深部构造层次的变形特点，南侧以区域低温动力变质为主，显示中浅构造层次的韧性剪切变形，叠加表部构造层次的脆性断裂变形。断裂切割的最老地层为万保沟群，最新地层为干柴沟组。物探资料显示为一条明显的重力梯度带，北部重力异常高，南部重力异常低，显示大面积的宽缓负异常，较清楚地显示为一条东西向延伸的线性正负异常分界带，也是长条状强磁性带与宽缓弱磁区的分界，地震测深反映断面向北陡倾下延切割莫霍面，是一条规模大、标志明显的岩石圈断裂。

经综合分析，该断裂带产生于新元古代之前，初期可能为张性断层，后来在海西运动中褶皱回返转化为压性逆断层，并经历了印支和燕山构造运动的改造、复活及再次活动，总体为早期韧性、晚期脆性的复合型断裂。

2. 布青山南缘断裂(F_{19})

布青山南缘断裂为康瓦西-秀沟-磨子潭地壳对接带一级构造分区的南界断裂，西始巍雪山，东经玉虚峰、阿拉克湖南、布青山南坡进入甘肃，走向先北西西-南东东向后转北西-南东向，走向98°～118°，倾向11°～38°，倾角为30°～50°，甘肃省省内长达千余千米，发育较大规模的韧性剪切带，在西大滩有分支合并现象，是一条总体向南倾的超岩石圈断裂，也是中国板块北部与南部的分界断裂，也是(北)古特提斯洋的主边界断裂。

该断裂在秀沟以南被一右行走滑断层切割，在马尔争以西部分被第四系覆盖，在花石峡—青珍南一带地震活动频繁。地震测深反映花石峡南断裂深达70km，伸入地幔，为一岩石圈断裂，9km深度内断面北倾，9km以下有向南倾之势，但倾角甚陡。断裂带岩石动力变质作用异常明显，断面在倾向上呈缓波状特征，可见磨光镜面、擦痕与阶步，并有硅质构造膜及绿泥石等新生应力矿物，沿断裂带可形成宽数百米至数千米不等的挤压破碎带，破碎带内断层角砾岩、断层泥、糜棱岩化岩石、碎裂岩化岩石、挤压片理、劈理、构造透镜体及次级断裂等非常发育。

综合分析，该断裂经历了长期的活动，并由韧性变形完全转变为脆性变形。沿断裂分布印支期花岗岩、岩脉，并被再次挤压发生破碎。古近纪—新近纪沿断裂形成的断陷盆地型磨拉石沉积，局部被断裂再次活动推覆到老地层之下。盆地底部由于断层的活动使渐新统被挤入基底内。第四纪中晚期，断裂不仅对稳流河一带的冰碛、冲洪积分布有一定的控制作用，局部还有切割破坏作用。因此可以看出，该断裂自晚古生代至第四纪，一直处于较为强烈的活动状态之中，但主要形成时代可能在海西期，为一条早期韧性、晚期脆性的复合断裂。

（二）二级断裂

二级断裂一般为岩石圈断裂或超岩石圈断裂，是二级构造分区的边界断裂，区内分布3条，主要形成于加里东期和印支期。

1. 昆北断裂（F_{13}）

昆北断裂为东昆仑造山带北界断裂，东西两段为祁漫塔格-夏日哈岩浆弧与柴达木地块边界断裂；中段为昆北复合岩浆弧与柴达木地块边界断裂。向西延入新疆，向东经野马泉—格尔木—都兰，东延被哇洪山-温泉断裂截切。断裂大部因大面积第四系覆盖呈隐伏状态，总体走向北西-南东向，呈舒缓波状，呈向南微凸的弧形，青海省省内断续长800km，断层带宽10～50m不等。断裂规模较大，构造破碎带宽100～200m，沿带两侧不均匀对称分布破劈理及节理密集带，带内碎裂岩十分发育，碎裂岩带中岩石呈灰白色断层泥及碎裂角砾岩，蚀变作用十分强烈，多呈高岭土化、绿泥石化及褐铁矿化。该断裂区域分区特征明显，北东侧地层出露较齐全，侵入体时代较老，以加里东期和新元古代侵入体为主，岩石变质变形较强；而南西侧地层缺失较多，侵入体时代较新，以海西期—印支期侵入体为主，变质变形较弱。在物探地质综合平面图上，主断面倾向多变，以南倾为主，倾角40°～70°不等，东西两段断裂标志明显，布格重力等值线密集或梯度带特征清晰，深部南倾延伸至莫霍面，为岩石圈断裂。

2. 昆南断裂（F_{18}）

昆南断裂为昆南俯冲增生杂岩带和阿尼玛卿-布青山俯冲增生杂岩带的分界断裂，沿东西大滩、驼路沟、托索湖、玛卿岗日、玛沁、玛曲一带展布，为一条地表倾向南而深部倾向北的岩石圈断裂，长度大于1000km，构成不同地貌及构造单元的界线。遥感影像图上两侧地貌差异较大，线性构造形迹十分醒目，谷地连续呈线状分布。沿断裂有系列线状或窄长条状断裂谷地、现代湖泊分布。在断裂北侧，东大滩北侧-秀沟及托索湖—德尔尼一带，发育宽数百米至2000余米的片理化带，以含高温低压红柱石、夕线石等矿物为特征，玛积雪山、德尔尼等地有蓝闪石片岩产出。中东段欧拉秀玛以东，断裂通过黄河南第四系分布区，西段错断第四系。断裂多期活动性明显，新生代以来仍有强烈活动，明显切割区内的晚更新统冲洪积层，并形成清楚的断层陡坎、地震鼓包、地震裂缝等，到现在为止仍是青海省最主要的地震聚集多发带之一。在巴拉大才地区的昆南断裂附近发现大型逆冲推覆体，该推覆体表现为昌马河组推至晚更新世冰水堆积物之上，表明晚更新世时该地区还发生有大规模的逆冲推覆构造。在航磁图上，断裂带是磁场的明显分界面。

3. 苦海-赛什塘断裂(F_{22})

苦海-赛什塘断裂呈扭曲的“3”形，北起橡皮山北，经甘地、羊曲东、唐乃亥西，最南端止于长水。为东昆仑造山带与西秦岭造山带分界断裂，也是鄂拉山岩浆弧、赛什塘-苦海结合带与泽库复合型前陆盆地的三级构造分区界线。由于断裂较为弯曲，测得起点到终点直线整体走向为北东向，南段大部分被第四系所覆盖处于隐伏状态，断裂性质无法判断。断层所切割地层除第四系外，还有金水口岩群、临夏组及泥盆纪与三叠纪侵入岩等。该断裂为赛什塘-苦海结合带的东南边界。

(三)三级断裂

三级断裂有4条，即F_{14}、F_{15}、F_{20}、F_{21}，大部分为蛇绿混杂岩带的边界断裂，少量为区域性大断裂或走滑断裂，多属加里东期、印支期表壳断裂。

1. 莲花石-小狼牙山断裂(F_{14})

莲花石-小狼牙山断裂位于北西部，西起青新边境，向东被昆北断裂截切。走向北西向，青海省内断续长150km，主断面以北东倾为主，倾角40°～70°不等。东西两段断裂标志明显，布格重力值线密集或梯度带特征清晰，深部南倾延伸至莫霍面，为岩石圈断裂。

2. 阿达滩-乌兰乌珠尔南缘断裂(F_{15})

阿达滩-乌兰乌珠尔南缘断裂西起青新边境，向东被莲花石-小狼牙山断裂截切，东段被哇洪山-温泉断裂截切，系十字沟蛇绿混杂岩带与昆北复合岩浆弧的主边界断裂，断裂一部分呈隐伏状态，走向近东西，断续长340km，主断面以北东倾为主，倾角40°～70°不等。东、西两段断裂标志明显，布格重力等值线密集或梯度带特征清晰，深部南倾延伸至莫霍面，为岩石圈断裂。

该断裂为一多期活动的复合断裂，在牛苦头沟、黑山、克体哈尔、开木棋河西特征清楚，断面总体北倾，主断面位于野马泉—克停哈尔一线，全长近100km，倾角在40°～60°之间，属一压性断裂，断裂分割了祁漫塔格群与金水口岩群，在野马泉北西部、黑山南部、克体哈尔被西部及东南部被第四系冲洪积物覆盖，形成宽阔的北西向山间沟谷。该断裂的前期是一条脆韧性剪切带，断裂切割最老地层为奥陶系祁漫塔格群，最新地层为下—中二叠统打柴沟组；印支期断裂南、北两侧的构造活动强度发生逆转，北侧构造活动变弱，未见岩浆活动迹象，断裂南侧岩浆活动强烈，发育大套鄂拉山组中酸性火山岩建造及花岗岩建造；燕山期断裂两侧的构造活动仍延续印支期的特点；喜马拉雅期沿该断裂为主的断裂带发生走滑拉分，形成复合拉分盆地。

3. 哇洪山-温泉断裂(F_{20})

哇洪山-温泉断裂北起阿吾夏尔,经哈里哈德山,南止于长水,走向北北西-南南东,长约275km,是一条挤压逆冲兼右行走滑的断裂,截切8条近东西走向的边界断裂,北段为鄂拉山岩浆弧与滩间山岩浆弧、柴北缘早古生代结合带的边界;南段为鄂拉山岩浆弧与祁漫塔格-夏日哈岩浆弧、昆北复合岩浆弧的边界。断裂切割最老的地层是达肯大坂群,最新地层是打柴沟组。断裂宽100～500m,长度约60km,由数条走向北北西向的高角度逆断层组成。沿断裂带广泛发育成带分布的基性岩和断续分布的超基性岩。

该断裂带主体构造形迹为北西—北北西向,有少量小规模的近南北向和近东西向断裂,将地质体切割成菱形断块状,断裂走向140°～320°,倾向南西,倾角较陡(45°～70°)。该断裂是一条以右行走滑为主兼压性逆冲的断裂,影响深度大,属壳型断裂,形成于早古生代末期,海西期至印支中期活动性增强,印支晚期—喜马拉雅期进入陆内造山阶段,活动强度十分剧烈,与一系列大体同步走向、变形机制基本雷同的断裂一起组成一个个北北西向具右行滑移的鄂拉山走滑构造带,控制了印支期中酸性岩浆岩的侵位和区域晚三叠世火山沉积盆地的分布,该带有小震群分布,为一活动性断裂。

4. 温泉-祁家断裂(F_{21})

温泉-祁家断裂呈北东—近南北向弧形展布,作为河卡山前陆逆冲断褶带前锋带,主要由7条逆冲断层构成一个背冲式断裂组,形成于中—晚三叠世陆内收缩盆-山转换阶段前陆冲断时期。在尼玛龙洼—直亥买龙洼一带,断裂断面倾向北西,倾角为55°～76°,沿断裂常发育3～100m不等的断层破碎带及密集劈理带,带内次级断层及同斜褶皱极为发育,地层破碎,岩层产状变化较大。该断裂具左行斜冲性质,局部破碎带内方解石脉已呈透镜状,且被强片理化泥质粉砂岩包裹,呈多米诺状排列,两侧强劈理化粉砂岩明显牵引。

第三章　研究区地质背景

第一节　地质特征

一、地层

研究区(海德乌拉火山盆地)位于昆中断裂和昆南断裂之间,地层分区划属秦祁昆地层大区的东昆仑-柴达木地层区之万保沟地层分区。区内地层出露较为简单,但前人对区内地层划分意见并不统一,本次工作主要以《中国区域地质志・青海志》划分方案为参考,对区内出露地层进行划分(表 3-1-1～表 3-1-3)。

表 3-1-1　研究区地层划分表

<table>
<tr><td colspan="3" rowspan="4">地质年代</td><td colspan="2">地层分区及名称</td></tr>
<tr><td colspan="2">秦祁昆地层大区</td></tr>
<tr><td colspan="2">东昆仑-柴达木地层区</td></tr>
<tr><td colspan="2">万保沟地层分区</td></tr>
<tr><td rowspan="3">新生代</td><td colspan="2">第四纪</td><td colspan="2">冲洪积物</td></tr>
<tr><td>新近纪</td><td>中新世</td><td rowspan="2" colspan="2">雅西措组(E_3N_1y)</td></tr>
<tr><td>古近纪</td><td>渐新世</td></tr>
<tr><td rowspan="3">中生代</td><td>侏罗纪</td><td>早—中侏罗世</td><td colspan="2">羊曲组($J_{1\text{-}2}yq$)</td></tr>
<tr><td rowspan="2">三叠纪</td><td rowspan="2">晚三叠世</td><td rowspan="2">八宝山组</td><td>碎屑岩段(T_3bb^2)</td></tr>
<tr><td>火山岩段(T_3bb^1)</td></tr>
<tr><td rowspan="3">晚古生代</td><td>二叠纪</td><td>早二叠世</td><td rowspan="2" colspan="2">浩特洛哇组(C_2P_1h)</td></tr>
<tr><td>石炭纪</td><td>晚石炭世</td></tr>
<tr><td>泥盆纪</td><td>早泥盆世</td><td colspan="2">雪水河组(D_1x)</td></tr>
<tr><td>中元古代</td><td>蓟县纪</td><td></td><td>万保沟群</td><td>青办食宿站组(Pt_2^2qb)</td></tr>
</table>

出露的地层为蓟县系万保沟群(青办食宿站组)、下泥盆统雪水河组、上石炭统—下二叠统浩特洛哇组、上三叠统八宝山组、下—中侏罗统羊曲组、渐新统—中新统雅西措组,第四纪沉积物沿山间盆地、主要河流、冲沟发育,其成因类型包括冰川堆积、风积、冲洪积和冲积。海德乌拉火山盆地地质简图如图 3-1-1 所示。

表 3-1-2　研究区地层沿革史

地层年代			前人划分方案：1:5 万求离牛里生幅（2001）	1:5 万海德郭勒幅（1996）	1:25 万阿拉克湖幅（2006）	1:25 万卡巴组尔多幅（2011）	青海省区域地质志（2020）	本书方案
新生代	第四纪		冲洪积物	冲洪积物	冲洪积物	冲洪积物	冲洪积物	冲洪积物
	新近纪	上新世	果曲组	果曲组	果曲组	果曲组	果曲组	
		中新世	贵德群	贵德群	五道梁组	五道梁组	五道梁组；雅西措组	雅西措组
	古近纪	渐新世			沱沱河组	雅西措组		
中生代	侏罗纪	早—中侏罗世	羊曲组	羊曲组	羊曲组	羊曲组	羊曲组	羊曲组
	三叠纪	晚三叠世	八宝山组：碎屑岩段、火山岩段、碎屑岩夹火山岩段	八宝山组	八宝山组：砂页岩含煤、砂砾岩段；鄂拉山组	八宝山组	八宝山组	八宝山组
		中三叠世			闹仓尖沟组	闹仓尖沟组	希里可特组	
		早—中三叠世	闹仓尖沟组	闹仓尖沟组			闹仓尖沟组	
		早三叠世		洪水川组：砂岩段、火山岩段、砂砾岩段	洪水川组	洪水川组	洪水川组	
晚古生代	二叠纪	早二叠世			浩特洛哇组		浩特洛哇组	浩特洛哇组
	石炭纪	晚石炭世	浩特洛哇组	浩特洛哇组		浩特洛哇组		
		早石炭世		哈拉郭勒组	哈拉郭勒组	哈拉郭勒组	哈拉郭勒组	
	泥盆纪	早泥盆世				锯齿山组	雪水河组	雪水河组
新元古代			万保沟群：碳酸盐岩组	万保沟群：上碎屑岩组				
中元古代	待建纪			万保沟群：碳酸盐岩组	狼牙山组	万保沟群：青办食宿站组	万保沟群：青办食宿站组	万保沟群：青办食宿站组
	蓟县纪		万保沟群：变火山岩组	万保沟群：火山岩组		温泉沟组	温泉沟组	温泉沟组
	长城纪			下碎屑岩组	小庙岩组			

表 3-1-3　研究区(构造)岩石地层单位划分特征表

<table>
<tr><th colspan="3">地质时代</th><th colspan="2">(构造)岩石地层单位</th><th>岩石组合</th><th>沉积相</th></tr>
<tr><td rowspan="3">新生代</td><td>第四纪</td><td></td><td colspan="2">冲洪积物</td><td>砾石、砂砾石及亚砂土</td><td>河湖、冲洪积相</td></tr>
<tr><td>新近纪</td><td>中新世</td><td colspan="2" rowspan="2">雅西措组</td><td rowspan="2">以灰白色、浅灰色碳酸盐岩及紫红色砂岩为主,夹石膏岩层、泥灰岩、含石膏黏土岩</td><td rowspan="2">红色复陆屑建造</td></tr>
<tr><td>古近纪</td><td>渐新世</td></tr>
<tr><td rowspan="3">中生代</td><td>侏罗纪</td><td>早—中侏罗世</td><td colspan="2">羊曲组</td><td>灰绿色、浅灰色厚层细粒岩屑长石砂岩、钙质岩屑长石砂岩、含砾长石岩屑砂岩、砂砾岩及灰黑色粉砂岩</td><td>杂色复陆屑建造</td></tr>
<tr><td rowspan="2">三叠纪</td><td rowspan="2">晚三叠世</td><td rowspan="2">八宝山组</td><td>碎屑岩段</td><td>浅灰色中厚层砂质细粒长石质岩屑砂岩夹板岩、灰白色中厚层不等粒岩屑长石砂岩夹板岩、灰白色中厚层不等粒含云母岩屑质长石砂岩夹砾岩、灰色中层不等粒含云母岩屑质长石砂岩夹板岩及煤线</td><td rowspan="2">火山复陆屑建造</td></tr>
<tr><td>火山岩段</td><td>下部为灰色—灰黑色蚀变杏仁状玄武岩,中部为紫红色—灰紫色流纹岩、流纹质角砾凝灰熔岩、流纹质凝灰熔岩夹霏细岩夹薄层状钙质粉砂岩,上部为灰绿色—灰紫红色杏仁状玄武岩集块岩、玄武安山岩夹灰紫色薄层粉砂岩</td></tr>
<tr><td rowspan="3">晚古生代</td><td>二叠纪</td><td>早二叠世</td><td colspan="2" rowspan="2">浩特洛哇组</td><td rowspan="2">岩性为岩屑长石砂岩、长石岩屑砂岩、含细砂粉砂岩、石英砂岩、长石砂岩夹生物碎屑灰岩、微晶、粉晶灰岩及蚀变安山岩、蚀变粗面岩、蚀变玄武岩、含角砾岩屑晶屑凝灰岩</td><td rowspan="2">碎屑岩、碳酸盐岩夹中酸性火山岩建造</td></tr>
<tr><td>石炭纪</td><td>晚石炭世</td></tr>
<tr><td>泥盆纪</td><td>早泥盆世</td><td colspan="2">雪水河组</td><td>紫红色粉砂岩、灰绿色岩屑砂岩夹灰绿色和紫红色中酸性岩屑晶屑凝灰岩、晶屑凝灰岩及紫色英安质沉晶屑凝灰岩</td><td>火山复陆屑建造</td></tr>
<tr><td>中元古代</td><td>蓟县纪</td><td></td><td>万保沟群</td><td>青办食宿站组</td><td>上部浅灰色微晶、细晶、粒屑、藻屑白云岩夹灰岩透镜体,含大量燧石条带,与灰色、灰黑色千枚岩、含碳泥质钙质板岩互层,碳泥质板岩中夹纹层状、薄层状碳酸锰矿,锰质以含锰白云岩、菱锰矿为主。下部为灰色—灰白色块层状灰岩、厚层状白云岩夹变砂岩,上部局部夹有薄层状千枚岩、含锰碳质板岩、含锰白云岩透镜体等</td><td>深海-洋盆海山碳酸盐岩</td></tr>
</table>

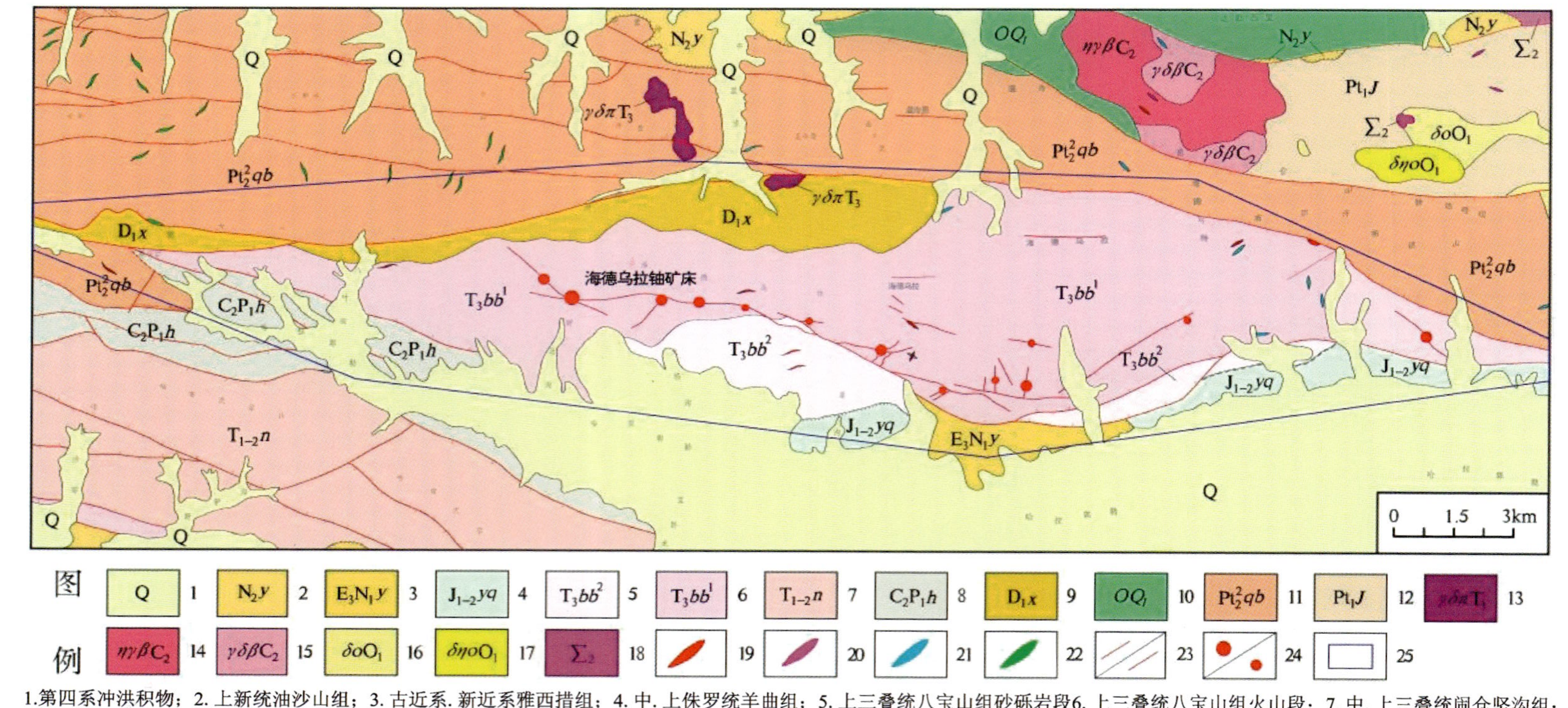

1.第四系冲洪积物；2. 上新统油沙山组；3. 古近系. 新近系雅西措组；4. 中. 上侏罗统羊曲组；5. 上三叠统八宝山组砂砾岩段6. 上三叠统八宝山组火山段；7. 中. 上三叠统闹仓坚沟组；8. 上石炭统. 下二叠统浩特洛哇组；9. 下泥盆统雪水河组；10. 奥陶系祁漫塔格群；11. 中元古界青办食宿站组；12. 古元古界金水口岩群；13. 晚三叠世花岗闪长斑岩；14.晚石炭世黑云母二长花岗岩；15.晚石炭世黑云母花岗闪长岩；16. 早奥陶世石英闪长岩；17. 早奥陶世石英二长闪长岩；18. 元古代超基性岩；19. 酸性岩脉；20.中酸性岩脉；21.中性岩脉；22.基性岩脉；23.逆断层/一般断裂；24.铀矿床/铀矿点；25. 海德乌拉火山盆地范围。

图3-1-1　海德乌拉火山盆地地质简图

(一)中元古界万保沟群青办宿舍站组(Pt_2^2qb)

青办宿舍站组出露于研究区北部,呈近东西向带状展布,与雪水河组呈断层接触,局部被第四系覆盖。本岩组岩性较单一,以大套碳酸盐岩为主体,以含有大量硅质(燧石)团块或条带为主要特征。岩组中同样发育有小规模的浅层次韧性剪切带,糜棱面理及拉伸线理产状与变火山岩岩组中一致,同时也发育顺层固态流变相、面理褶皱变形相及断裂变形相的构造群等。

(二)下泥盆统雪水河组(D_1x)

雪水河组出露于研究区北西部,呈东宽西窄的条带状展布,与北侧青办食宿站组呈断层接触,局部被晚三叠世花岗闪长岩斑岩侵入,与南侧八宝山组推测为角度不整合接触或断层接触。

该套地层相当于青海区调队(1982)所划的上三叠统八宝山群砂砾岩段(T_3bb^a)及青海地调院(2002)所划的八宝山组一段(T_3bb^1)。

中国地质科学院地质力学研究所(2011)根据岩性对比及同位素年龄,将其划分为锯齿山组(D_1j),《中国区域地质志·青海志》认为万保沟地层分区与东昆北地层分区在泥盆纪时大地构造位置、沉积环境都有明显不同,所属地层岩石组合差别很大,两地层分区的泥盆系不能混为一谈。因此,在东昆北地层分区恢复契盖苏组,在万保沟地层分区新建雪水河组,分别代表上述两个地层分区的下泥盆统。本次工作采用《中国区域地质志·青海志》划分方案,将其划归至雪水河组。

雪水河组岩性为紫红色粉砂岩、灰绿色岩屑砂岩夹灰绿色和灰紫色中酸性岩屑晶屑凝灰岩、晶屑凝灰岩及紫色英安质沉晶屑凝灰岩。火山岩主要出露于底部,中上部为碎屑岩。该组古生物化石匮乏,无法根据化石确定时代。中国地质科学院地质力学研究所(2011)在不同地区于雪水河组火山岩夹层中取了6件样品(其中一件样品位于研究区内,年龄值为414.0Ma),采用LA-ICP-MS法对其中的锆石进行U-Pb同位素年龄测定,年龄值集中在415~395Ma之间,相当于早泥盆世。

(三)上石炭统—下二叠统浩特洛哇组(C_2P_1h)

浩特洛哇组出露于研究区西段,呈北西向条带状展布,面积约$8km^2$,与雪水河组、八宝山组均呈断层接触,局部被第四系覆盖。岩性为岩屑长石砂岩、长石岩屑砂岩、含细砂粉砂岩、石英砂岩、长石砂岩夹生物碎屑灰岩、微晶、粉晶灰岩及蚀变安山岩、蚀变粗面岩、蚀变玄武岩、含角砾岩屑晶屑凝灰岩、复成分砾岩的沉积序列。区域上浩特洛哇组化石极为丰富,以蜓类为主,兼有腕足类、珊瑚类和双壳类,化石组合主要出现在晚石炭世,有些分子(如*Pseudoschwag erina*)跨入早二叠世。因此,将浩特洛哇组的时代置于晚石炭世—早二叠世。

(四)上三叠统八宝山组(T_3bb)

八宝山组为研究区出露面积最大的地质体,也是本次重点研究的目标地质体。八宝山组地貌上呈扁长形盆地，东西延伸约 30km，南北延伸最长约 7km，面积约为 $118km^2$，与盆地北侧雪水河组推测呈角度不整合接触或断层接触，与南西侧浩特洛哇组呈断层接触，与羊曲组、雅西措组呈角度不整合或断层接触，局部被第四系覆盖。在前人研究的基础上，结合本次野外调查取得的成果认识，根据岩性组合特征、沉积旋回及接触关系将其分为火山岩段和碎屑岩段，火山岩段主要分布于研究区北部，出露面积约为 $106km^2$；碎屑岩段主要分布于研究区中南部，出露面积约为 $12km^2$。

1. 火山岩段（T_3bb^1）

研究区内八宝山组火山岩岩石类型复杂，岩性变化较大，主要为墨绿色玄武岩、灰黑色杏仁状玄武岩、粗面岩、紫红色流纹岩、流纹质凝灰熔岩、火山角砾岩及粉砂岩等，以及相应成分的火山碎屑岩。总体显示熔岩-正常沉积岩的沉积序列，火山活动相序表现为喷溢-爆发相或喷溢相，显示了多期次活动性。海德乌拉一带火山岩、正常沉积岩呈近东西向稳定分布，向西碎屑岩增加并逐渐尖灭。各岩性段之间呈整合接触关系，岩层产状：178°～205°∠43°～74°。火山岩段为海德乌拉铀矿床的主要赋矿岩性，碎屑岩及玄武岩中岩石中放射性背景值偏低，eU 含量一般小于 5.0×10^{-6}；粗面岩中铀含量较高，eU 含量为$(4.6\sim8.5)\times10^{-6}$；铀矿化粗面岩中 eU 含量为$(30.6\sim228.2)\times10^{-6}$，岩石矿化蚀变强烈，主要有黄铁矿化、紫黑色萤石化、赤铁矿化、肉红色碳酸盐化、硅化、白色方解石化和伊利石化等；矿石矿物主要有沥青铀矿，少量的钙铀云母、硅钙铀矿，与石英、萤石、方解石、黄铁矿、赤铁矿、黄铜矿与铅锌矿共生。

红褐色—灰黑色杏仁状玄武岩：颜色较杂，以灰黑色居多（图 3-1-2），斑状结构，块状构造、杏仁状构造（图 3-1-3）。该岩石矿物组成相对简单，主要包括斑晶（斜长石占 15%）、基质（斜长石微晶占 40%，隐晶质占 40%）和杏仁体（占比小于 5%），岩石受到不同程度的次生蚀变，但相对致密坚硬。斑晶斜长石为半自形晶板条状、宽板状，蚀变微弱，粒径多在 0.5mm×2.0mm 以下，零星不均匀分布。基质由斜长石微晶和隐晶质组成。斜长石微晶为细小的板条状、宽板状，晶体的棱边十分平直，晶体的大小相近，粒径主要在 0.07mm×0.2mm 以下，双晶纹较宽，蚀变微弱，晶面较洁净，斜长石晶体杂乱分布，构成近三角形空隙，隐晶质充填分布于其中，形成间隐结构。岩石中杏仁体发育，杏仁体粒径较小，形态不规则，其内充填他形晶粒状、锯齿状镶嵌的方解石颗粒集合体。沿岩石微裂隙也见他形晶粒状的方解石集合体充填分布。手标本在方解石分布的地方遇冷稀盐酸见起泡现象。岩石的各类组分基本均匀分布。

图 3-1-2　灰黑色杏仁状玄武岩

图 3-1-3　板柱状斜长石斑晶，杏仁体被方解石、绿泥石充填

杏仁状安山岩：灰绿色，斑状结构，杏仁状构造。该岩石矿物组成相对简单，主要包括斑晶（斜长石占10%，角闪石占5%，辉石占5%）、基质（斜长石微晶占比小于43%，隐晶质占30%）和杏仁体（7%）。斑晶斜长石为半自形晶板条状、板状，见黏土化和碳酸盐化，粒径基本上在2.0mm以下，零星不均匀分布，为中基性斜长石。暗色矿物斑晶为辉石、角闪石，零星出现。辉石为半自形晶短柱状、柱粒状，粒径在1.0mm以下。角闪石为半自形晶长柱状、柱粒状，粒径在1.0mm以下，零星出现。基质由斜长石微晶和隐晶质组成。斜长石微晶为较短的板条状、纤柱状，晶体的大小相近，粒径在0.02mm×0.05mm以下，双晶纹发育，蚀变强烈，晶面模糊，斜长石微晶杂乱-半定向分布，见大量的显微隐晶质充填分布在斜长石微晶中，隐晶质重结晶程度极低，形成玻晶交织结构。见少量的杏仁体，内充填显微粒状—他形晶粒状的方解石集合体和显微隐晶—显微鳞片状的绿泥石集合体。

灰紫色粗面岩（图3-1-4）：斑状结构，基质隐晶质结构，球粒结构，霏细结构和微晶结构，流纹构造，斑晶主要为钾长石（5%），少量为石英。钾长石斑晶（图3-1-5）：形态不规则，常多个颗粒形成聚斑，条纹发育，双晶不显。石英斑晶：表面干净，裂纹发育。基质由隐晶质物质、不透明尘点状金属物质等组成。岩石脱玻化和重结晶较强，镜下多已重结晶成霏细状长英质物质、球粒及微晶，不同重结晶程度的物质在岩石中排列极具定向，相间呈条带状分布，不透明物质在岩石中排列也极具定向，构成明显的流纹构造。从重结晶物质较强的泥化看，成分多为长石，局部石英成带分布。

图3-1-4 灰紫色粗面岩

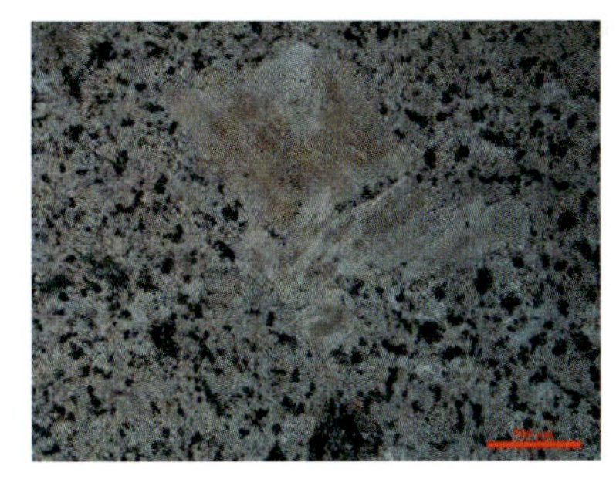

图3-1-5 钾长石斑晶，基质由定向分布的长石微晶组成，粗面结构

红褐色流纹斑岩：红褐色，具斑状结构，流纹构造。岩石由斑晶（长石占比小于3%，石英占比小于10%）和基质（长英质占37%）两部分组成。斑晶以石英为主，长石少量。基质由长英质组成，具显微隐晶—球颗结构。部分长英质形成球颗集合体不均匀分布，光性模糊不清，在球颗间分布较多的显微隐晶质，球颗粒径多在1.0mm以下，部分球颗具放射状消光，见氧化铁质微脉浸染状广泛分布在长英质中，总体上分布具流纹构造。在薄片中还见微量的杏仁体，粒径在0.5mm左右，内部由显微粒状的石英颗粒集合体组成，周围为显微隐晶状的氧化铁质包绕分布。

灰紫色豆状流纹岩：岩石为少斑结构，基质隐晶质结构，球粒结构，霏细结构，显微晶质结构，豆粒状、肾状构造。斑晶含量少，成分主要为钾长石、石英，基质主要由隐晶质物质组成，岩石重结晶较强，多已结晶成霏细状的长英质集合体及显微晶质的长英质矿物。岩石中豆粒状、肾状构造明显，存在很多豆状、肾状体，大小0.5～2mm，有些肾状体由多个小豆粒构成，其边部常有铁质物质浸染，中间常含很多不透明的物质，肾状体或豆粒整体结晶程度差，中间常结晶出一些小的菱形矿物，由于铁染而发红，推测为白云石，有些豆状体具同心圈层状构造，部分豆粒中间充填纤维状长英质物质，单偏光下较干净。豆粒处见珍珠状裂纹，推测豆状或肾状体为岩浆熔离作用产物。其中，深灰色流纹岩和紫红色流纹岩斑晶含量约5%，而石泡流纹岩斑晶含量较少。斑晶主要为碱性长石和石英，碱性长石斑晶表面泥化，石英斑晶发育有熔蚀反应边。基质普遍具有球粒结构，少量发育显微文象结构。副矿物包括锆石、磷灰石、磁铁矿等。

灰白色球粒流纹岩：灰白色，斑状结构，球粒状结构（图3-1-6、图3-1-7），块状构造。岩石由钾长石斑晶、球粒及基质组成。其中，钾长石斑晶为浅肉红色、自形短柱状，粒径0.5～2mm，含量约2%；基质为灰黑色，隐晶质结构，主要由长英质成分组成，含量为45%～50%，基质中不明暗色矿物约占20%；球粒为灰白色，具同心圈层状结构，大小一般为1～3mm，最大可达15mm。球粒中心多为结晶较差的烟灰色石英，含量为3%～5%，少量为紫色萤石。岩石裂隙面具浅绿色绿帘石化蚀变。

图3-1-6　灰白色球粒流纹岩

图3-1-7　纤维状长英质矿物球粒，球粒中充填长石斑晶

灰紫色含火山弹豆状流纹岩：灰紫色，少斑结构，基质为隐晶质结构，块状、豆状、肾状构造。岩石主要由钾长石斑晶，火山弹（图3-1-8、图3-1-9），豆状、肾状体及基质组成。其中，钾长石斑晶为浅肉红色，自形板柱状，粒径为0.5～2mm，含量为3%～5%；岩石中存在较多豆状、肾状体，大小为3～8mm，主要由结晶程度较差的长英质成分组成，含量约75%，豆状、肾状体中发育同心圆状及放射状裂纹；火山弹呈圆球状或哑铃状，大小为4～10cm，火山弹状多为空心状，充填少量硅质及碳酸盐矿物；基质主要由长英质物质组成，含量为20%。

图3-1-8　火山弹

图3-1-9　含火山弹豆状流纹岩

灰褐色含火山角砾集块熔岩：灰褐色，火山角砾状集块结构（图 3-1-10），块状构造。岩石由火山角砾、火山集块及胶结物组成。其中，火山角砾及火山集块成分多为紫红色流纹岩，角砾及集块均棱角分明。火山角砾大小为 5～30mm，含量约 20%；火山集块大小为 70～300mm，含量约 60%；基质胶结物由长英质成分组成，含量约 20%。基质具绿帘石化蚀变。

灰紫色火山角砾岩：灰紫色，角砾状结构（图 3-1-11），块状构造。岩石主要由火山角砾及胶结物组成。其中，火山角砾成分为紫红色流纹岩，火山角砾棱角分明。火山角砾大小为 5～35mm，含量为 55%～60%；基质胶结物由长英质成分组成，含量为 35%～37%。基质中见有少量浅肉红色钾长石晶屑，粒径为 1～2mm，含量为 2%～3%。

图 3-1-10　含火山角砾集块熔岩

图 3-1-11　火山角砾岩

灰紫色流纹质晶屑凝灰岩：灰紫色，斑状晶屑凝灰结构，块状构造，假流动构造（图 3-1-12）。岩石由晶屑及基质组成（图 3-1-13）。其中，钾长石晶屑为浅肉红色，自形板柱状，粒径为 0.5～4.5mm，含量为 8%～10%；石英晶屑为无色，半自形粒状，粒径为 0.2～0.5mm，含量为 1%；基质主要为火山灰，含量为 85%～89%。

图 3-1-12　钾长石斑晶边缘被熔蚀，塑性玻屑呈条纹状，具假流动构造

图 3-1-13　流纹质晶屑凝灰岩

紫红色晶屑熔结凝灰岩：紫红色，斑状结构，块状构造，假流动构造（图 3-1-14）。岩石由钾长石斑晶及基质组成。钾长石斑晶为浅肉红色，自形板柱状，粒径为 1～3mm，含量约 5%；基质为隐晶质结构，由火山灰及微细长英质成分（图 3-1-15）组成，含量为 90%～95%。基质

中假流动构造层理较清晰。

肉红色球粒花岗斑岩：肉红色，斑状结构，球粒结构，块状构造（图 3-1-16）。岩石由石英、钾长石、斜长石及黑云母等矿物组成。石英为灰黑色，半自形粒状结构，晶型较差，粒径为 3～6mm，含量为 35%；钾长石为肉红色，他形结构，不规则状，粒径为 5～20mm，含量为 55%，斜长石为灰白色，他形结构，极少量为自形板柱状，粒径为 0.5～1mm，含量为 2%；黑云母为黑色，自形鳞片状，片径多数小于 0.2mm，含量为 5%。岩石中可见少量长英质混熔体（图 3-1-17），呈球粒状，球粒直径为 1～2mm，含量为 3%。地表呈脉状产出。

图 3-1-14　晶屑熔结凝灰岩

图 3-1-15　石英及长石斑晶，石英斑晶边缘被熔蚀，基质为长英质火山灰分

图 3-1-16　肉红色球粒花岗斑岩

图 3-1-17　基质中不均匀分布褐色球粒

紫红色复成分砾岩：紫红色，砾状结构，块状构造，岩石由砾石（60%）和填隙物（40%）组成（图 3-1-18）。砾石由硅质岩砾石、泥硅质岩砾石、板岩砾石、泥质岩砾石、砂岩砾石、粉砂岩砾石、安山岩砾石等组成，砾石以次圆状为主，次棱角状次之，粒径多在 2～8mm 之间，少量在 8mm 以上，为中细砾级，砾石成分复杂。填隙物由小于 2mm 的碎屑和泥硅质、钙质组成，以碎屑为主，泥硅质和钙质次之。碎屑大部分有变质重结晶现象，成分和砾石差不多。手标本遇冷稀盐酸见明显的起泡现象。

紫红色粉砂岩：紫红色，粉砂质结构，薄层状构造（图 3-1-19），手摸砂质感强烈。岩石主要由石英、长石及胶结物组成。石英为灰白色，含量约 30%；钾长石为肉红色，斜长石少量，长石含量约35%;胶结物为泥质、钙质胶结,含量为35%。岩石层理清晰,风化成碎片状。

图 3-1-18　紫红色复成分砾岩

图 3-1-19　紫红色粉砂岩

2. 碎屑岩段(T_3bb^2)

碎屑岩段主要出露于研究区中南部,与八宝山组火山岩段呈断层接触或整合接触,上被羊曲组灰色厚层细砾岩角度不整合覆盖。岩石组合主要为浅灰色中厚层砂质细粒长石质岩屑砂岩夹板岩、灰白色中厚层不等粒岩屑质长石砂岩夹板岩、灰白色中厚层不等粒含云母岩屑质长石砂岩夹砾岩、灰色中层不等粒含云母岩屑质长石砂岩夹板岩及煤线,厚度大于161m。

(五)下—中侏罗统羊曲组($J_{1-2}yq$)

羊曲组在研究区北部煤矿沟和中部八宝山一带出露,面积约$4km^2$。它为一套山间盆地河湖相沉积粗碎屑岩建造,岩性为灰色、灰褐色、紫红色复成分砾岩、含砾粗砂岩,局部夹砂岩透镜。地层产状平缓,构造简单,与下伏上三叠统八宝山组碎屑岩段呈微角度不整合接触。

(六)渐新统—中新统雅西措组(E_3N_1y)

雅西措组主要出露于研究区南部,与八宝山组碎屑岩段和火山岩段呈断层接触,与羊曲组呈角度不整合接触,局部被第四纪地层覆盖。该套地层由复成分砾岩、含砾粗砂岩、砂岩、泥质粉砂岩、泥岩、泥晶灰岩、白云岩组成,总体自下而上层态由厚变薄,碎屑粒度由粗变细。在泥岩中见砂质团块,砾岩具明显的正粒序层理,且砾石具叠瓦状排列,在砂岩中发育有斜层理。

(七)第四纪地层(Q)

研究区内第四纪地层分布广泛,主要分布于较大沟谷中,构成山前冲洪积扇平原,或山前残留台地,在河谷或沟谷中构成阶地,冰碛物则构成山前丘陵台地,风积物构成荒漠景观。依据其成因类型、堆积方式、物质组成、砾石特征等组成的地貌特征,划分为早更新世冲积湖积物(Qp_1^{al-l})、中更新世冰碛堆积物(Qp_1^{gl})、晚更新世冲洪积层(Qp_3^{pal})、全新世冲洪积层(Qh^{al})及沼泽堆积物和风积层等。

二、构造

1. 大地构造单元划分

本次工作主要参考《中国区域地质志 · 青海志》划分方案。研究区大地构造位置隶属康西瓦-修沟-磨子潭地壳对接带的东昆南俯冲增生杂岩带之纳赤台蛇绿混杂岩带（Ⅱ-1-1）（图 3-1-20）。在区域上，纳赤台蛇绿混杂岩带呈近东西向夹持于昆中断裂与昆南断裂之间，是晋宁期、加里东期两次次板块裂离及俯冲碰撞过程中形成的一个近东西向延伸的复合型俯冲增生杂岩带。晋宁期中新元古代有限洋盆的闭合所发生的变质-构造-岩浆事件可能是全球范围内罗迪尼亚超大陆形成在东昆仑地区的反映。加里东期可能属塔里木板块活动陆缘。带内物质组成极为复杂，构造变形十分强烈，不同类型的岩石构造组合体、构造地层体多以不同规模、形态各异的岩片，以不同构造组合样式拼贴或堆垛在一起，构成了一个三级构造单元纳赤台蛇绿混杂岩带。

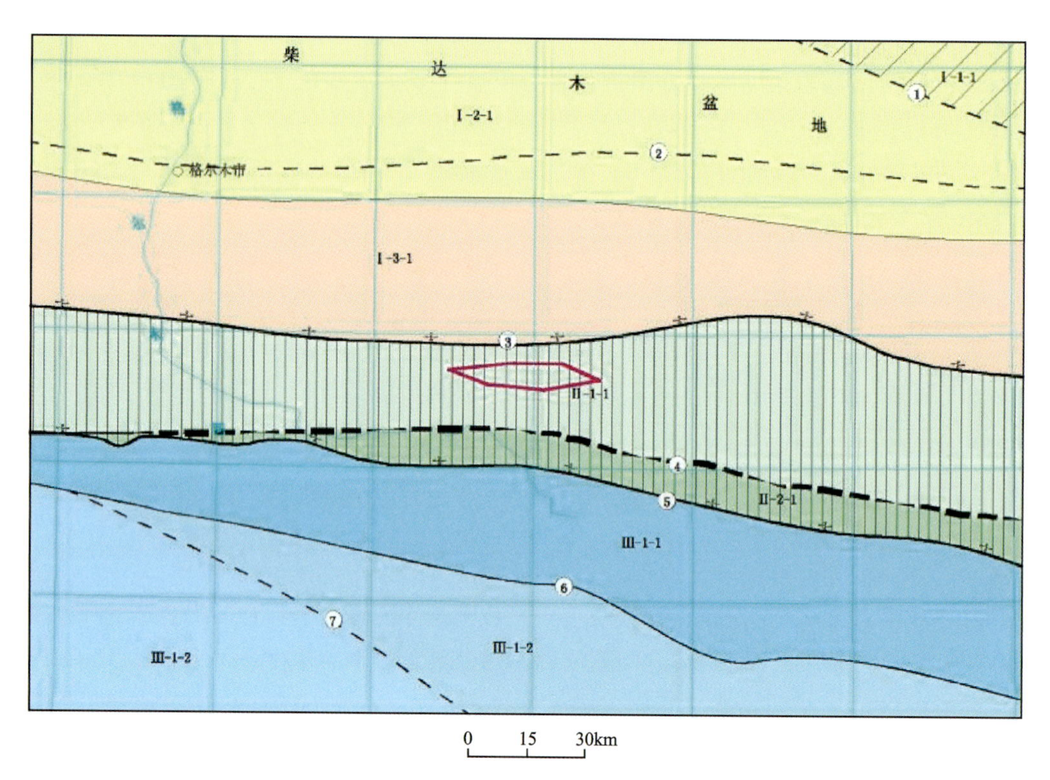

青海省构造单元划分表

一级	二级	三级
Ⅰ秦祁昆造山带	Ⅰ-1柴北缘造山带	Ⅰ-1-1柴北缘蛇绿混杂岩带（∈—O）
	Ⅰ-2柴达木地块	Ⅰ-2-1柴达木新生代断陷盆地
	Ⅰ-3东昆北造山带	Ⅰ-3-1昆北复合岩浆弧（Pt_3、O—S、P—T）
Ⅱ康西瓦-修沟-磨子潭地壳对接带	Ⅱ-1东昆南俯冲增生杂岩带	Ⅱ-1-1纳赤台蛇绿混杂岩带（Pt_2、∈—O）
	Ⅱ-2阿尼玛卿-布青山俯冲增生杂岩带	Ⅱ-2-1马尔争蛇绿混杂岩带（C—P_2）
Ⅲ北羌塘-三江造山带	Ⅲ-1巴颜喀拉地块	Ⅲ-1-1玛多-玛沁前陆隆起（P—T_{1-2}）
		Ⅲ-1-2可可西里前陆盆地（T_3）

青海省重要断裂一览表

编号	断裂名称
①	柴北缘-夏日哈断裂
②	昆北断裂
③	昆中断裂
④	昆南断裂
⑤	布青山南缘断裂
⑥	昆仑山口-甘德断裂
⑦	卡巴纽尔多-鲜水河断裂

图例

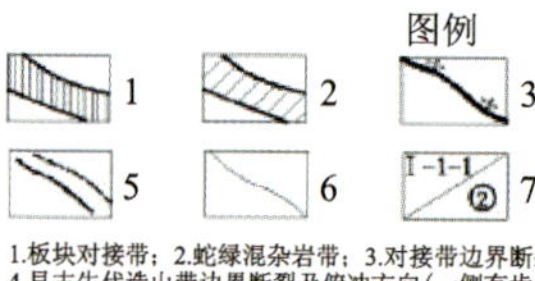

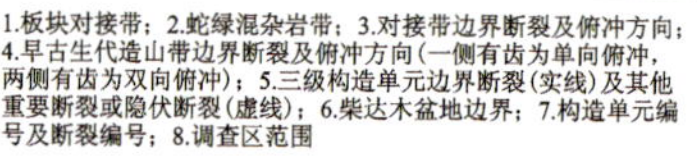

图 3-1-20　研究区大地构造位置图

2. 断裂构造

研究区内断裂构造比较发育，其中以近东西向为主，北西向断裂次之，北北东—近南北向为派生次级断裂。断层性质以逆断层为主，局部发育正断层、平移断层。

聚龙山-海德可特断裂：位于研究区中西部，西起聚龙山、东至海德可特一带延伸入布尔汗布达山之中，途经开渠、海德乌拉等地。区内长约43.5km，西段近东西向，东段呈北东向，中段呈向南凸出的弧形状，断面北倾，倾角为30°～60°。断裂上盘为青办食宿站组，下部为雪水河组，以老压新。上覆碳酸盐岩和火山岩，岩石破碎，下伏砂岩、砾岩，挤压形成拖褶曲，S型面理极为发育，挤压透镜体、节状石香肠构造亦较发育。沿断裂带发育20～200m宽破碎带，带内断层角砾岩、断层泥、擦痕随处可见。断裂两侧岩石破碎，发育挤压劈理，劈理产状340°～50°∠36°～60°不等。该断裂具左行逆掩-逆冲性质。

八叶岭断裂：位于研究区中部哈拉郭勒沟脑一带，西起黑哑口，东至野马沟一带，两端分别被晚更新世冲洪积物覆盖，区内长达10.4km。断裂上盘为八宝山组火山岩段，下盘为浩特洛哇组，断裂断面倾向北北东，倾角为60°左右，呈北西向延展，沿断裂发育10～60m不等的断层破碎带，带内主要是杂色断层泥及砂岩、流纹岩、片岩构造角砾，角砾杂乱分布，胶结疏松，下盘砂岩中发育15m宽的透入性挤压劈理带，带中砂岩均呈薄板状，局部甚至达到片状，劈理产状0°∠65°，沿断裂地貌上呈鞍状、哑口等负地形。该断裂为一北倾高角度逆冲断层。

海德乌拉南逆冲推覆断裂：位于哈拉郭勒以北、海德乌拉以南一带，断裂西段呈北东东向，中段呈北东向，东段呈东西向，长约15km，断裂东段被聚龙山-海德可特断裂截切，断面北倾，倾角50°～55°。上盘为八宝山组，下盘为早—中侏罗世羊曲组和古近纪—雅西措组。沿断裂出露100～150m宽的破碎带，主要由断层角砾和断层泥构成。

结合区域构造特征，认为研究区内断裂构造以北西西向、北西向为主且时间较早，北东东向为派生次级断裂，形成时间稍晚。断裂性质以压扭性逆断层为主。构造生成顺序为：北西西向→北东向→北西向→近东西向。

3. 褶皱构造

研究区西南部火焰沟一带发育一复式向斜，轴向近北西，总体北倾，整体上呈平缓的开阔褶皱，两翼产状为13°～63°；出露地层为八宝山组碎屑岩段，岩性主要为紫红色岩屑长石细砂岩、紫红色含砾砂岩、紫红色复成分砾岩等。

三、岩浆岩

(一)侵入岩

区域上岩浆侵入活动较强烈，主要分布在昆中断裂带两侧的广大地区，具成片成带的特点，其中以拉忍、八宝山地区最为集中，岩石类型以中酸性岩类为主，基性—中性岩类以脉体形式出现，侵入时代分属于早奥陶世、早泥盆世、晚石炭世、早—晚三叠世。

研究区内岩浆侵入活动较弱，仅在研究区北部见有晚三叠世花岗闪长斑岩岩株出露，面积约为0.33km²，岩体内部构造不发育，岩石结构均一，岩体剥蚀浅。与青办食宿站组呈断层接触，侵入于下泥盆统雪水河组，内接触带见约10cm宽的冷凝边和围岩捕虏体。捕虏体形态不一，分布无规律，岩性为碳酸盐岩和火山碎屑岩。外接触带围岩具角岩化、硅化蚀变，蚀变带宽约5m，围岩中见有岩枝穿插，侵入关系清楚。

该岩株岩石具斑状结构，基质微粒结构，灰白色块状构造。岩石由斑晶和基质组成。斑晶最大粒径40mm，基质粒径小于0.2mm。斑晶由中—更长石(58%)、石英(5%)、正长石(7%)组成，属于铝不饱和钙碱性岩石。稀土元素标准化模式图呈右倾曲线，轻重稀土分馏比较明显，属轻稀土富集型。微量元素含量较高，可能是与俯冲有关的花岗岩。

区域上二长花岗岩成岩年龄为(207.3±1.2)Ma，青海地调院区调二分队1∶5万求离牛里生幅、开荒幅区域地质调查报告资料显示：花岗闪长斑岩K-Ar法年龄为(207.3±4)Ma(青海省地质调查院，2001)；岩石侵入于早泥盆世雪水河组，暂时认为研究区内花岗闪长斑岩成岩时代为晚三叠世。

(二)火山岩

研究区内出露3套火山岩，分别为雪水河组、浩特洛哇组和八宝山组，其中八宝山组火山岩出露规模最大，岩类众多，火山活动最为强烈，其他时代相对较弱。

1. 雪水河组火山岩

泥盆纪在东昆仑地区出露大量碰撞型中酸性侵入岩及火山岩，其中上泥盆统火山岩角度不整合覆盖于前泥盆系之上。雪水河组为1∶20万阿拉克湖幅区域地质调查(2006)工作中对锯齿山组进行重新厘定后并在《中国区域地质志·青海志》中新建填图单位。前人研究成果显示，该套火山岩包括熔岩类和火山碎屑岩类两个大类，其中火山碎屑岩类进一步划分为正常火山碎屑岩亚类和沉积火山碎屑岩亚类，火山熔岩主要岩性为英安岩和流纹岩，火山碎屑岩岩性以英安质晶屑凝灰岩、流纹质熔结凝灰岩和流纹质凝灰岩等中酸性火山岩为主。在海德乌拉北坡一带该套火山岩出露岩性为流纹质岩屑晶屑凝灰岩(厚123m)、流纹质含砾沉晶屑凝灰岩(厚59m)、流纹质晶屑凝灰岩(厚28m)和英安质沉晶屑凝灰岩(厚208m)。

前人工作在区域上相当于雪水河组层位的火山岩中获得了6件415～400Ma的同位素年龄值，其中位于研究区内获得的同位素年龄为414Ma，相当于早泥盆世，代表了东昆仑加里东期造山及早古生代洋盆关闭时间；雪水河组火山岩以英安岩和流纹岩为主，火山岩岩石化学成分显示为高钾—钾玄岩系列，稀土总量较高，轻稀土中等富集，形成于后碰撞陆内拉张构造环境。

2. 浩特洛哇组火山岩

二叠纪在东昆仑地区出露大量与俯冲有关的岩浆岩组合。区域上浩特洛哇组被上二叠统格曲组角度不整合覆盖，并见其角度不整合覆于奥陶纪花岗岩之上，细碎屑岩及灰岩中的生物化石极丰富，时代为晚石炭世—早二叠世。该套火山岩主要在研究区西段出露，面积约为8km²，呈北西向带状展布，与雪水河组、八宝山组均呈断层接触，局部被第四系覆盖。火山岩以夹层形式赋存于该组地层中，厚度大多几米或十几米，局部地段出露厚度近百米。岩石类型组合为安山岩-英安岩组合，岩性有安山岩、英安岩、中酸性凝灰熔岩、凝灰岩等。随着岩石从中性向酸性变化，Al_2O_3含量递减，中性岩 TiO_2含量普遍高于酸性岩，具有钙碱性系列岩石地球化学特征，岩石稀土总量偏低，轻稀土中等富集，铕从无异常向明显的负异常演变，与岛弧拉斑玄武岩的特征相似，结合微量、稀土元素特征以及区域大地构造背景，说明浩特洛哇组火山岩是在洋陆俯冲背景下形成的一套弧火山岩组合。

3. 八宝山组火山岩

八宝山组火山岩为研究区最主要的地质体，岩石类型复杂，岩性变化较大。根据岩性组合特征、沉积旋回及接触关系将其分为火山岩段和碎屑岩段，主要岩性为墨绿色玄武岩、灰黑色杏仁状玄武岩、粗面岩、紫红色流纹岩、流纹质凝灰熔岩、火山角砾岩及粉砂岩等，以及相应成分的火山碎屑岩。总体显示为熔岩-正常沉积岩的沉积序列，火山活动相序表现为喷溢-爆发相或喷溢相，显示了多期次活动性。八宝山火山机构特征、火山岩层序及韵律、岩石地球化学及成岩年代学等特征详见第五章。

四、脉岩

区内脉岩较为发育，多呈脉状侵位于侵入岩和各地层中。脉岩展布方向主要有北西向、北东向两组。岩石类型主要有辉绿岩、闪长玢岩、二长花岗斑岩、花岗斑岩、流纹斑岩，个别见斑状花岗闪长岩脉体。

第二节 放射性异常特征

1. 1∶20 万伽马异常特征

1975—1979 年青海省地质局第一区调队在开展东温泉幅(I-46-[06])、埃坑德勒斯特幅(I-47-[01])1∶20 万区域地质调查工作时，顺便进行了放射性伽马测量，发现了多处伽马异常点及放射性偏高地段。区域放射性伽马强度受地质条件控制较为明显，伽马强度的变化随地层、构造、岩浆岩、变质作用等则有显著差异。其中，古元古代金水口岩群片麻岩组伽马强度最高，一般为 30～40γ；其次为八宝山组砂砾岩地区，伽马强度一般为12～21γ，最高 24γ，而火山岩地区伽马强度一般为 30～50γ，其他地层伽马强度变化不大，比较稳定；岩浆岩中伽马强度由酸性至中性至基性逐渐降低，反映了区内富碱花岗岩对放射性元素富集最为有利。另外，伽马强度在断裂、破碎带及次级断裂处亦有明显增高，一般为 20～30γ，最高达 60γ。

2. 1∶10 万伽马异常特征

1970 年核工业西北地质勘查局 182 大队 4 分队在秀沟—八宝山一带开展 1∶10 万伽马概查工作，区内火山碎屑岩平均伽马强度约 15γ，流纹岩平均伽马强度为 20～25γ，流纹斑岩脉平均伽马强度为 40～55γ，均高于海德乌拉地区其他时代各地层岩性平均伽马强度(3.1γ)。

前人 1∶10 万伽马概查工作在本次研究区内发现伽马异常点 22 个，伽马强度一般为

50～300γ，最高大于1000γ。异常产于八宝山组火山碎屑岩中，与地层构造线展布方向一致。火山岩的喷发控制了铀异常，异常附近以肉红色流纹斑岩脉为主，夹杂少量闪长玢岩脉；另外在异常处多见有小型构造裂隙，沿裂隙岩石多发生紫黑色萤石化蚀变现象。前人对圈定1∶10万伽马异常进行概略查证后发现了702铀矿点、709铀矿化点及701铀异常带、704铀异常带(图2-10)。

(1)702铀矿点(海德乌拉铀矿床野马沟ⅩⅣ号带)。该矿点出露岩性为八宝山组火山碎屑岩、火山角砾岩和肉红色花岗斑岩。矿化带全长330m，受北西向断裂次级雁行裂隙控制，伽马强度150～500γ，最高达1405γ。含矿岩性均为深肉红色流纹岩，围岩蚀变为硅化、赤铁矿化、萤石化、黄铁矿化。该矿点近年来经进一步揭露验证，圈定铀矿(化)体13条。

(2)709铀矿化点。该矿点出露岩性为八宝山组粗面岩、流纹岩等，伽马强度一般为120～580γ，最高大于1000γ。异常带由90°∠45°、270°∠45°、0°∠70°三组裂隙控制，其中90°∠45°、270°∠45°两组裂隙为主要的控矿裂隙组，铀矿化处见强烈的硅化和赤铁矿化。

(3)701铀异常带。该异常带位于海德乌拉东部，出露岩性为八宝山组紫红色砂岩，伽马强度一般为100～280γ，最高达625γ，异常区岩石较为破碎，热液蚀变为褐铁矿化、赤铁矿化，轻微硅化。

2021年至今开展的海德乌拉铀矿普查工作针对该矿化点进行了槽探揭露，圈出铀矿化体1条，评价为偏钍型矿带，钍含量较高，统一编号为Ⅻ号矿化带。

(4)704铀异常带。该异常带出露岩性为八宝山组流纹斑岩，带长150m，宽1.0～2.0m不等，最宽8m，伽马强度一般为100～200γ、最高达303γ，受260°～320°节理裂隙控制，见强烈的硅化、黄铁矿化、赤铁矿化和萤石化。

3.1∶5万地面伽马能谱异常特征

2019—2020年青海省核工业地质局实施的“青海省都兰县海德乌拉地区I46E001024、I47E001001两幅1∶5万放射性矿产调查”项目在海德乌拉火山盆地及其外围系统开展了1∶5万地面伽马能谱测量工作，对不同岩石的eU、eTh的背景值进行了统计，总体认为八宝山组火山岩段流纹岩、粗面岩、凝灰岩、英安岩背景值较高，eU背景值7.6×10^{-6}，eTh背景值24.1×10^{-6}，认为中酸性火山岩是本区铀成矿的主要物质来源。

研究区内1∶5万放射性异常主要分布在八宝山组火山岩地区及古元古界金水口岩群中深变质岩中。整体上看，区内铀、钍异常套合良好，eU含量均值$(4.3\sim96)\times10^{-6}$，峰值$1\ 177.9\times10^{-6}$，eTh含量均值$(51.3\sim73.9)\times10^{-6}$，峰值$642.7\times10^{-6}$。在海德乌拉地区火山盆地内构造密集发育地段呈串珠状集中分布，强度高、规模大。经概略查证，进一步圈定了铀异常带7条，带长100～700m，宽7～230m不等，eU含量均值$(62.5\sim102.1)\times10^{-6}$，峰值$730.7\times10^{-6}$，出露岩性主要为碎裂岩化流纹岩，热液蚀变主要为赤铁矿化、紫黑色萤石化。

第三节　水系沉积物铀异常特征

东昆仑地区1∶50万及1∶25万水系沉积物测量在海德乌拉地区均圈定了具一定规模

的铀异常，主要沿中酸性侵入岩、火山岩及中深变质岩分布，面积均在 20km² 以上，由于采样密度较低，铀异常浓集中心不明显，铀含量均小于 5×10⁻⁶，对铀矿勘查指导意义不大。

2019—2020 年青海省柴达木综合地质矿产勘查院在温冷恩及拉忍地区开展 1∶2.5 万地球化学测量工作，实施范围涵盖了整个研究区，测试元素包含了 Cu、Pb、Zn、U、Th、W、Sn、Mo、Li、Nb 等 22 种元素。通过对 U 元素异常进行圈定，发现铀高值区主要位于研究区内野马沟—海德乌拉及哈拉郭勒北部一带，低背景区分布于聚龙山—开渠北地区，异常呈近东西向带状分布，铀含量一般为(5～9)×10⁻⁶，峰值为 13.7×10⁻⁶，面积大于 0.5km² 的铀异常有 5 处，中、高背景区和异常场主要与区内晚三叠世火山岩关系密切，显示出较好找矿前景(图 3-3-1)。

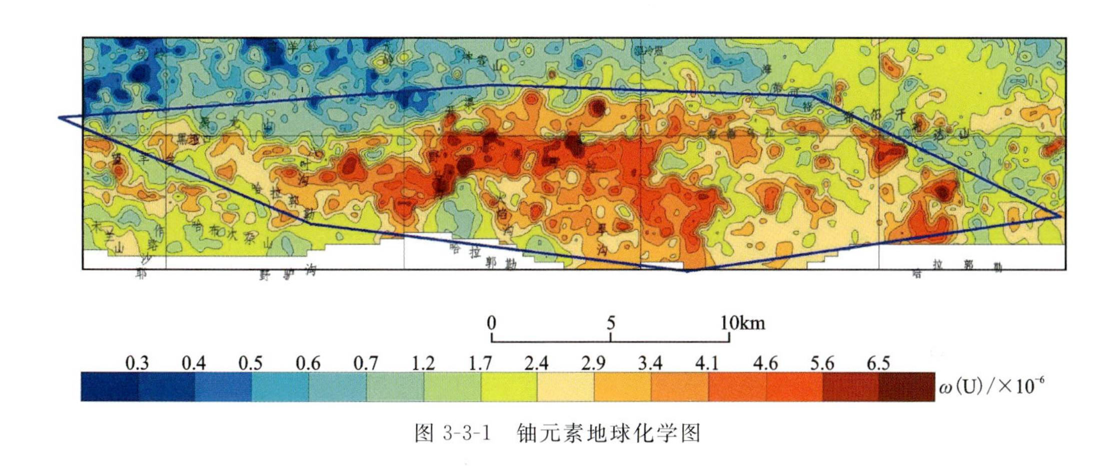

图 3-3-1　铀元素地球化学图

第四节　重砂异常特征

1978—1994 年原青海省地质矿产局第一区调队在本区开展 1∶20 万区域地质矿产调查时进行自然重砂测量工作，在研究区内哈拉郭勒一带圈出了 1 处萤石重砂异常。重砂异常呈三角形展布，长 11km，宽 6km，面积约为 38km²。异常区出露地层为上三叠统八宝山组玄武安山岩、粗面岩、流纹岩及砂岩、含砾砂岩夹板岩及安山岩。萤石呈细脉状赋存于火山岩节理或裂隙之中。重砂样品中一般含萤石 3～8 粒/30kg，最高达 0.004 3g/30kg。伴生矿物组合为重晶石、锆石、电气石、石榴石、黄铁矿、白钨矿、锰矿。

海德乌拉地区铀矿勘查工作中发现，八宝山组流纹岩及花岗斑岩中普遍发育紫色萤石(图 3-4-1)，呈浸染状或团块状，含量为 3%～10%，粒径为 0.5～10mm；另外在流纹岩或玄武岩裂隙密集带中铀矿化地段发育紫(黑)色萤石细脉(图 3-4-2)，脉体宽 5～70mm，铀矿(化)体与紫黑色萤石化热液蚀变密切相关，且萤石矿化与铀矿化强度呈正相关，一定程度上反映了含氟的富挥发分流体活动较强。因此，认为萤石重砂异常对海德乌拉地区寻找热液型铀矿具有一定的指示意义。

图 3-4-1　流纹岩中团块状紫色萤石

图3-4-2　玄武岩裂隙面中紫(黑)色萤石细脉

第五节　遥感地质特征

本次研究收集了 GF-2 国产高分数据，对研究区开展了遥感地质初步解译与高光谱遥感蚀变矿物特征提取工作。

一、遥感地质影像特征

研究区总体呈近东西向展布的造山地质景观，地貌上呈东西走向的山体，地势整体北高南低，南部为山间宽谷，向北逐渐变为高山区。研究区南部河流由西向东流，由南向北地势由低变高再逐渐变低，形成河谷—高山—河谷的地质景观特征，区内总体海拔较高，最高处在研究区中东部，最低处位于南部；植被稀疏，不发育，基岩出露较好；水系较发育，形成树枝状—羽状水系。研究区整体色调呈蓝色、黄褐色、褐色、黄绿色，其中高山区色调较深，低山区色调相对较浅(图 3-5-1)。

图 3-5-1　研究区 GF-2 遥感影像图

构造线方向与山脉发育方向基本一致，主要受近东西向主线性构造限制，北东向及北西向、北西西向断裂后期作用使基岩山体呈条带或条块状，使得影像上菱形格状、条带状、团块状及环状图案错落有致，主体山脊和主要河谷沿近东西向线性影像排布特征明显。

二、遥感可解译程度分区

依据 GF-2 影像资料的质量及其显示的下垫面基本特征，根据不同地质体以及不同地段地物的显示状况，针对区内岩性、构造、成控矿要素等和可解译程度，将研究区划分为划分为高、中等、低3类不同程度的可解译程度区(图3-5-2)。

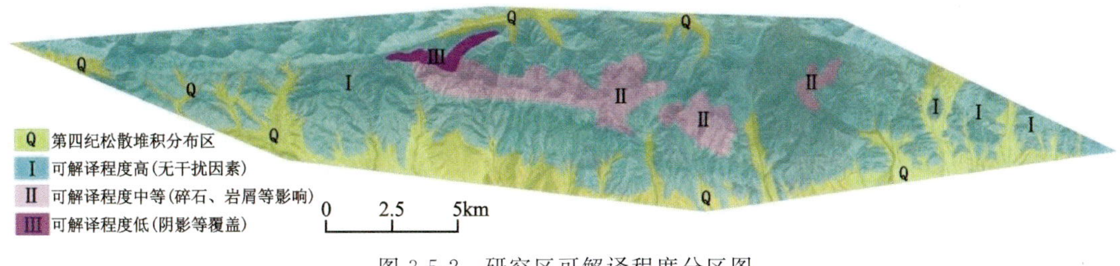

图3-5-2 研究区可解译程度分区图

(1)可解译程度高的地区：地质体影像单元特征明显，基岩区裸露程度高，边界清晰，基本无云雾、云影、高大山体阴影遮盖等干扰因素，线状、环状构造特征明显，不同岩石地层的色调、纹形差异明显，影像可辨识程度较高，具有较大规模，具可解和可对比性，可直接作为编图单位。将该类地质体或地段划为Ⅰ级可解译程度区，是本区可解译程度高的地区(第四纪解译区影像特征清晰，属于Ⅰ级可解译程度区)。

(2)可解译程度中等的地区：地质体影像单元特征比较明显，虽然受岩屑覆盖影像色调趋于一致，或不连续高山阴影遮盖的影响，但这些地区的线性构造及地表纹理特征反映还较清楚，可作为编图单位，但这些地区局部特征及边界需经野外地质调查进行修正。将该类地质体或地段划为Ⅱ级可解译程度区，属本区可解译程度中等的地区。

(3)可解译程度低的地区：高山阴影区，可分性差，边界不清，不能作为编图单位，必须经野外地质调查确定编图单位归属。将该类地质体或地段划为Ⅲ级可解译程度区，为本区可解译程度低的地区。

另外，将研究区较大面积分布的盆地平原和山间宽谷第四纪堆积物单独划分出来，为第四纪松散堆积区。

根据解译程度分区结果，研究区总面积约为200km²，第四纪松散层分布面积为42.2km²，占调查区面积的21.1%；基岩区面积157.8km²，占调查区面积的78.9%。上述Ⅰ级可解译区面积为180.90km²，占调查区面积的90.45%；Ⅱ级可解译区面积为17.23km²，占调查区面积的8.615%；Ⅲ级可解译区面积为1.87km²，仅占全区面积的0.935%。总体来说，研究区GF-2影像可辨识程度较高，影像资料对地质解译工作较为有利，但在局部地段存在连续阴影区，不利于遥感解译及遥感蚀变异常信息的提取。

三、遥感地质解译

(一)块带状影像单元划分

GF-2影像上显示研究区内基岩裸露好，沿近东西向展布，断裂影像十分清晰，基岩裸露区占全区的79%。线性构造发育，以近东西向、北东向为优势组，北西向、北北西向次之，其他方向较少。从影像上反映的纹形图案特征和色调看，本区分布的岩石地层较为简单，火山岩等岩石体一般色调深而偏冷，呈灰绿色或灰褐色，纹形或粗或细，常见条带、集束纤维状等线理，分布有环形影像，山脊线分明且多呈弧状，主要分布于研究区中部；碳酸盐岩呈亮白色调，条带或条带条纹状纹形发育，沟壑发育，影纹粗糙，色调较浅，分布于研究区北部；碎屑岩类呈较浅的中间色或暖色调，爪状、斑点状纹形发育，山脊线多呈直线状、折线状，主要分布于研究区南部地区；中酸性侵入岩呈浅暖色调，具椭圆形轮廓或不规则边界，斑块状纹形，表面相对光滑圆浑，具稀疏的树枝状水系，发育尖棱的弧状山脊和凹形坡面，分布面积较小；第四纪松散堆积物沿河谷带状分布，为山麓相砂、砾石建造及冰水、河湖堆积，易于识别。

由于岩石组合、矿物构成、结构构造、变质程度和空间排布位置的差异，这些地质体在图像上反映为不同色调组合、几何形态和影纹结构的块（带）状影像单元或影像体。通过人机交互解译在研究区解译出多种不同影像单元，对这些块状、带状、团块状影像所代表的主要地质体进行抽象，可以初步描述归纳出如下主要解译标志（表 3-5-1）。

表 3-5-1　研究区地质体解译标志

块状地质体影像	地质体岩性	遥感解译标志
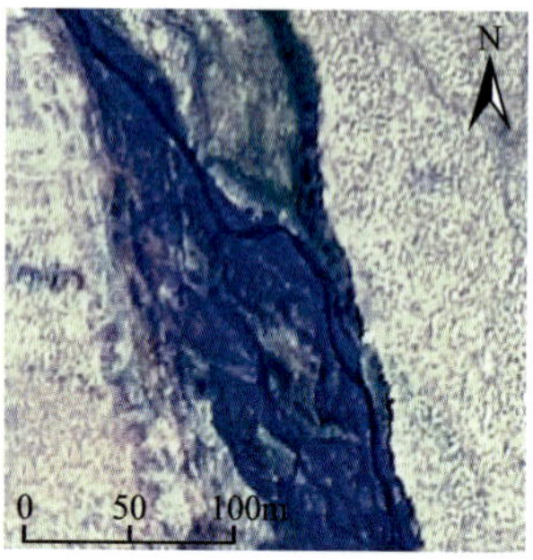	全新统冲积（Qh^{al}）	区内分布较少，沿区内河流及支沟呈带状或条带状分布，包括河谷中河床、河漫滩、低级阶地，表面多平坦，极易分辨
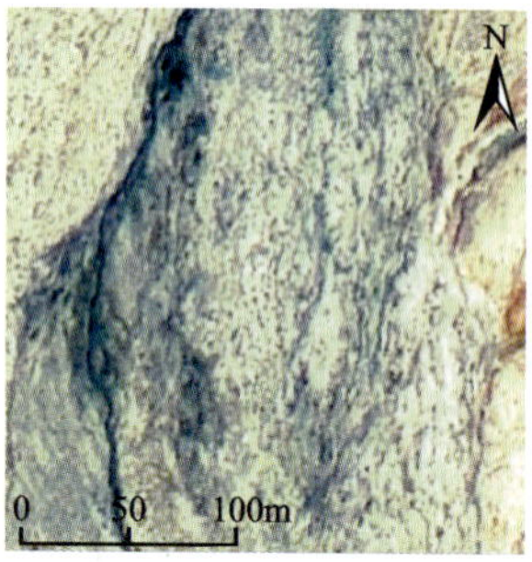	全新统冲洪积（Qh^{pal}）	影像上色调均匀，呈蓝灰色、灰白色、灰褐色等，表面平坦光滑，发育纤细的平行树枝状及扇状水系，边界清晰，沿山前盆地边缘及山间沟谷发育
	晚更新统冲洪积（Qp_3^{pal}）	影像上色调均匀，呈灰白色、蓝灰色等，表面平坦光滑，平行树枝状及扇状水系发育，主要分布于山前

续表 3-5-1

块状地质体影像	地质体岩性	遥感解译标志
	中更新统冰碛 (Qp_2^{gl})	分布于山前盆地边缘,呈丘状地形,影像上色调均匀,呈灰色、灰褐色等,表面平坦光滑,平行树枝状及扇状水系发育,边界清晰
	早更新统湖积—冲积 (Qp_1^{al-l})	分布于盆地边缘,较高位置,黄褐色、土黄色、浅蓝色色调,其上水系呈稀疏树枝状发育,影纹较粗糙
	古近系—新近系雅西措组砂岩、泥岩夹灰岩 (E_3N_1y)	灰褐色、蓝灰色带状或片状间杂;条块状图案;构成中低山;平行纹理发育,地层较清晰,褶皱发育,树枝状水系;表面较光滑
	下—中侏罗统羊曲组砂岩、页岩夹砾岩、煤线 ($J_{1-2}yq$)	中低山地貌,色调总体较亮;条块状或楔状图案;条带状纹形,平行纹理发育,地层较清晰;水系及末级冲沟不发育

续表 3-5-1

块状地质体影像	地质体岩性	遥感解译标志
	上三叠统八宝山组碎屑岩（T_3bb^2）	深色调，多呈红褐色、灰绿色；中低山地形；平行树枝状—羽毛状水系；条块状图案，末级冲沟发育，表面相对粗糙
	上三叠统八宝山组火山岩（T_3bb^1）	蓝绿色、浅褐色带状相间，条带状图案，山体破碎且较为低缓，冲沟密集，局部呈平行状分布，表面有粗糙感，羽状、稀疏树枝状、平行状水系发育
	下泥盆统雪水河组砾岩、流纹岩（D_1x）	灰白色、浅紫色色调，斑块状、条带状纹形，表面粗糙，平行纹理发育，地层较清晰，冲沟较发育，末级支沟平行排列，树枝状水系
	二叠系—石炭系浩特洛哇组砂岩、砾岩（C_2P_1h）	蓝灰色、黄褐色间杂，山体高大对称，构成中高山，冲沟发育，树枝状水系，有稀疏斑点分布，平行纹理发育

续表 3-5-1

块状地质体影像	地质体岩性	遥感解译标志
	中—新元古界万保沟群碳酸盐岩大理岩（$Pt_{2-3}W^b$）	色调总体较亮，以灰白色或浅蓝色为主，局部见浅褐色条带；条块状或楔状图案；疙瘩状、斑点状、条纹状纹形随机分布；水系及末级冲沟不发育
	上三叠统花岗闪长斑岩（$T_3\gamma\delta\pi$）	灰白色、浅蓝色或浅黄褐色、黄白色，中高山地貌，山脊明显多尖棱，树枝状水系，斑块状纹形，表面粗糙

（二）线性构造解译

研究区线性影像分布较密集，断裂较为发育，近东西向、北东向、北西向均有分布。断裂构造在影像上显示为不同纹形色调乃至不同地貌单元（如盆-山转换界面）、沟谷或者显示为陡崖地貌影像以及色带、线理叠加形成的条带。沿断线往往有山体错断、水系折转等地形变化反映的后期活动特征。其中，线性形迹清楚，水系、微地貌、植被影响明显，常构成不同色调和纹形区块的分界，控制了山体水系分布和盆、谷展布的线性影像都是断裂构造在影像上的反映。

本次研究解译出多条断裂构造，近东西向主干断裂发育较早，延伸稳定，多具张性、压扭性质，北东向、北西向断裂生成时代较晚，规模较小，常常错断早期近东西向断裂（图 3-5-3）。

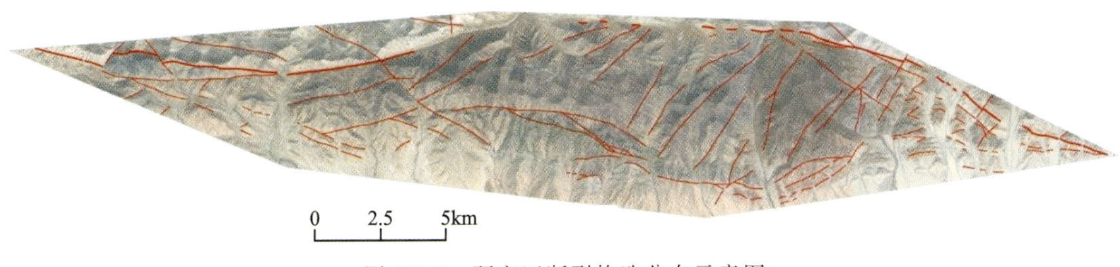

图 3-5-3　研究区断裂构造分布示意图

研究区北部发育一条近东西向区域性断裂，延伸长，宽度大，水系沿该断裂发育，为不同岩石单元的分界线（图 3-5-4）。其余方向断裂均延伸较短，规模较小，以北东向、北西向为主（图 3-5-5、图 3-5-6）。

图 3-5-4　研究区北部主断裂影像

图 3-5-5　北东向小断裂影像

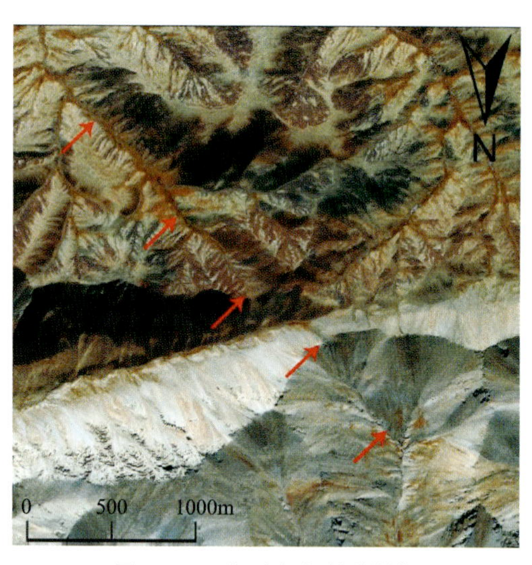

图 3-5-6　北西向小断裂影像

四、高光谱遥感蚀变矿物特征

（一）数据源选取

本次高光谱遥感蚀变矿物填图选择 ZY1-02D 卫星（资源一号 02D 卫星）高光谱数据作为主数据源，该卫星于 2019 年 9 月 12 日在我国太原卫星发射中心发射升空进入预定轨道，是我国自主建造并成功运行的首颗高光谱业务卫星，能有效获取大幅宽多光谱及高光谱数据，为国家自然资源资产管理和生态监理工作提供稳定的数据保障。资源一号 02D 卫星轨道高度为 778km，搭载的可见—短波红外高光谱相机可获取幅宽 60km，空间分辨率为 30m 的高光谱数据（ZY1-02D-AHSI），具体技术指标见表 3-5-2。

表 3-5-2　资源一号 02D 卫星可见—短波红外高光谱传感器技术指标

项目		参数
高光谱相机	轨道类型	太阳同步轨道
	轨道高度	778km
	光谱范围	0.4～2.5μm， 共 166 个波段
	空间分辨率	30m
	光谱分辨率	可见—近红外：10nm，76 个波段
		可见—近红外：20nm，90 个波段
	幅宽	60km

（二）高光谱蚀变矿物特征

根据高光谱遥感蚀变矿物填图技术流程，高光谱遥感原始影像通过坏波段消除、辐射定标、辐射校正、大气校正等一系列预处理和光谱重建工作，获得了一幅地物真实反射率影像，利用掩膜技术，消除了植被、水体、阴影及第四纪堆积物等因素影响。通过高光谱蚀变矿物识别和匹配技术，在研究区内提取了褐铁矿、针铁矿、黄钾铁矾、Fe-绿泥石、Mg-绿泥石、短波绢云母、高岭石、方解石等 8 种矿物，其中褐铁矿、绿泥石、短波绢云母分布范围最广，而其他矿物空间分布相对有限（图 3-5-7），结合其地质背景进行如下描述。

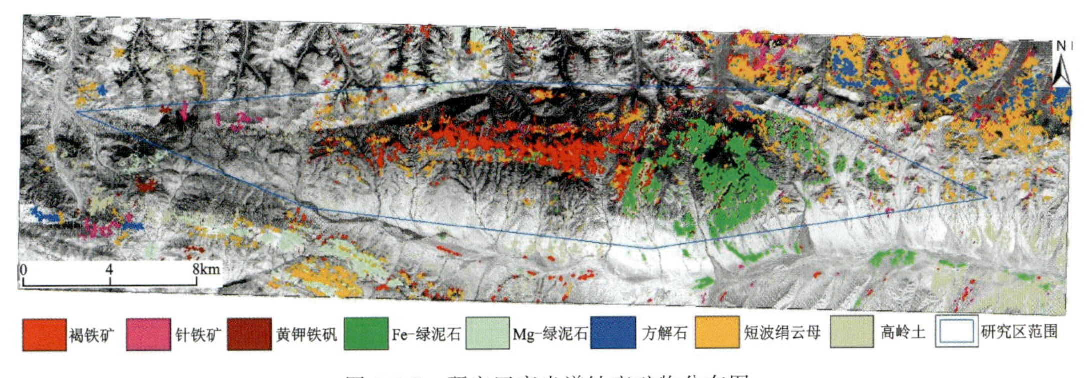

图 3-5-7　研究区高光谱蚀变矿物分布图

褐铁矿主要出露于中部，沿八宝山组火山碎屑岩呈近东西向分布，由中部向西部有逐渐尖灭趋势，伴生有短波绢云母，沿八宝山组火山碎屑岩呈近东西向展布，绿泥石可细分为 Mg-绿泥石和 Fe-绿泥石。Mg-绿泥石主要分布于研究区外围西南侧，呈北西西向展布，与马尔争组碎屑岩空间展布一致。Fe-绿泥石在研究区内主要集中于 2 处：一处位于研究区南部，总体呈环形面状分布，位于八宝山组的 1 段和 2 段中，该地层中发育大量的花岗伟晶岩脉和超基性岩脉；另一处处于研究区的东北部，海德可特附近，呈北北西—南东向展布，与区内发现的铀矿化带展布方向一致。

黄钾铁矾、短波绢云母、针铁矿三者相伴生，沿八宝山组火山碎屑岩呈近东西向分布，东南部短波绢云母主要沿下—中侏罗统羊曲组分布，方解石出露于工区的北东部，位于万保沟群中，呈长条状、带状，总体呈北西-南东向。高岭石主要分布于工区外围的南部和东南部，呈不规则面状分布。

第四章　典型铀矿床(点)特征

21世纪以来,东昆仑地区铀矿找矿工作得到持续加强,发现了海德乌拉中型铀矿床、洪水河小型铀矿床及黑山铀矿点等铀矿床(点)。从成矿类型来看,海德乌拉铀矿床、洪水河铀矿床为火山岩型铀矿代表,黑山铀矿点为花岗岩型铀矿代表。

第一节　海德乌拉铀矿床

一、区域地质背景

海德乌拉铀矿床(图4-1-1)大地构造位置位于康西瓦-修沟-磨子潭地壳对接带—昆南俯冲增生杂岩带—纳赤台蛇绿混杂岩带,成矿区带划属东昆仑Ni-Au-Fe-Pb-Zn-Cu-Ag-W-Sn-Co-Bi-Hg-Mn-玉石-萤石-硅灰石-页岩气-重晶石-大理岩-石灰岩-石墨-硫铁矿成矿带(青海段)之东昆仑南部Cu-Au-Co-Ni-V-Mn-Fe-页岩气-硫铁矿-石墨-大理岩-矿泉水成矿亚带。区域上主要出露元古宙中深变质岩系,石炭纪陆相碎屑岩夹火山岩,三叠纪中酸性火山碎屑岩,侏罗纪河湖相砾岩、砂岩,第四纪冲洪积物等;构造以北西西向断裂及韧性剪切带为主;岩浆活动强烈,主要出露海西期及印支期二长花岗岩、钾长花岗岩等。火山岩主要出露中元古代万保沟群火山岩和晚三叠世八宝山组火山岩。

二、矿区地质特征

1. 地层

矿区内出露地层有中元古代万保沟群青办食宿站组中基性火山岩夹镁质碳酸盐岩,晚三叠世八宝山组陆相火山岩及碎屑岩,侏罗纪羊曲组复成分砾岩夹砂岩,古近纪—新近纪干柴沟组碎屑岩及第四纪地层,其中主要含矿地层为晚三叠世八宝山组火山岩段。

2. 构造

本区与成矿有关的构造可划分为3期。

第一期:北西西向断裂构造规模相对较大,与区域构造线方向一致,自西向东穿过XIV号、II号、I号、III号、XIII号、VII号、VIII号铀矿化带,为区内主要的导矿构造。形成时代为晚三叠世。

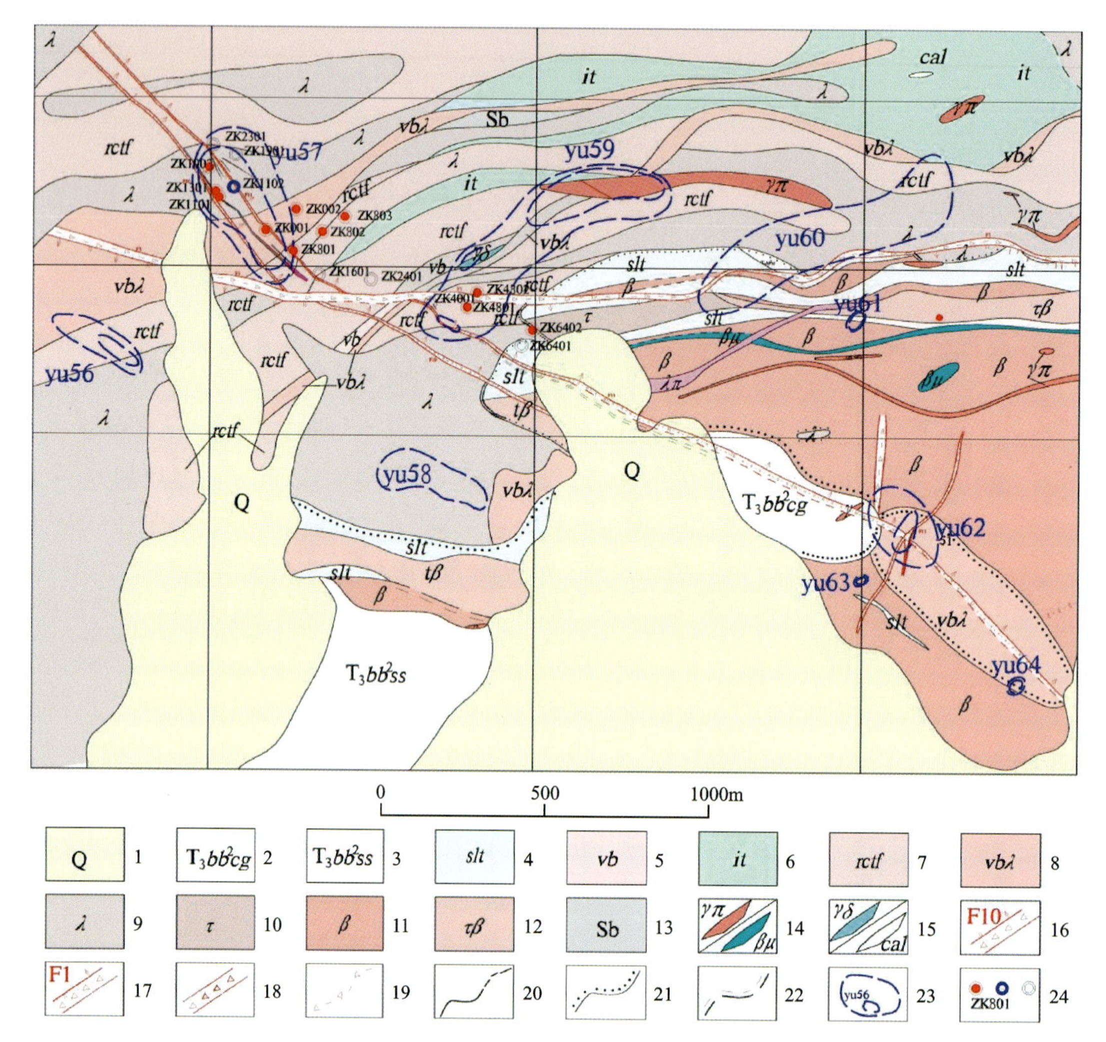

1. 风成黄砂、洪冲积、残坡积；2. 砂砾岩段砾岩；3. 砂砾岩段长石石英砂岩夹薄层粉砂岩；4. 火山岩段粉砂岩；5. 火山岩段火山角砾(熔)岩；6. 火山岩段熔结晶屑凝灰岩；7. 火山岩段流纹质晶屑凝灰岩；8. 火山岩段含火山弹豆状流纹岩；9. 火山岩段(球粒)流纹岩；10. 火山岩段粗面岩；11. 火山岩段(杏仁状)玄武岩；12. 火山岩段粗面玄武岩；13. 火山岩段隐爆角砾岩；14. 花岗斑岩脉/辉绿岩脉；15. 花岗闪长岩脉/碳酸盐岩脉；16. 实测、推测正断层及编号；17. 实测、推测逆断层及编号；18. 实测性质不明断层及其编号；19. 密集裂隙(带)；20. 实测、推测整合地质界线；21. 实测、推测角度不整合界线；22. 实测、推测平行不整合地质界线；23. 1∶1万伽马能谱铀异常晕及编号；24. 见矿/矿化/未见矿钻孔位置及编号。

图 4-1-1　海德乌拉铀矿床野马沟地区地质略图

第二期：主成矿期构造，为北西西向断裂构造派生次级断裂，构造走向北西或北东，局部二者相交，构造裂隙中充填形成形状不规则的石英脉、萤石脉，脉中发育黄铁矿化。其中，东部海德乌拉地区北东向次级断裂构造，切穿中基性玄武岩、粗面岩，控制着本区Ⅰ号、Ⅱ号、Ⅲ号、Ⅸ号、Ⅹ号、Ⅺ号、ⅩⅢ号等铀矿(化)带的空间分布。西部野马沟地区北西向次级断裂构造控制ⅩⅣ号铀矿化带的空间分布，圈出的铀矿(化)体基本分布在断裂构造及其附近。

第三期：成矿期后构造，主要为近南北向、近东西向断裂，零星出露，使早期形成的韧性剪切带、矿化蚀变带发生错断，地貌上多形成构造垭口负地形，沟谷较笔直，岩石以脆性碎裂特征为主，矿化蚀变不发育。形成时代为晚三叠世或者更晚。

3. 岩浆岩

矿区侵入岩主要为晚三叠世的花岗斑岩，呈两个侵入体出露于研究区中、西部，呈不规则状，展布明显受区域断裂构造的控制，侵入晚三叠世八宝山组中。

矿区出露的喷出岩为八宝山组火山岩，岩石类型组合较复杂，主要分布有爆发相集块熔岩、火山角砾岩、含火山弹豆状流纹岩、熔结凝灰岩、流纹质晶屑凝灰岩，喷溢相粗面岩、粗面质玄武岩、(杏仁状)玄武岩，溢流相(球粒)流纹岩，次火山岩相花岗斑岩，沉积相复成分砾岩、砾岩、细砂岩、粉砂岩。矿区铀矿化与流纹质晶屑凝灰岩、(含火山弹豆状)流纹岩关系密切，岩石中紫黑色萤石化、赤铁矿化蚀变强烈。

4. 脉岩

矿区内脉岩较发育，出露有花岗斑岩、流纹斑岩、辉绿岩、闪长玢岩等，呈近东西向、北西向展布，长100～2088m，脉宽5～70m，与围岩呈侵入接触关系，对早期形成的火山岩地层产生了一定程度的破坏。脉岩中偶见高岭土化、硅化、褐铁矿化。

三、矿床地质特征

(一)矿化带特征

海德乌拉铀矿区通过对地面伽马能谱铀异常的查证，共圈定铀矿化带15条(表4-1-1)。其中，Ⅰ号～ⅩⅢ号矿化带分布于海德乌拉东部地区中基性玄武岩、粗面岩中，ⅩⅣ号、ⅩⅤ号矿化带分布于海德乌拉西部野马沟—火焰沟一带酸性流纹岩、凝灰岩中。铀矿化带长100～2950m不等，最宽达640m，主要受北西向断裂构造或北东向、近南北向密集裂隙带控制，各铀矿化带特征简述如下。

表4-1-1　海德乌拉矿区铀矿化带特征简表

矿化带编号	出露岩性	延伸方向	规模/m		矿体	矿化体	矿化及蚀变类型						
			长	宽			赤铁矿化	萤石化	碳酸盐化	硅化	黄铁矿化	孔雀石化	黄铜矿化
Ⅰ	粗面岩、玄武岩	北东向	240	10～100	7	2	强	中	中			微	
Ⅱ	粗面岩、玄武岩	北东向	1300	390～640	15	7	强	强	强	强	中	弱	弱
Ⅲ	粗面岩	北东向	550	100	2	1	强	弱	中				
Ⅳ	流纹岩、花岗斑岩	北东东向	175	10～40	1	3	强	中		强	强		

续表 4-1-1

矿化带编号	出露岩性	延伸方向	规模/m		矿体	矿化体	矿化及蚀变类型						
			长	宽			赤铁矿化	萤石化	碳酸盐化	硅化	黄铁矿化	孔雀石化	黄铜矿化
Ⅴ	流纹岩	北东向	100	8	1		强				弱		
Ⅵ	流纹岩	北东向	100	10		1	强					弱	弱
Ⅶ	粗面岩、玄武岩	北北东向	240	3～14	1		强	强	中			弱	弱
Ⅷ	玄武岩	北北西向	750	16～45	3	3	强	弱	中			弱	弱
Ⅸ	玄武岩	北东向	150	18	1		强	中	弱				
Ⅹ	玄武岩	北东向	130	20		1	强	中	中			弱	弱
Ⅺ	玄武岩	北西向	720	38	2		强			中			
Ⅻ	沉凝灰岩	北西向	350	20～50	1	5	中		中				
XIII	玄武岩	北东向	420	98	4		强	中	弱	中			
XIV	流纹岩、凝灰岩	北西向	2950	43～184	14	21	强	强		强			
XV	流纹岩、玄武岩	北北东向	580	18～160	1	4	中	强					

1. Ⅰ号铀矿化带

该铀矿化带长约 240m、宽 10～100m，主要出露晚三叠世八宝山组火山岩段粗面岩、(杏仁状)玄武岩及粉砂岩夹层，带内主构造走向为北西西向、南倾，次级构造走向为北北东向、北西倾。构造带内岩石较破碎，热液蚀变主要为赤铁矿化、碳酸盐化、紫色萤石化。铀矿化受北东向次级构造破碎带控制，矿化带内 eU 含量一般在$(8\sim29)\times10^{-6}$之间，最高为 $5\ 356.2\times10^{-6}$。

2. Ⅱ号铀矿化带

该铀矿化带长约 1300m、宽 390～640m，主要出露晚三叠世八宝山组火山岩段粗面岩、(杏仁状)玄武岩、粗面质火山角砾岩及粉砂岩夹层，地表见有晚期花岗斑岩脉侵入，带内主构造走向为北西西向、南倾(图 4-1-2)。该主断裂带位于Ⅱ号带北东端，构造带宽 20～50m，为张扭性断裂带，构造带内岩石破碎，以褐铁矿化、泥化蚀变为主；次级构造走向为北东向、北西倾，单条构造宽 0.5～4m，表现为成群、成组断续出现的构造破碎带、密集裂隙带，地表多见火山角砾岩及构造角砾岩，热液蚀变主要为赤铁矿化、紫黑色萤石化、碳酸盐化、硅化，少量金属矿化为黄铁矿化、黄铜矿化、铅锌矿化、孔雀石化。铀矿化带受北东向次级构造裂隙带控制，矿化带内 eU 含量一般在$(11\sim33)\times10^{-6}$之间，最高为 5883×10^{-6}(图 4-1-3)。

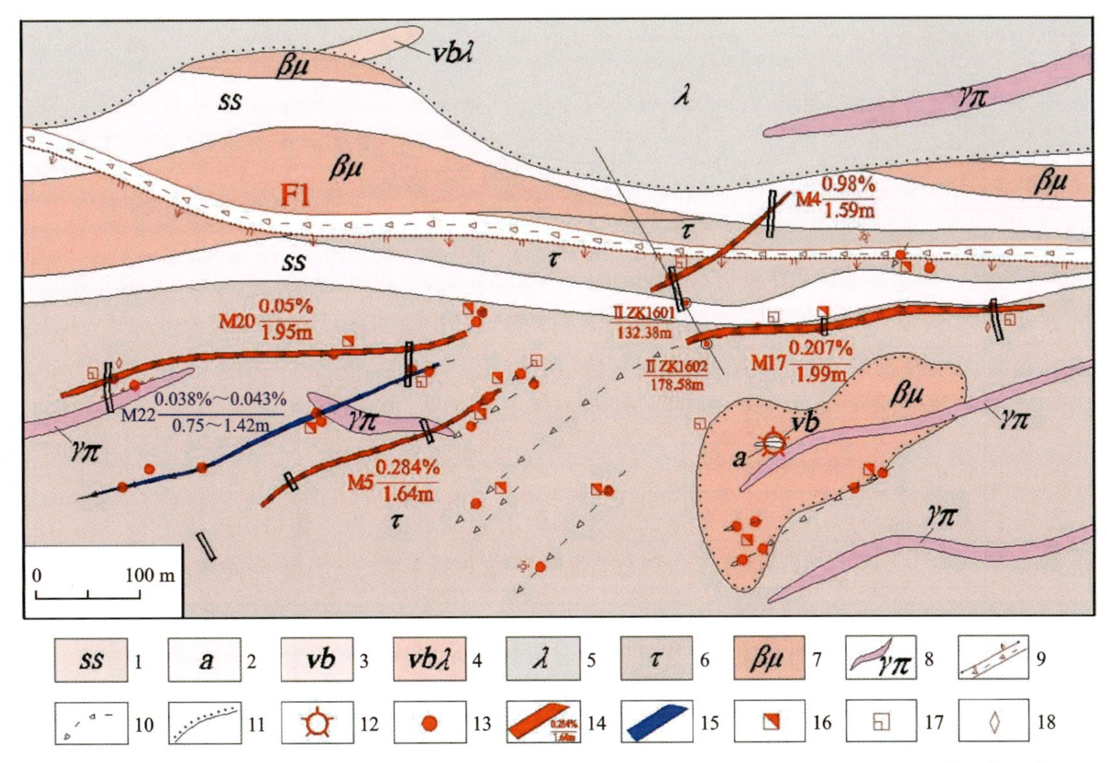

1.粉砂岩;2.集块熔岩;3.火山角砾岩;4.含火山弹流纹岩;5.球粒流纹岩;6.粗面岩;7.辉绿岩;8.花岗斑岩;9.断裂带;10.密集裂隙带;11.角度不整合;12.火山口;13.铀异常点;14.铀矿体;15.铀矿化体;16.赤铁矿化;17.紫黑色萤石化;18.碳酸盐化。

图 4-1-2 海德乌拉铀矿区Ⅱ号矿化带(北东段)矿体平面分布示意图

3. Ⅲ号铀矿化带

该铀矿化带长约550m,宽约100m,主要出露晚三叠世八宝山组火山岩段粗面岩、(杏仁状)玄武岩及粉砂岩夹层,地表见有晚期花岗斑岩脉侵入,带内主构造走向为北西西向,南倾,构造带宽20~100m,为张扭性断裂带,构造带内岩石破碎,以褐铁矿化蚀变为主;次级构造(密集裂隙带)走向为北东向,北西倾。矿带中部粗面岩中发育北东向裂隙带,岩石赤铁矿化蚀变强烈,具铀矿化。铀矿化带受北东向次级裂隙带控制,矿化带内eU含量一般在$(9\sim20)\times10^{-6}$之间,最高为250.1×10^{-6}。

4. Ⅳ号铀矿化带

该铀矿化带长约175m、宽10~40m,主要出露晚三叠世八宝山组火山岩段流纹岩、粗面岩及粉砂岩夹层,带内流纹岩中发育次级构造(密集裂隙带),走向为北东向、北西倾,岩石赤铁矿化、硅化蚀变强烈,具铀矿化。矿化带内eU含量一般在$(15\sim50)\times10^{-6}$之间,最高为242.3×10^{-6}。

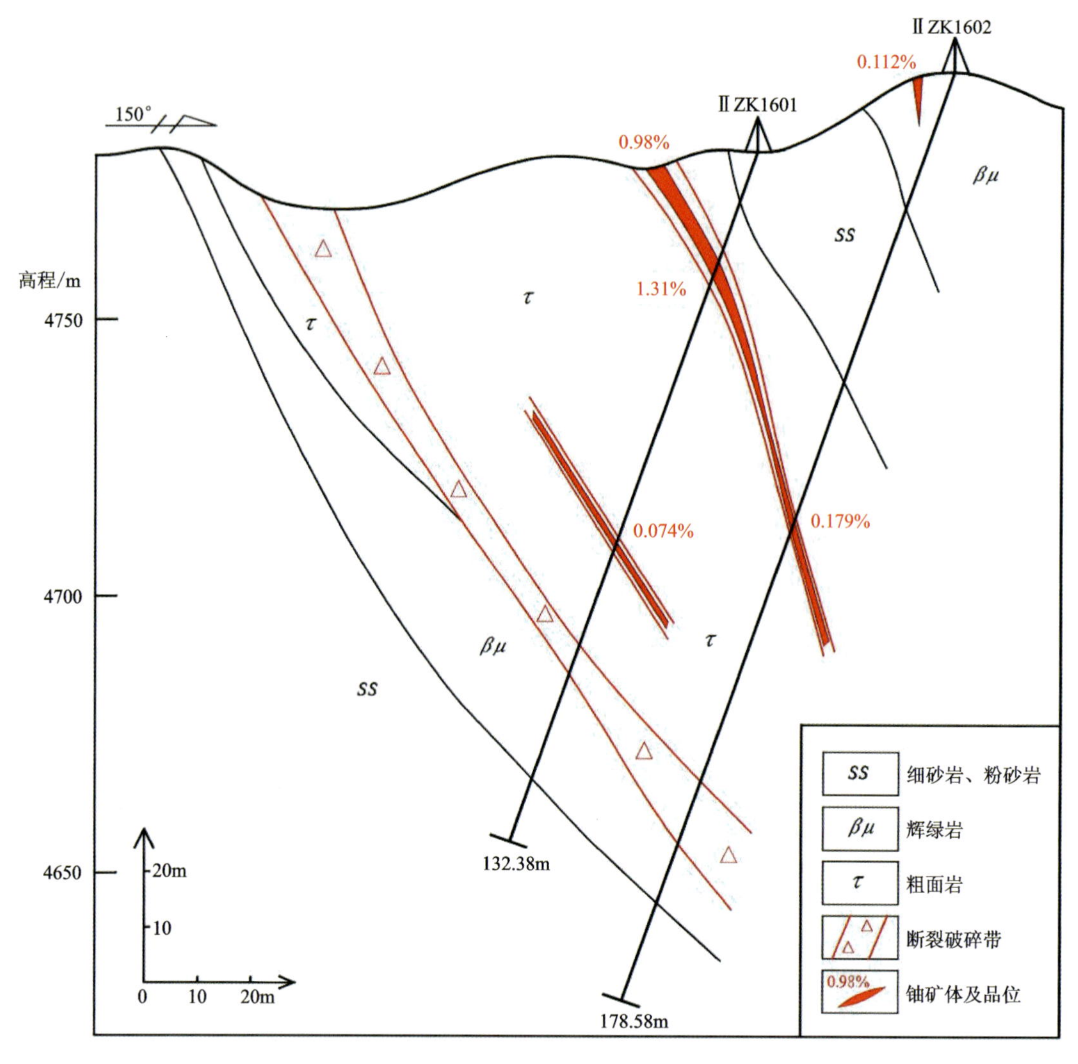

图 4-1-3　海德乌拉铀矿区Ⅱ号矿化带 16 号勘探线剖面示意图

5. Ⅴ号铀矿化带

该铀矿化带长约 100m、宽约 8m，主要出露晚三叠世八宝山组火山岩段(杏仁状)玄武岩、流纹岩及粉砂岩夹层，带内主构造走向为北西西向，南倾，铀矿化带受流纹岩中发育的北东向裂隙带控制，岩石赤铁矿化蚀变强烈，具铀矿化。矿化带内 eU 含量一般在$(20\sim85)\times10^{-6}$之间，最高为 119.7×10^{-6}。

6. Ⅵ号铀矿化带

该铀矿化带长约 100m，宽约 10m，主要出露晚三叠世八宝山组火山岩段(杏仁状)玄武岩、流纹岩及粉砂岩夹层，带内主构造走向为北西西向，南倾，铀矿化带受流纹岩中发育的北东向裂隙带控制，岩石赤铁矿化蚀变强烈，具铀矿化。矿化带内 eU 含量一般在(10～35)×

10^{-6}之间,最高为178.2×10^{-6}。

7. Ⅶ号铀矿化带

该铀矿化带长约240m,宽3～14m,主要出露晚三叠世八宝山组火山岩段(杏仁状)玄武岩及粉砂岩夹层,带内主构造走向为北西向、南倾,构造带宽约35m,为压扭性断裂带,构造带内岩石破碎,以褐铁矿化、泥化蚀变为主;次级构造(密集裂隙带)走向为北北东向、西倾,铀矿化带受玄武岩中发育的北北东向次级裂隙带控制,岩石赤铁矿化蚀变强烈,具铀矿化。矿化带内eU含量一般在(15～60)×10^{-6}之间,最高为12 378.4×10^{-6}。

8. Ⅷ号铀矿化带

该铀矿化带长约750m,宽16～45m,主要出露晚三叠世八宝山组火山岩段(杏仁状)玄武岩及粉砂岩夹层,带内发育走向北北西、西倾的次级构造破碎带及密集裂隙带,具铀矿化,热液蚀变主要为赤铁矿化、碳酸盐化及紫黑色萤石化。矿化带内eU含量一般在(15～70)×10^{-6}之间,最高为1 177.9×10^{-6}。

9. Ⅸ号铀矿化带

该铀矿化带长约150m,宽约18m,主要出露晚三叠世八宝山组火山岩段(杏仁状)玄武岩,带内发育走向北东东、倾向北西的次级构造破碎带,具铀矿化,热液蚀变主要为赤铁矿化、紫黑色萤石化及碳酸盐化。矿化带内eU含量一般在(15～90)×10^{-6}之间,最高为714.5×10^{-6}。

10. Ⅹ号铀矿化带

该铀矿化带长约130m、宽约20m,主要出露晚三叠世八宝山组火山岩段(杏仁状)玄武岩、流纹岩,带内构造(密集裂隙带)走向为北东向,北西倾。铀矿化带受玄武岩中发育的北东向裂隙带控制,岩石赤铁矿化、碳酸盐化蚀变强烈,具铀矿化。矿化带内eU含量一般在(11～100)×10^{-6}之间,最高为240.1×10^{-6}。

11. Ⅺ号铀矿化带

该铀矿化带长约720m、宽约38m,由3条北西向次级裂隙带组成,主要出露晚三叠世八宝山组火山岩段(杏仁状)玄武岩,带内发育北北西向走向、南西倾向的构造带。铀矿化带受玄武岩中北西向裂隙带控制,带内岩石赤铁矿化蚀变强烈,具铀矿化,eU含量一般在(15～100)×10^{-6}之间,最高为311.9×10^{-6}。

12. Ⅻ号铀矿化带

该铀矿化带长约350m,宽20～50m,主要出露中元古代万保沟群沉凝灰岩及粉砂岩夹层,带内发育走向北西—北北西、倾向北东的构造破碎带,具铀矿化,热液蚀变主要为赤铁矿化、高岭土化。矿化带内eU含量一般在(15～200)×10^{-6}之间,最高为422.9×10^{-6}。

13. XIII号铀矿化带

该铀矿化带地表出露长420m、宽98m，走向两端被第四系覆盖，倾向上由5条构造破碎带及4条次级裂隙带组成，产状为310°～324°∠59°～71°，铀矿化带受北东向次级构造破碎带控制，铀矿化岩性为构造角砾岩、蚀变玄武岩，热液蚀变主要为赤铁矿化、紫黑色萤石化，矿化带内eU含量为(50～1340)$\times10^{-6}$，最高为14 958.5$\times10^{-6}$。

14. XIV号铀矿化带

该铀矿化带为海德乌拉铀矿区内的主铀矿化带，长2950m，宽43～184m，带内出露岩性为构造角砾岩、流纹岩、含火山弹豆状流纹岩、流纹质晶屑凝灰岩等，受北西向断裂构造带控制，断裂带倾向北东，带内岩石以绿泥石化、绿帘石化蚀变为主，赋矿岩石多具强赤铁矿化、紫黑色萤石化、硅化等。矿化带内eU含量均值为(96～315)$\times10^{-6}$，最高为1742$\times10^{-6}$。

15. XV号铀矿化带

该铀矿化带长约580m，宽18～160m，走向北北东，倾向北西西，带内出露岩性为含火山弹豆状流纹岩及玄武岩，具萤石化、绿帘石化，局部见少量孔雀石化等，铀矿化带受北北东向次级断裂控制，矿化带内eU含量一般为(12～150)$\times10^{-6}$，最高达674$\times10^{-6}$。

(二)矿(化)体特征

海德乌拉铀矿区15条铀矿化带内累计圈定铀矿(化)体100多条，一般长24～100m，规模较大的矿体走向延长128.2～450m(图4-1-4)，倾向延深最大约400m，厚0.7～6.18m，品位为0.034%～1.786%，单样最高品位为8.7%。区内铀矿体形态复杂，多呈透镜状、细脉状，受密集裂隙带控制；少数主矿体为板状、似层状，受断裂构造控制(图4-1-5)。含矿岩性以构造角砾岩、碎裂岩化流纹岩、晶屑凝灰岩、粗面岩及玄武岩为主，与铀矿化密切相关的热液蚀变主要为赤铁矿化、紫黑色萤石化、碳酸盐化及黄铁矿化。

(三)铀矿石特征

海德乌拉铀矿区铀矿石中原生铀矿物以沥青铀矿为主，次生铀矿物主要为硅钙铀矿、钙铀云母、铜铀云母(图4-1-6)；与铀矿化伴生的少量金属矿物为赤铁矿、黄铁矿、黄铜矿、方铅矿、闪锌矿。沥青铀矿在光片中肉眼可见(图4-1-7)，呈黑色微细脉状(0.2～7mm)、团块状充填在岩石裂隙中，镜下呈显微、超显微明亮的细脉状、葡萄球状(图4-1-8)、海胆状(图4-1-9)及粒状围绕黄铁矿呈胶状分布(图4-1-10)。脉石矿物主要为萤石、方解石和石英等，呈半自形晶粒状及胶状结构，微细浸染状、网脉状及角砾状构造，赋矿岩石主要为火山岩，岩石中多见斑晶。区内以原生铀矿石为主，金属矿物的生成顺序为赤铁矿→黄铁矿→黄铜矿、方铅矿、闪锌矿。

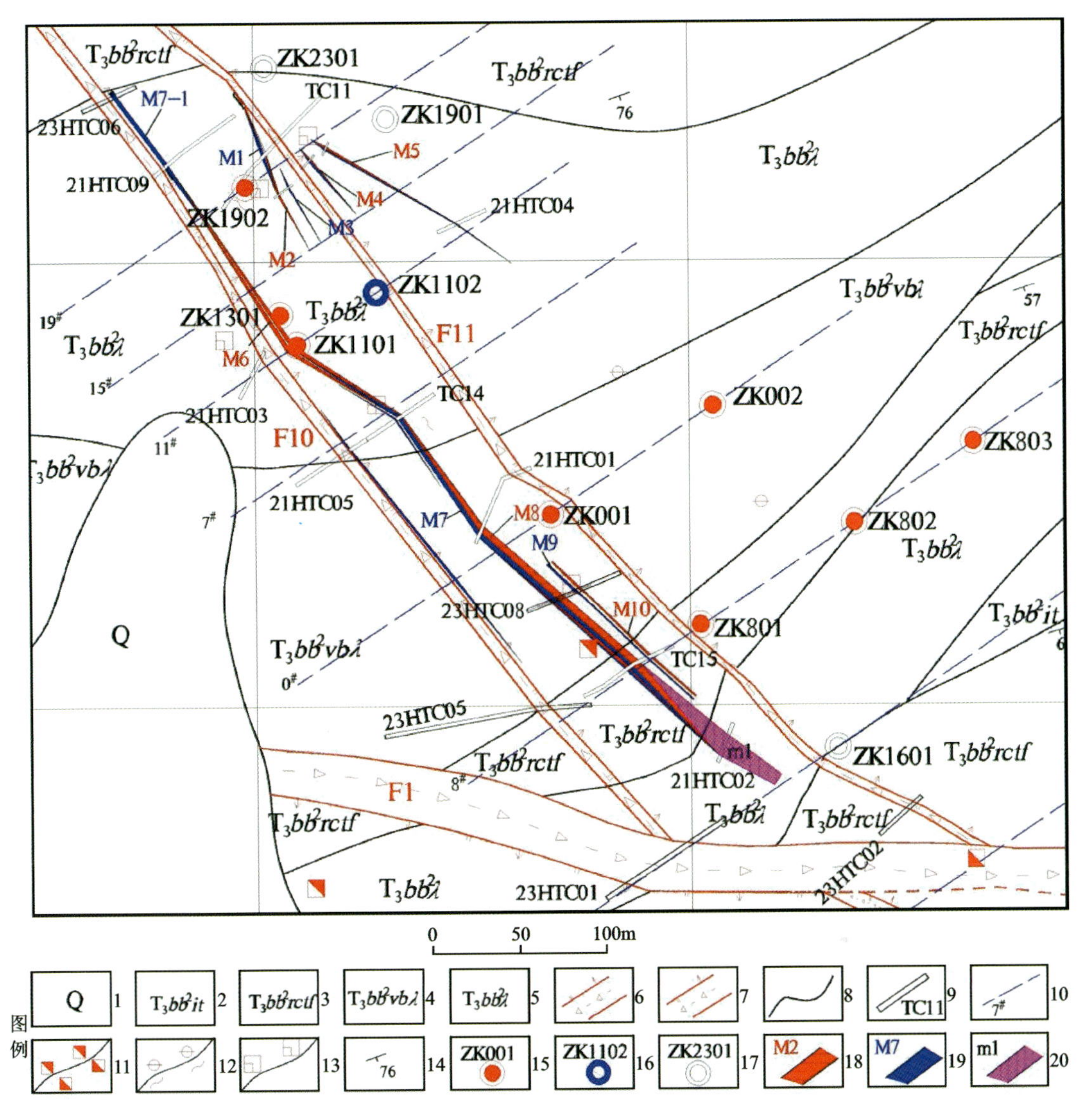

1. 风成黄砂、洪冲积、残坡积；2. 熔结晶屑凝灰岩；3. 流纹质晶屑凝灰岩；4. 含火山弹豆状流纹岩；5.（球粒）流纹岩；6. 实测、推测正断层及编号；7. 实测、推测逆断层及编号；8. 实测地质界线；9. 探槽；10. 勘探线；11. 赤铁矿化/褐铁矿化；12. 绿帘石化/绿泥石化；13. 萤石；14. 产状/(°)；15. 见矿钻孔位置及编号；16. 矿化钻孔位置及编号；17. 未见矿钻孔位置及编号；18. 铀矿体及编号；19. 铀矿化体及编号；20. 萤石矿体及编号。

图 4-1-4　海德乌拉矿床 XIV 号铀矿化带北段矿体平面图

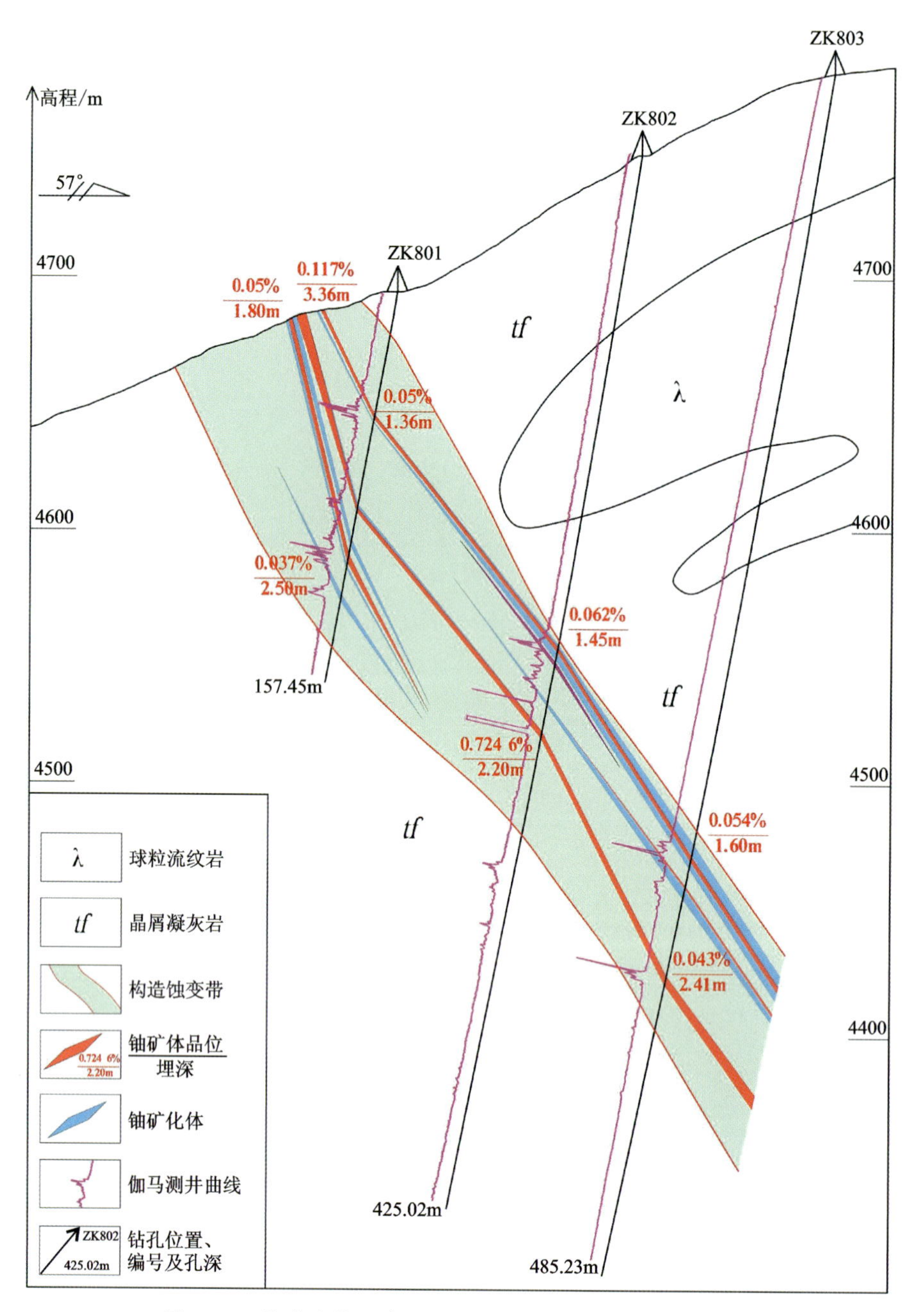

图 4-1-5　海德乌拉矿床XIV号铀矿化带 8 号勘探线剖面图

图 4-1-6　硅钙铀矿、铜铀云母

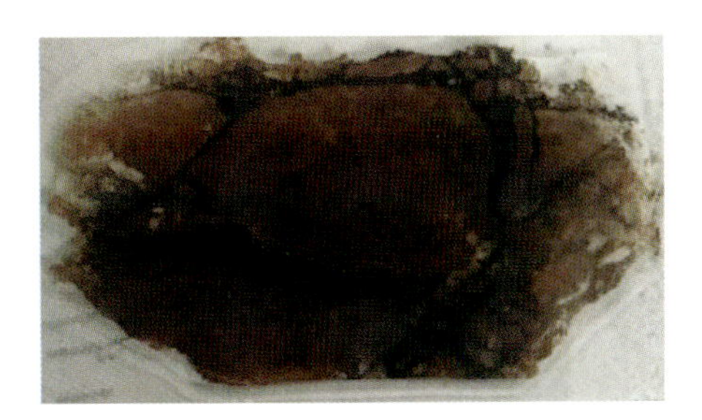

图 4-1-7　细脉状沥青铀矿

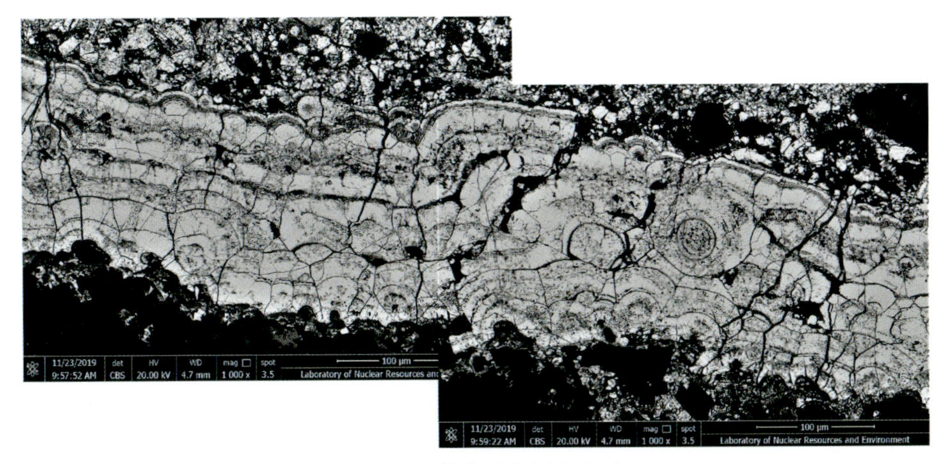

图 4-1-8　葡萄球状沥青铀矿

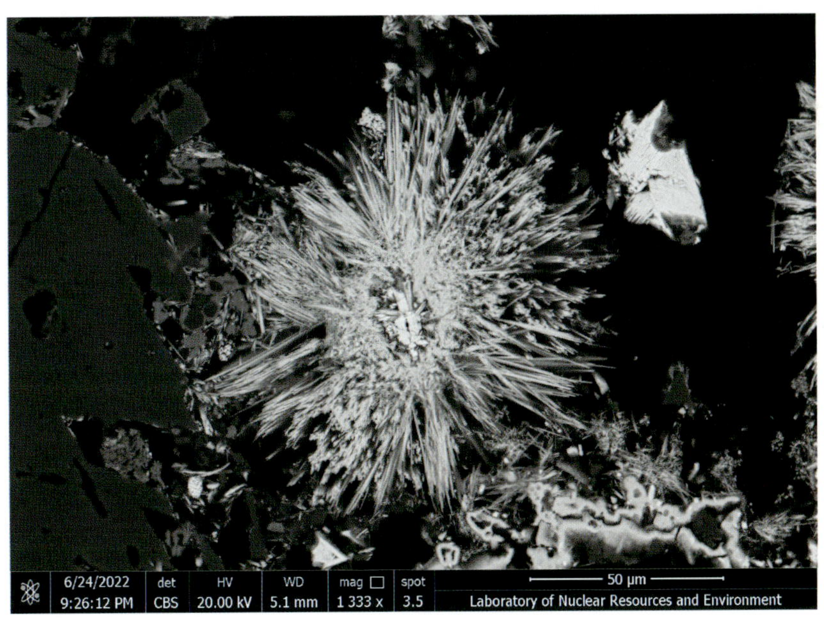

图 4-1-9　海胆状沥青铀矿

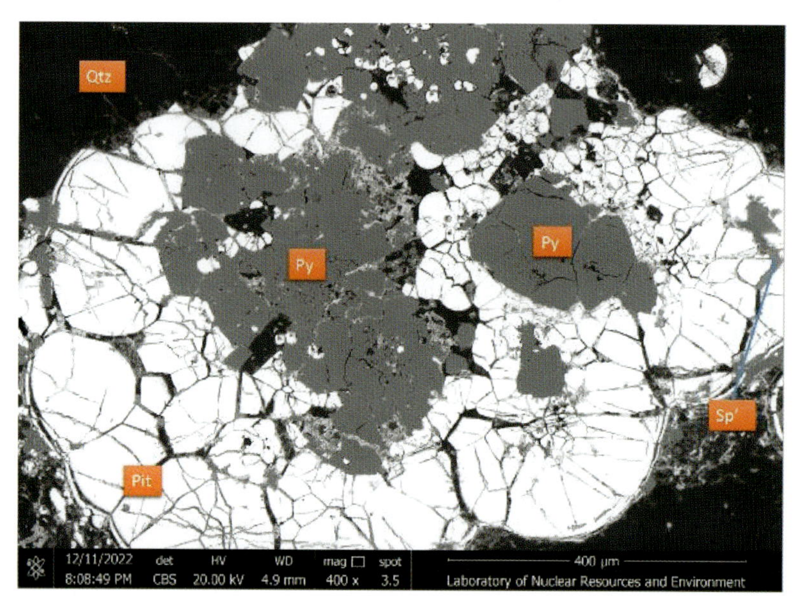

Qtz. 石英;Py. 黄铁矿;Pit. 沥青铀矿。

图 4-1-10 沥青铀矿围绕黄铁矿呈胶状分布

矿区内主要的矿石矿物特征如下。

(1)沥青铀矿:黑色、钢灰色,呈隐晶质,沥青光泽,不透明,无解理,以球粒状、葡萄状、胶状、细小粒状、脉状产在粗面岩、玄武岩及流纹岩、凝灰岩岩石裂隙和黄铁矿裂隙中。

(2)硅钙铀矿:呈鲜黄色,放射状结构,粉末状、鳞片状、被膜状构造,发育于铀矿石裂隙面中。紫外光照射下具有明显的黄绿色荧光反应,具强放射性。

矿区内铀矿石中常见的金属矿物以褐铁矿为主,赤铁矿、磁铁矿、黄铁矿、黄铜矿及方铅矿、闪锌矿微量,多呈浸染状、粉末状充填在矿石裂隙中,尤其是黄铁矿与铀矿化关系较密切。部分金属矿物特征如下。

(1)赤铁矿:为半自形晶粒状,灰棕色,均质体,单体粒径多在 0.1mm 以下,零星分布,见褐铁矿交代磁铁矿呈交代残余结构,交代假象结构;还见微量的胶状褐铁矿集合体充填分布在矿石的裂隙中或者矿物的解理缝中,褐铁矿光性微弱,粒径多在 0.1mm 以下,集合体粒径略大,呈星点状不均匀零星分布。

(2)黄铁矿:自形、半自形粒状,淡黄白色,单体粒径多在 0.3mm 以下,少量粒径在 0.3~1.5mm 之间,其内裂纹发育,多呈单体状不均匀零星出现。

(3)闪锌矿:含量较少,均为他形粒状,闪锌矿多与黄铜矿、磁铁矿共边连生,可见沿黄铁矿粒间穿插的现象,一般粒径为 0.06~0.4mm,多充填于黄铁矿粒间,部分充填于脉石矿物粒间。

(四)铀矿石结构及构造

矿石结构:主要呈碎裂状及角砾状结构。

矿石构造:主要呈微细浸染状、网脉状及角砾状构造,微细浸染状及角砾状矿石为主要的矿石构造类型。赋矿岩石主要为中酸性火山岩,岩石中多见斑晶。沥青铀矿呈微(细)脉状充填于岩石裂隙中,或围绕黄铁矿呈胶状分布;次生铀矿物多以鳞片状或被膜状分布于岩石裂隙中。

（五）铀矿石类型

矿石自然类型:氧化矿石—地表赋矿岩石局部裂隙面可见钙铀云母、硅钙铀矿、铜铀云母等次生铀矿物,矿石呈浅灰色。钻孔揭露到的原生矿石(隐爆角砾岩型矿石)肉眼及镜下均可见沥青铀矿细脉,矿石呈黑色、猪肝色。

矿石工业类型:根据矿石物质组分、化学成分、含矿围岩等初步确定海德乌拉矿区铀矿石工业类型为铀-赤铁矿型及铀-金属硫化物型。根据地表调查结果,海德乌拉矿区铀矿石工业类型以铀-赤铁矿型最为普遍,铀-金属硫化物型矿石常叠加在铀-赤铁矿型矿石之上,形成品位较高的复合铀矿石。

（六）围岩蚀变类型

海德乌拉铀矿床热液蚀变分为矿前期蚀变、成矿期蚀变及矿后期蚀变。

矿前期蚀变主要为硅化、碳酸盐化,硅化主要表现为在早期北西向构造破碎带中多见灰白色石英细脉或网脉状胶结角砾岩,碳酸盐化主要表现为在粉砂岩层间及裂隙面上多见白色方解石细脉。

成矿期蚀变以赤铁矿化、紫黑色萤石化最为发育,其次为碳酸盐化、黄铁矿化、硅化。

(1)赤铁矿化:其分布范围与铀矿化范围基本吻合,赤铁矿化呈分散状态分布于岩石裂隙或矿物解理纹中,赤铁矿化蚀变发育程度与裂隙发育程度关系密切。早期赤铁矿化在岩矿石中分布较均匀,伴随有浸染状沥青铀矿;晚期赤铁矿化沿岩石裂隙分布,伴随细脉状、微脉状及网脉状沥青铀矿化。总之,赤铁矿化越强,铀矿石品位越高。

(2)萤石化:以紫黑色粒状微晶形式产出,多呈细脉状、网脉状及团块状,表现为紫黑色萤石网脉胶结早期赤铁矿化铀矿石角砾。紫黑色萤石化越强,铀矿化品位越高。

(3)碳酸盐化:桃红色,多呈细脉状、团块状,表现为桃红色网脉胶结早期赤铁矿化铀矿石角砾。

(4)黄铁矿化:分布相对较局限,多见于Ⅱ号铀矿化带,呈微细浸染状分布,多与早期赤铁矿化铀矿石镶嵌产出,黄铁矿化越强,铀矿石品位越高。

(5)硅化:分布相对较局限,多见于Ⅱ号铀矿化带,以隐晶质胶状玉髓或微细脉状形式产出,穿插到早期赤铁矿化铀矿石裂隙中。

矿后期蚀变主要为紫色萤石化、碳酸盐化,紫色萤石化多呈浸染状分布于酸性流纹岩及凝灰岩中,分布范围较广,与铀矿化关系不大;碳酸盐化主要表现为充填于(杏仁状)玄武岩、粗面岩、砂砾岩等层间及裂隙中的白色方解石细脉。

（七）找矿标志

(1)岩性标志:晚三叠世八宝山组的火山岩地层是找矿的目的层,其余地层不具备找矿条件。该套火山岩无论是中基性或酸性均有成矿的可能，不具有成矿的专属性。

(2)构造标志：从铀矿化规模及受控因素来看，东部海德乌拉地区铀矿(化)体主要受张性、张扭性北东向或近南北向构造破碎带(密集裂隙带)控制。西部野马沟地区铀矿(化)体主要受张扭性北西向构造破碎带控制。铀矿化主要赋存于北西西向区域断裂两侧发育的次级北西向和北东向断裂构造带、裂隙带内强赤铁矿化、紫黑色萤石化、黄铁矿化及桃红色方解石细脉发育地段。

(3)物探标志：伽马能谱测量圈定的地面铀异常带及活性炭氡异常是寻找铀矿化的放射性物探标志，同时叠加晚三叠世八宝山组中基性、酸性火山岩、构造带、矿化蚀变的地段是找矿的重点地区。

(4)矿化蚀变标志：赤铁矿化、紫黑色萤石化、硅化、黄铁矿化发育地段，叠加断裂构造、放射性物探异常地段是重点找矿地段。

第二节　洪水河铀矿床

一、概况

洪水河铀矿床位于东昆仑山中东段布尔汗布达山北坡，行政区划隶属青海省海西蒙古族藏族自治州都兰县宗家镇管辖，距西宁(109 国道)约 600km，沿洪水河便道向南西行驶 38km 进入矿区，区内交通尚属方便。区内地形西高东低，山势陡峻，切割剧烈，平均海拔 4800m，属典型高原干旱大陆型寒冻气候，以干燥、少雨、多风、温差大为特点。

洪水河铀矿床由青海省区调综合地质大队在 1978—1980 年开展《埃坑德勒斯特幅》1∶20 万区域地质矿产调查工作中同步开展的放射性伽马测量所发现，当年发现了可鲁波铀异常点。

2005—2006 年青海省核工业地质局针对 2003—2004 年青海省地质调查院在埃肯德勒斯特地区 1∶5 万地球物理地球化学测量圈定的胡鲁森道莫禾唠 AS UYTh(Be)水系沉积物综合异常进行铀矿预查，开展了 1∶1 万地质草测、地面伽马能谱测量($30km^2$)、槽探($5731m^3$)及硐探(128.8m)工作，首次在洪水河东部地区发现了苏各苏河花岗岩型铀矿点。

2015 年青海省核工业地质局在综合分析、研究前人地物化及放射性资料的基础上，在洪水河地区开展铀矿普查，在胡鲁森道莫禾唠地区八宝山火山岩组灰红色流纹质凝灰熔岩层间破碎带中发现高品位铀矿体，继而又在洪水河中部和西部地区分别发现了可鲁波花岗岩型铀矿点及胡鲁森火山岩型铀矿点。

二、矿区地质特征

洪水河铀矿床大地构造位于东昆仑南坡俯冲碰撞杂岩带，区域性昆中断裂南侧。处于东昆仑成矿省雪山峰-布尔汗布达海西期—印支期钴、金、铜、玉石(稀有、稀土)成矿带。地层划属东昆仑南坡地层分区。总体呈北西-南东向展布，与区域构造线方向基本一致；构造以北西西向断裂及韧性剪切带为主；岩浆活动强烈，主要出露海西期及印支期二长花岗岩、钾长花岗岩等(图 4-2-1)。

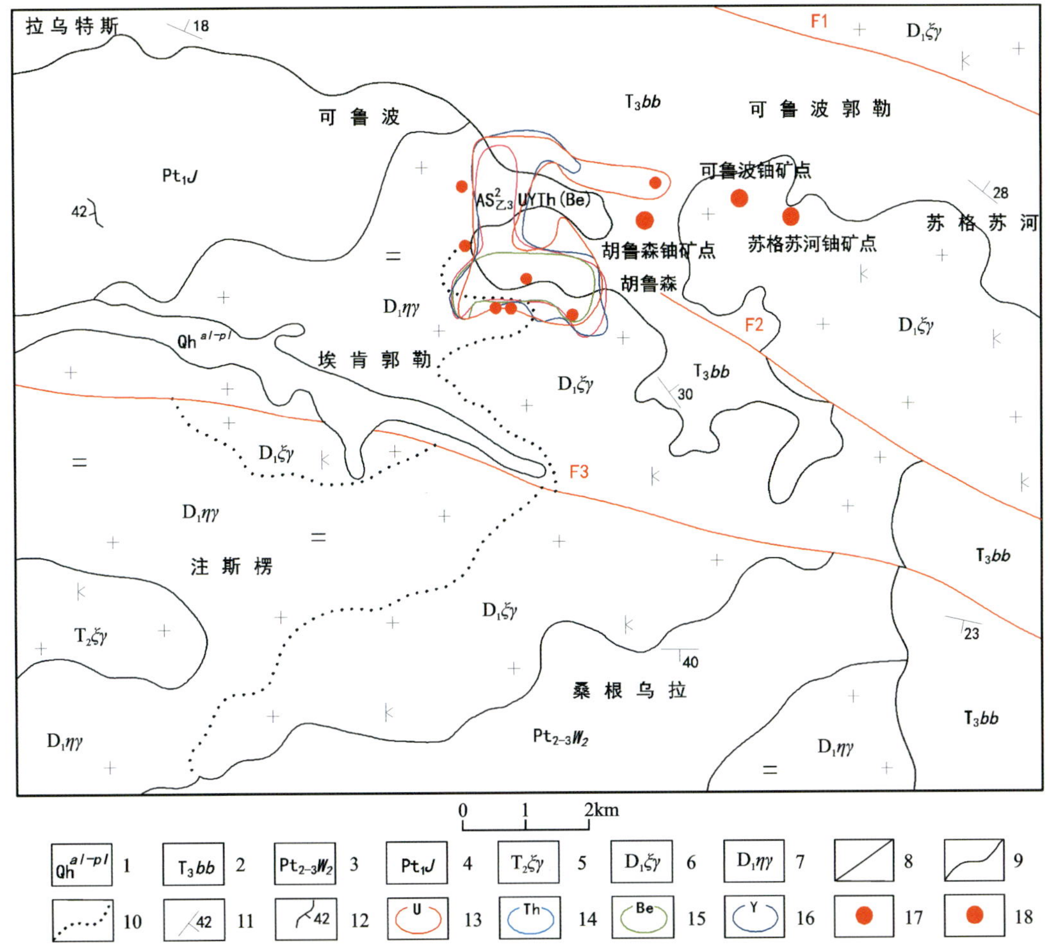

1.第四系冲洪积物;2.上三叠统八宝山火山岩组;3.中元古界万保沟群碎屑岩组;4.古元古界金水口岩群片岩、片麻岩、斜长角;5.闪岩印支期钾长花岗岩;6.海西期钾长花岗岩;7.海西期二长花岗岩;9.地质界线;10.岩相接线;11.岩层产状/(°);12.片麻理产状/(°);13.1∶5万水系U异常;14.1∶5万水系Th异常;15.1∶5万水系He异常;16.1∶5万水系Y异常;17.铀矿点;18.铀异常点。

图4-2-1　洪水河铀矿区地质简图

（一）地层

洪水河铀矿床出露地层较简单,主要出露晚三叠世八宝山组,为一套陆相为主的碎屑岩夹火山岩沉积组合,岩石类型复杂。根据岩性组合差异分为碎屑岩段、火山岩段,岩性主要为灰色—灰绿色—紫红色砂岩、复成分砾岩、流纹岩、玄武岩、安山岩夹中酸性晶屑玻屑凝灰岩、火山角砾岩及粉砂岩、页岩。岩性变化较大,底部局部夹劣质煤层,产植物化石。与石炭系、侏罗系呈不整合接触。

1.碎屑岩段

碎屑岩段分布于可鲁波郭勒东西两侧。可鲁波西侧为一套灰黄色钙质胶结中细粒岩屑长石砂岩，东侧为杂色复成分粗砾岩。其中中细粒岩屑长石砂岩中碎屑物含量70%，以石英、长石为主。胶结物含量30%，以钙质、铁质为主，孔隙式胶结。岩石中局部见轻微褐铁矿化蚀变。岩层产状：15°～62°∠16°～76°。伽马能谱测量eU含量平均为4.34×10^{-6}，eTh含量平均为18.85×10^{-6}，K含量平均为2.18%。杂色复成分粗砾岩为砾状结构，厚层状构造，岩石主要由砾石组成，砾石成分复杂，多为花岗岩、火山岩等，含量约占75%，砾石砾径为3～30cm，分选性差，磨圆度较好，多为圆状、次圆状，填隙物为砂状矿物、黏土矿物，含量约占25%，为铁质胶结，具孔隙式胶结，岩层产状：30°∠24°～33°，伽马能谱测量eU含量平均3.12×10^{-6}，eTh含量平均12.54×10^{-6}，K含量平均2.78%。

2. 火山岩段

火山岩段出露岩性主要为紫红色流纹岩、浅灰色流纹英安质凝灰熔岩，二者呈整合接触。紫红色流纹岩主要分布于胡鲁森道莫禾唠南西。岩石紫红色，斑状结构，流动构造，斑晶主要有钾长石（含量10%～20%）、石英（含量3%～10%），少量斜长石、黑云母（含量1%～15%）。基质主要为长英质及部分玻璃质，含量为30%～90%。岩石中局部可见轻微褐铁矿化、赤铁矿化蚀变。伽马能谱测量eU含量平均5.49×10^{-6}，eTh含量平均23.09×10^{-6}，K含量平均3.19%。浅灰色流纹英安质凝灰熔岩为浅灰色，块状构造，凝灰熔岩结构，岩石由火山碎屑和熔岩胶结物组成，火山碎屑由晶屑、玻屑组成，含量约17%，晶屑呈不规则棱角状，多为石英、钾长石，玻屑呈弧面棱角状，多被黏土矿物交代，熔岩胶结物由斑晶和基质组成，含量约为83%，斑晶大小0.15～0.40mm，主要为石英及角闪石、黑云母，基质由隐晶状长英质组成，岩石中蚀变主要为褐铁矿化，局部可见赤铁矿化，伽马能谱测量eU含量平均4.86×10^{-6}，eTh含量平均20.62×10^{-6}，K含量平均2.50%。

（二）构造

洪水河铀矿床位于区域性大断裂昆中断裂以南，以发育中深、中浅部构造层次韧性剪切带及断裂构造为特点，均为昆中断裂在区内的分支。早期为伸展机制下的滑脱断裂，主期转化为挤压机制下形成的推覆构造。后期为表部构造层次的脆性断裂，呈网格状分布，多为早期断裂活化，少数为新生断层。

区内主要发育北西西向、北西向及北东东向断裂。发育程度以北西西向、北西向为甚且时间较早。北东东向为派生次级断裂，发生时间稍晚。断裂性质以压扭性逆断层为主。

构造生成顺序：北西西向→北东向→北西向。

1. 北西西向压扭性断裂

该组断裂包括主干断裂和次级断裂，规模较大，生成时间最早，具长期活动性。在后期地质历史进程中，主干断裂复活并逐步发展成为韧性变形带，先后形成的地体遭受挤压变形而形成向形、复式背斜和单斜构造等。

力学性质显压性，是在北北东向压应力作用下形成的一组挤压构造形迹，包括走向断层、褶皱轴线及片理、片麻理等面状构造。后期构造变动进程中显示出右行扭动之特征，是一组以压为主兼具扭动的构造形迹，显示浅—中部构造相。次级断裂规模较小，后期活动不明显。

2. 北东向张性断裂

该组断裂为区内次级断裂，多为张性断层，生成时间稍晚于北西西向构造。与北西西向构造平面上近于直交，断层面粗糙，构造连续性不好。

3. 北西向张扭性断裂

该组断裂为区内配套断裂，广泛发育在区内各部，是在北北东向压应力作用下形成的一组扭动构造，具剪切性质，属区内次级断裂构造。一般伸展平直，多集中成断裂束分布。

（三）岩浆岩

区内岩浆活动频繁，侵入岩、火山岩及各类脉岩均发育。岩石类型众多，从基性到中酸性岩均有出露。主要出露海西期侵入岩及八宝山组酸性火山岩。

1. 侵入岩

区内侵入岩主要出露早泥盆世肉红色中粗粒钾长花岗岩、灰白色中粗粒黑云母花岗岩，与八宝山组火山岩呈不整合接触关系。

(1)肉红色中粗粒钾长花岗岩($D_1\xi\gamma$)。在矿区东部可鲁波以南大面积出露，矿区西部胡鲁森以西亦分布较多，岩体整体呈近东西向或北西向展布。岩石呈肉红色，中粗粒花岗结构，块状构造。主要矿物成分为钾长石(50%～55%)，肉红色，板粒状，少数呈板状，玻璃光泽；石英(25%～30%)，无色，局部烟灰色，他形粒状，油脂光泽；斜长石(10%)，灰白色，宽板状，玻璃光泽；黑云母及其他暗色矿物约5%。岩石表面绿帘石化、褐铁矿化蚀变强烈。伽马能谱测量eU含量平均6.04×10^{-6}，eTh含量平均33.98×10^{-6}，K含量平均3.50%。

据1∶5万区域地质调查资料，该套岩石SiO_2含量为68.92%～75.41%，Al_2O_3含量为11.83%～14.26%，Na_2O含量为3.11%～3.71%，K_2O含量为4.88%～5.60%，K_2O/Na_2O值为1.51～1.57，CaO含量为0.6%～0.81%。岩石化学特征表明钾长花岗岩具有酸度大、碱质高、钾大于钠、铝过饱和的特征，与华南典型产铀花岗岩岩石地球化学特征极为相似[SiO_2含量>66%，Al_2O_3含量>($CaO+K_2O+Na_2O$)含量，碱质总量(Na_2O+K_2O)高，K_2O含量>Na_2O含量]。碱度率指数AR为2.69～2.98，岩石类型属钙碱性系列，成因类型属S型花岗岩。稀土元素含量表明岩石为轻稀土富集型，铕具不同程度的负异常，稀土配分曲线形态一致，均为“右倾海鸥型”，岩石类型对铀成矿有利。

(2)灰白色中粗粒黑云母花岗岩($D_1\gamma\beta$)。主要出露于胡鲁森以西地区，呈近东西向或北西向展布。岩石呈灰白色，中粗粒花岗结构，块状构造。主要矿物成分为斜长石(50%～55%)，灰白色，宽板状，可见聚片双晶，玻璃光泽；石英(25%～30%)，无色，局部烟灰色，他形粒状，油脂光泽；黑云母(5%～10%)，黑褐色，鳞片状，一组极完全解理，可见光亮解理面，玻璃光泽；其他暗色矿物约占5%。岩石表面褐铁矿化蚀变强烈，局部轻微绿帘石化、高岭土化及赤铁矿化。伽马能谱测量eU含量平均6.91×10^{-6}，eTh含量平均38.98×10^{-6}，K含量平均3.34%。

2. 火山岩

区内晚三叠世八宝山组火山岩主要分布于矿区西部可鲁波火山盆地内，呈不规则条带状展布，面积约 8.50km^2。出露岩性为一套灰绿色、灰紫色中厚层—巨厚层流纹(英安)质晶屑玻屑凝灰熔岩及流纹岩岩石组合，与河湖相砂砾岩相伴产出，与下伏海西期侵入岩呈不整合接触，是陆相火山喷发的产物，表现为爆发—喷溢—沉积的特征。

(1)流纹(英安)质晶屑玻屑凝灰熔岩。岩石为浅灰色，晶屑玻屑凝灰结构，块状构造，岩石由晶屑、岩屑、玻屑和流纹英安质胶结物组成。岩石中晶屑由斜长石、钾长石、石英等组成，晶屑的外形不规则，常呈棱角状，晶屑裂纹发育，石英具不规则裂开，长石沿解理常具阶梯状裂开，有的受熔浆熔蚀而出现蚀湾。岩屑多为隐晶质，光性微弱。还见大量的玻屑呈不规则状、鸡骨状、半圆弧状出现，光性微弱或基本上无明显的光性反应，分布有一定的定向性。晶屑、岩屑粒径在 1.0mm 以下，玻屑粒径多在 0.3mm 以下，约占 35%。胶结物为流纹英安质，呈显微隐晶质，光性微弱，具霏细结构，约占 65%。胶结物胶结大量的晶屑、岩屑、玻屑。

(2)流纹岩。岩石为紫红色，斑状、基质微粒—霏细结构，流动构造。斑晶主要为高岭土化钾长石(10%～20%)、石英(3%～10%)等，少量斜长石、黑云母(1%～5%)。基质主要为长英质及部分玻璃质，含量为 30%～90%。

据 1∶5 万区域地质调查资料，该套流纹岩岩石化学特征：SiO_2 含量为 73.12%～78.01%，Na_2O+K_2O 含量为 6.73%～8.02%，Na_2O 含量>K_2O 含量，Al_2O_3 含量<16%，TiO_2 含量为 0.08%～0.15%。CIPW 标准矿物计算显示铝过饱和类型。AFM 及 SiO_2-AR 图解属中—高钾钙碱性系列，具双峰式组合。里特曼指数为 1.29～2.08，为太平洋型。铁镁指数为 90～94.2，有较高的全铁含量。长英指数为 92.6～97.6，指示高碱的特点。固结指数低、分异指数高，显示了较高的分异程度。稀土元素总量 216.4×10^{-6}(高于地壳稀土平均含量 165.35×10^{-6})，Sm/Nd 值小于 0.33，$(La/Yb)_N$ 值大于 1，为轻稀土富集型。Eu/Sm 值小于 0.35，δEu 值小于 1，为负铕异常，稀土配分曲线右倾。里特曼-戈蒂里图解中落入造山带火山岩区，构造环境为安第斯型陆缘山弧，为后碰撞底侵及下部陆壳重熔出现造山带伸展裂谷的产物。

总的来说，区内八宝山组火山岩铀含量较高，一般为$(3.2\sim9.5)\times10^{-6}$，最高为 21.7×10^{-6}，高于一般火山岩铀克拉克值[$(5\sim8)\times10^{-6}$]。2015 年在胡鲁森铀矿点圈出的铀矿体赋矿岩石为灰红色流纹质凝灰熔岩，主要受火山岩层间结构面控制。矿点南西部一带火山岩分布较广，厚度大，进一步找矿空间较大。

3. 脉岩

区内脉岩发育单一，主要为肉红色中粗粒钾长花岗岩脉、花岗岩脉，普查区东部偶见闪长玢岩脉、辉长岩脉分布。总体走向为北西—北北西向，局部北东向。岩脉中见轻微褐铁矿化蚀变，未发现放射性异常。

三、矿床地质特征

洪水河铀矿床总体规模为小型，分别由矿区东部苏各苏河铀矿点(花岗岩型)、中部可鲁波铀矿点(花岗岩型)及西部胡鲁森铀矿点(火山岩型)组成。各铀矿点特征如下。

1. 苏各苏河铀矿点

苏各苏河铀矿点位于洪水河矿区东部，主要出露早泥盆世中粗粒钾长花岗岩体，岩体中微裂隙、细晶岩脉较发育，矿点北侧分布有少量晚三叠世八宝山组流纹英安质凝灰熔岩，其中中粗粒钾长花岗岩体中发育北西向或近南北向构造破碎带，控制着区内铀矿(化)体的分布。该铀矿点共圈定铀矿(化)体10条(图4-2-2)，长一般为67～198m、最长273m，宽一般为1.5～3m、最宽3.77m，铀品位一般为0.03%～0.1%、最高品位为0.234%。含矿岩性为碎裂岩化钾长花岗岩，围岩为钾长花岗岩，热液蚀变主要有硅化、水云母化、高岭土化等，其中铀矿化与水云母化关系最为密切。

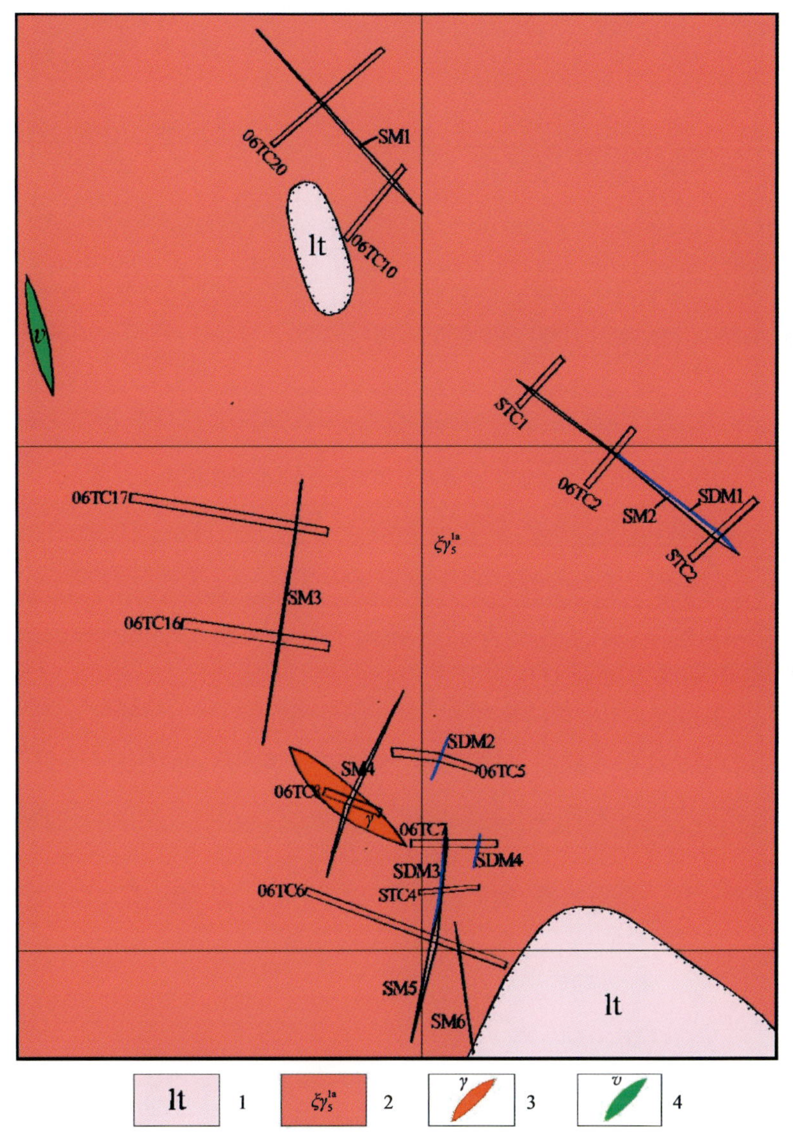

1. 八宝山组凝灰熔岩；2. 印支期肉红色中粗粒钾长花岗岩；3. 花岗岩脉；4. 辉长岩脉。

图4-2-2　苏各苏河铀矿点矿(化)体分布示意图

2. 可鲁波铀矿点

可鲁波铀矿点位于洪水河矿区中部，主要出露早泥盆世肉红色中粗粒钾长花岗岩，铀矿化受北东向断裂构造控制。圈定铀矿体1条，长大于100m、宽0.98m，产状315°∠52°，铀品位0.144%，含矿岩性为碎裂岩化钾长花岗岩，矿石裂隙面可见薄膜状钙铀云母(图4-2-3)，热液蚀变主要有赤铁矿化、绿帘石化。

图4-2-3 可鲁波铀矿点铀矿石裂隙面上分布薄膜状钙铀云母

3. 胡鲁森铀矿点

胡鲁森铀矿点位于洪水河矿区西部，地表盖层主要出露晚三叠世八宝山组火山岩，岩性为流纹质凝灰熔岩；基底为早泥盆世肉红色中粗粒钾长花岗岩。该铀矿点上圈定了铀矿体1条(图4-2-4)，地表出露长约50m、厚2.66～2.76m，铀品位为0.052%～0.247%、最高为0.399%，受火山岩层间破碎带控制，呈似层状展布，产状较缓(341°∠16°～29°)；经钻探验证(图4-2-5)，浅深部铀矿体真厚度达3.13m，铀品位一般为0.06%～0.653%，最高为1.037%，平均品位为0.527%，含矿岩性为碎裂岩化流纹质凝灰岩、构造角砾岩，热液蚀变为强赤铁矿化、黄铁矿化、碳酸盐化。总的来看，铀矿体向深部延伸稳定，且厚度变大、品位变富。

4. 铀矿石特征

洪水河铀矿区矿石中原生铀矿物为沥青铀矿，次生铀矿物为钙铀云母。镜下含铀矿物呈明亮的条带状、局部团块状(图4-2-6)，脉石矿物呈灰色—深灰色团块状。金属矿物为大量黄铁矿，脉石矿物有方解石、石英、斜长石等。

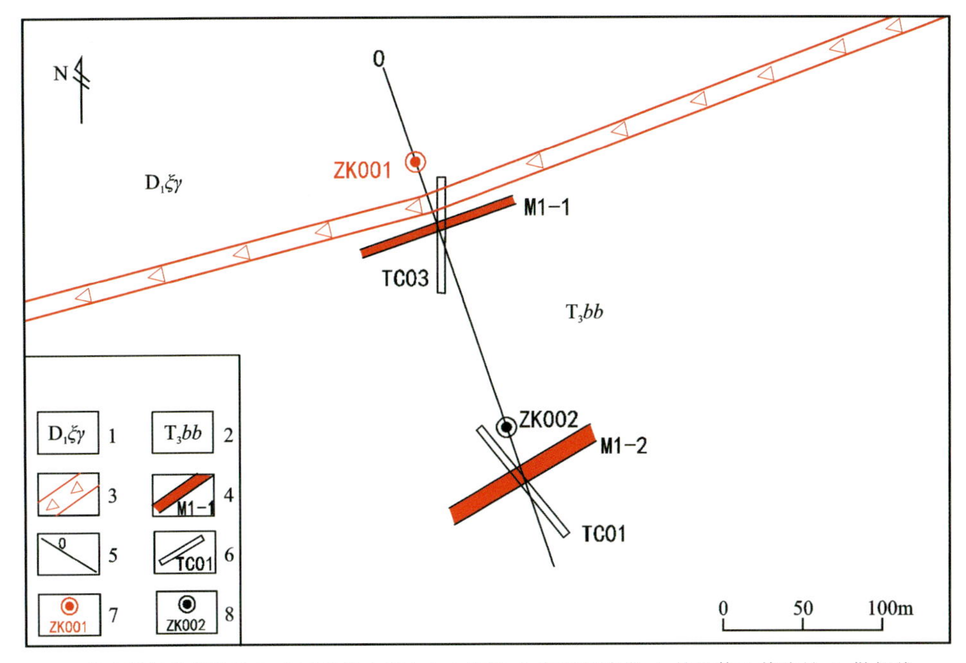

1.印支期钾长花岗岩;2.上三叠统八宝山火山岩组;3.断裂破碎带;4.铀矿体及其编号;5.勘探线及其编号;6.探槽及其编号;7.工业钻孔及其编号;8.无矿钻孔及其编号。

图 4-2-4　胡鲁森铀矿点矿体分布平面图

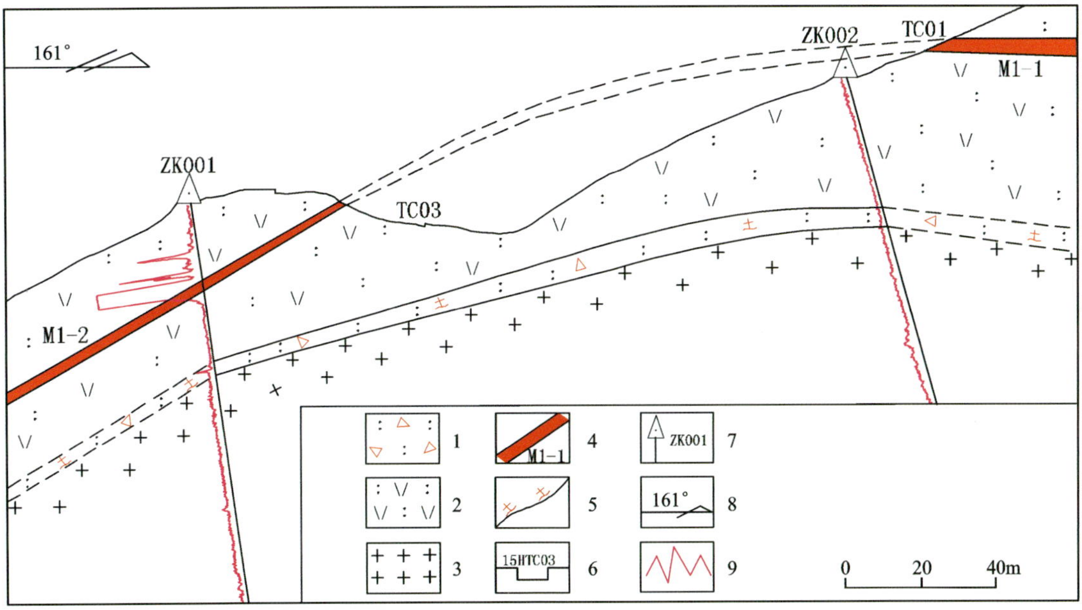

1.构造角砾岩;2.流纹质凝灰岩;3.花岗岩;4.铀矿体及其编号;5.高岭土化;6.探槽及其编号;7.钻孔及其编号;8.方位角;9.伽马测井铀当量含量曲线。

图 4-2-5　胡鲁森铀矿点 0 勘探线剖面图

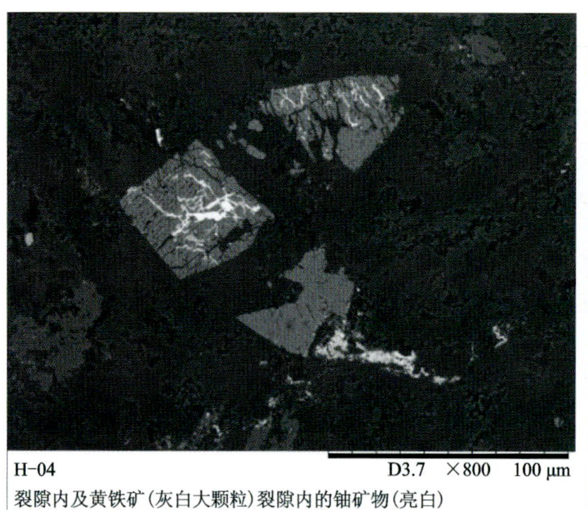

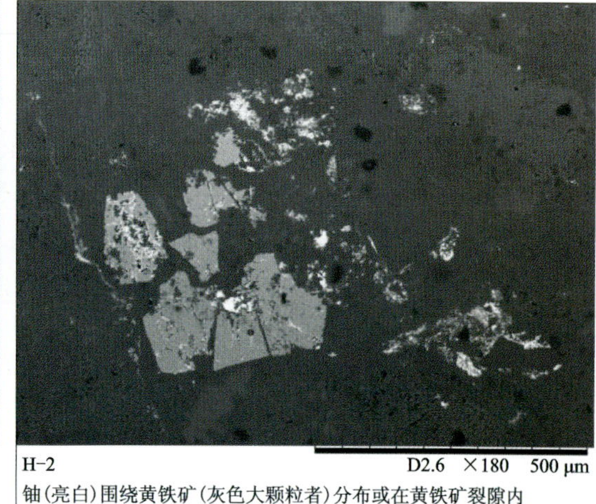

图 4-2-6 胡鲁森铀矿点沥青铀矿分布图

5. 铀矿石结构及构造

矿石结构:主要呈碎裂状及角砾状结构(图 4-2-7)。

矿石构造:微细浸染状构造、细脉状构造、角砾状构造。以微细浸染状构造、细脉状矿石为主要的矿石构造类型。赋矿岩石成分多为火山玻璃,局部见斑晶。沥青铀矿围绕黄铁矿分布,或分布于黄铁矿裂隙内。

图 4-2-7 胡鲁森铀矿点角砾状富铀矿石沥青铀矿微脉特征(铀品位 1.037%)

6. 铀矿石类型

矿石自然类型:氧化矿石-地表赋矿岩石表面可见钙铀云母等次生铀矿物,矿石呈浅灰红色;原生矿石-钻孔揭露到的矿石镜下见沥青铀矿,矿石呈深灰红色。

矿石工业类型:根据矿石物质组分、化学成分、含矿围岩等确定矿石工业类型为硅酸盐铀矿石。

7. 成因类型

(1)苏各苏河铀矿点及可鲁波铀矿点矿体受岩体内构造破碎带控制,赋矿岩性为碎裂岩化钾长花岗岩,热液蚀变为赤铁矿化、绿帘石化、水云母化,表现出构造-热液活动的特征,其铀矿化类型大类为花岗岩型铀矿、亚类为破碎蚀变岩型。

(2)胡鲁森铀矿点矿体受晚三叠世八宝山组火山岩层间破碎带控制,赋矿岩性为碎裂岩化流纹质凝灰熔岩、构造角砾岩,热液蚀变为强赤铁矿化、黄铁矿化、碳酸盐化,表现出构造-热液活动的特征,其铀矿化类型大类为火山岩型铀矿、亚类为层间破碎带型。

综合以上铀矿石类型和热液蚀变特征,认为洪水河地区铀矿体成因类型为热液型。

8. 找矿标志

岩性标志:胡鲁森地区铀矿体赋存于八宝山组灰红色流纹质凝灰熔岩中,此为重要的岩性标志。

构造标志:区内断裂构造及其旁侧次级裂隙是主要的含矿构造。尤其是构造裂隙密集发育地段铀含量较高,是找矿的重要标志。

物探标志:地面放射性伽马异常点、带是寻找铀矿的放射性物探标志。

矿化蚀变标志:区内碳酸盐化、黄铁矿化、高岭土化等蚀变现象较明显,找矿过程中注重对蚀变信息的寻找,并研究各类蚀变与铀矿化的关系。尤其要注重对碳酸盐化、黄铁矿化(近矿围岩蚀变)的寻找,蚀变越强烈的部位铀品位越高。

第三节 黑山铀矿点

一、概况

黑山铀矿点位于柴达木盆地西缘,行政区划隶属青海省茫崖市花土沟镇,距西宁1130km,交通较为方便。区内海拔4000～5000m,属高寒山区,气候以“严寒、干燥、多变”为特点,一年只有冬夏之分,四季界限不清。

1969年,西北地勘局一八二队四小队通过1∶5万伽马概查发现异常点52个、异常带25条;2008年,青海省核工业地质局在该区进行铀矿普查,发现矿化带2条、铀矿体6条;2010—2011年,青海省核工业地质局通过钻探验证,在黑山南坡地区深部发现了较好的铀矿化(盲矿体);2012年,青海省核工业地质局将铀矿普查工作重心放在西部黑山沟一带,以Ⅰ号、Ⅱ号、Ⅲ号铀矿化带为揭露对象,完成1∶5000伽马能谱测量4km^2、1∶2000氡气剖面测量10.13km、探槽2 383.47m^3、钻探5 137.27m,新发现铀矿体3条,矿化体多条。

二、矿区地质特征

黑山铀矿点大地构造位置处于西域板块—柴达木陆块—祁漫塔格山北坡—夏日哈新元古代—早古生代岩浆弧带,地层属柴达木南缘地层分区。本区地层出露不全,岩浆活动频繁,断裂构造发育(图 4-3-1),是祁漫塔格成矿带的重要组成部分。

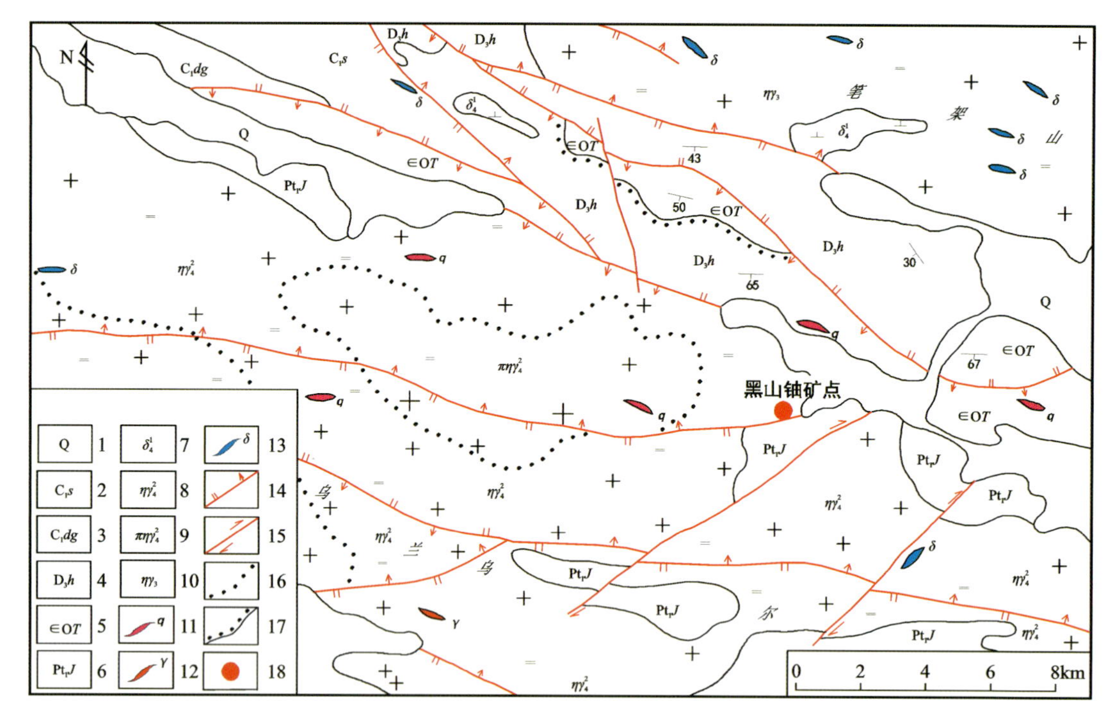

1.第四纪冲洪积物、河漫滩堆积物及沼泽沉积;2.早石炭世石拐子组;3.早石炭世大干沟组;4.晚泥盆世黑山沟组;5.寒武纪—奥陶纪滩间山群;6.古元古代金水口岩群;7.海西期闪长岩;8.海西期二长花岗岩;9.海西期斑状二长花岗岩;10.加里东期二长花岗岩;11.石英脉;12.花岗岩脉;13.闪长岩脉;14.逆断层;15.走滑断层;16.岩相界线;17.角度不整合接线;18.铀矿点。

图 4-3-1 黑山铀矿点区域地质简图

(一)地层

区内出露古元古代金水口岩群中深变质岩,奥陶纪—志留纪滩间山群中浅变质岩系陆源碎屑岩、中基性火山岩,古生代晚泥盆世陆源碎屑岩,早石炭世碎屑岩、含生物碎屑碳酸盐岩,新生代古近纪陆相碎屑岩及广泛发育的第四纪地层。

1.古元古代金水口岩群(Pt_1J)

金水口岩群是区内最古老的地层,零星分布于矿区中南部骆驼峰—小狼牙山一带,被海西期侵入岩吞蚀,呈大小不等的残留体,为一套中高级变质岩系,变质程度达角闪岩相,构成乌兰乌珠尔基底残块,总体呈北西—北西西向展布。岩石类型复杂,主要为一套片麻岩、片岩、石英岩夹片岩、大理岩的岩石组合。原岩类型主要为一套泥质—泥砂质沉积碎屑岩,夹有基性火山岩及碳酸盐岩的岩石组合,为以海相陆源碎屑岩为主的活动性沉积建造。

金水口岩群在区内因受到花岗岩体的侵蚀及断裂构造的破坏,部分地段及断裂带中出现初糜岩或糜棱质岩石形成中深层次的韧性剪切带,带内发育条带、眼球、石香肠、剪切褶皱等构造形迹。该套地层铀含量值普遍较高,并发现多处伽马异常,是寻找放射性矿产的有利地层。

2. 奥陶纪—志留纪滩间山群(OST)

滩间山群呈北西-南东向分布于采石沟—小狼牙山一带,划分为碎屑岩岩组、火山岩岩组。碎屑岩岩组与火山岩岩组整合接触,与区内大多地层呈断层接触。与加里东期、海西期侵入岩及早石炭世石拐子组为断层接触,局部与加里东期、海西期侵入岩(体)呈侵入关系,与晚泥盆世黑山沟组不整合接触。

3. 晚泥盆世黑山沟组

黑山沟组呈北西向分布于乱石沟、黑山沟、小狼牙山一带。分为上下两个岩性段,即下部粗碎屑岩段和上部细碎屑岩段。下部主要为复成分砾岩、含砾砂岩及少量的砂岩组成,上部主要为灰色—灰绿色板岩夹少量细砂岩,二者呈整合接触。

4. 第四纪地层

第四系主要分布于黑山沟、黑山支沟及黑山南沟。在季节性河谷中为砂砾层,由冲积砂、砾和卵石组成的现代河床;在河谷Ⅰ阶地及河漫滩地带由洪积砂、砾、亚砂土、亚黏土等组成。

(二)岩浆岩

1. 侵入岩

区内岩浆活动频繁,侵入岩广布,主要为海西期中酸性侵入岩。岩性主要为灰白色(肉红色)中粗粒似斑状黑云母花岗岩、灰白色中细—粗粒黑云母花岗岩,次为浅灰色中细粒花岗闪长岩、肉红色似斑状二长花岗岩、灰白色细粒斜长花岗岩及角闪石岩,各岩体间呈脉动接触。局部尚出露加里东期环斑花岗岩。

灰绿色环斑花岗岩:呈岩株状产出,岩石表面风化强烈,具明显的片麻理。岩石节理、裂隙发育,绿泥石化、硅化发育,与围岩海西期黑云母花岗岩呈超动侵入接触,接触部位具有明显的烘烤及强硅化现象。岩体中可见黑云母花岗岩岩枝穿插,具环斑结构,片麻状、块状构造。斑晶为卵球状钾长石,直径0.9～3.4cm,多数在2.3cm左右,岩石中钾长石球斑含20%～47%,平均约29%。部分钾长石球斑具斜长石环边,环边有连续完整环绕一圈的,也有不完整的,多数球斑不带斜长石环边。球斑与斜长石环边的边界多不平滑,呈齿状。

中粒(粗粒)似斑状黑云母花岗岩:呈岩株状产出,岩石表面风化强烈,具较强的高岭土化、硅化,节理、裂隙较发育,与古元古代金水口岩群呈侵入接触。

中细—粗粒黑云母花岗岩:呈岩株状产出,岩石表面风化强烈,具较强的高岭土化、硅化,局部岩体裂隙较发育,与古元古代金水口岩群呈侵入接触,局部断裂接触。接触界线混合岩化较为强烈。岩石呈灰白色(灰褐色),中细—粗粒花岗结构,块状构造。主要矿物成分及含量:钾长石(38%)、斜长石(28%)、石英(22%)、黑云母(10%)和少量角闪石及金属矿物。

中细—粗粒花岗岩闪长岩:呈岩株状产出,与古元古代金水口岩群呈侵入接触,接触界线混合岩化较为强烈。岩石呈灰褐色,中细—粗粒花岗结构,块状构造。主要矿物成分及含量:

钾长石(24%)、斜长石(35%)、石英(23%)、黑云母(16%)和少量角闪石及金属矿物。

似斑状二长花岗岩:呈岩株状产出,岩石呈灰白色—肉红色,中粗粒似斑状花岗结构,块状构造。斑晶主要由斜长石和钾长石组成,斜长石呈板柱状、板条状,有些呈板粒状。

斜长花岗岩:呈岩株状产出,岩石呈灰白色、浅灰色,细粒花岗结构,致密块状构造。基质呈半自形—他形晶,粒径为0.5～2mm。主要矿物成分及含量:斜长石(55%～60%)、石英(25%～30%)、黑云母及暗色矿物(5%～10%)。与古元古代金水口岩群呈侵入接触。

闪石岩:呈岩株状产出,岩石表面墨绿—黑色,中细粒结构,块状构造,外接触带部位片理化发育。主要矿物成分及含量:角闪石(93%)、斜长石(3%)、黑云母(2%)及少量副矿物。与古元古代金水口岩群呈侵入接触,局部断裂接触。

2. 岩脉

黑山铀矿点岩脉主要有钾长花岗岩脉、花岗岩脉、石英脉、硅质脉、闪长岩脉、角闪石岩脉等,以北东向走向为主,少数伟晶岩脉。岩脉的侵入为铀成矿提供热源也为围岩中铀活化转移提供有利条件。

(三)构造

黑山铀矿点位于东昆仑西段祁漫塔格山,北与柴达木盆地西南缘为邻,西北邻近阿尔金山。构造变形较复杂,金水口岩群中发育一些中构相韧性剪切带及塑性流变变形构造;脆性断裂极其发育,主要有北西向断裂组及北东向断裂组,现存脆性断裂最早活动期为海西期,并以海西期及喜马拉雅期活动最强,早期以北西向断裂活动为主,北东向断裂活动不明显,新构造运动期北西、北东向断裂均强烈活动。

北西向断裂构造为矿区主要构造,次为北北东向断裂。北西向断裂属成岩期后断裂构造,倾向北东,倾角为35°～40°,地貌呈负地形。断裂构造内有伟晶岩脉、闪长岩脉和石英脉充填。岩石蚀变较为强烈,主要有赤铁矿化、黄铁矿化、碳酸盐化、高岭土化和绢云母化等。断裂构造附近均有不同程度的放射性异常显示。北北东向断裂构造规模较小,为次级构造破碎带,但与成矿关系最为密切,是矿区内主要含矿构造。

(四)变质作用和围岩蚀变

黑山铀矿点位于东昆仑造山带西段的祁漫塔格山乌兰乌珠尔基底残块,变质作用类型以区域变质作用为主,动力变质作用和接触变质作用次之。变质岩从早寒武世至晚古生代均有产出,且早期变质岩石被后期变质作用不同程度改造。其中有吕梁期区域动力热流变质作用形成的低角闪岩相变质岩系;有加里东期—海西期区域低温动力变质作用形成的绿片岩相浅变质岩系;还有晋宁期、加里东期不同构造层次韧性动力变质作用形成的绿片岩相动力变质岩系;以及海西期—印支期接触变质作用形成的热接触变质岩及接触交代型变质岩石。

区域动力热流变质作用形成的变质岩由古元古代金水口岩群中深变质岩系组成,呈近东西向分布于骆驼峰—小狼牙山一带,为一套中高级变质岩系,是区内最古老的变质地层体。受加里东期—海西期侵入岩吞蚀及构造运动影响,呈大小不等的残留体,原有的空间分布规律已被完全破坏。变质岩石组合以片麻岩为主,夹大理岩、斜长角闪(片)岩、石英片岩。岩石以发育透入性区域片麻理、片理为特征,片麻岩、片岩中塑性流变褶皱、石英脉褶、N型、M型褶皱及石香肠构造十分发育,条带状、条纹状构造多见。岩石中普遍叠加后期的多期韧性剪切应变,形成不同构造层次的构造片岩、构造片麻岩和糜棱岩、糜棱岩化岩石,并广泛发育退变质作用。其岩石类型主要为黑云斜长片麻岩、黑云二长片麻岩,少量为二云二长片麻岩,夹云母石英片岩、云母片岩、大理岩和斜长角闪(片)岩及角闪斜长片麻岩类。

区内动力变质作用较发育,尤其是沿各大断裂形成不同期次的动力变质岩。根据动力变质作用产生的地质背景、热流和应力作用之间的相互关系及与变形有关的恢复重结晶作用的表现。

三、矿点地质特征

黑山铀矿点圈出铀矿化带3条(图4-3-2)。Ⅰ号、Ⅲ号铀矿化带产于岩体的外接触带,即位于古元古代金水口岩群黑云母片岩中,分别受断裂构造(F_1、F_{10})控制。Ⅱ号铀矿化带产于F_1、F_2、F_6三条断裂形成的夹持区内,受北东东向次级构造裂隙控制,地表见有零星的黑云母片岩残留体。

(一)Ⅰ号铀矿化带及矿体特征

Ⅰ号铀矿化带为区内铀矿体的主要赋存带(图4-3-3),长大于600m、宽5~10m,受F_1断裂控制,位于印支期侵入岩中,局部见古元古代金水口岩群出露,走向北北东,两端被第四系覆盖。产状:倾向275°~310°,倾角为55°~70°。带内岩石破碎,蚀变较强,主要为赤铁矿化、绿泥石化、高岭土化、碳酸盐化及硅化。带内及旁侧可见石英脉产出,脉宽一般为5~30cm。该铀矿化带经揭露验证,共圈出铀矿体4条、铀矿化体3条,铀矿(化)体长100~225m,宽0.7~5.32m,走向北东,倾向南东,铀品位为0.034%~0.087%,含矿岩性主要为碎裂岩化黑云母片岩,热液蚀变为赤铁矿化、褐铁矿化、绿泥石化。

(二)Ⅱ号铀矿化带及矿体特征

Ⅱ号铀矿化带位于F_1、F_2及F_6三条断裂形成的夹持区内(图4-3-4),铀成矿条件最为有利,出露黑云母二长花岗岩、花岗闪长岩岩体,零星见有黑云母片岩残留体。矿化带内岩石破碎,呈北东东向走向,倾向北西,大致平行的小破碎带密集分布,矿化带长大于200m、宽近100m,热液蚀变较为强烈,主要有赤铁矿化、钾化、高岭土化、碳酸盐化及绢云母化,局部见黄铁矿化,石英细脉及碳酸盐岩细脉呈断续状分布,并多以单脉形态产出。该铀矿化带经揭露验证,共圈出铀矿体1条、铀矿化体2条,铀矿(化)体长约100m,宽0.52~2.04m,走向北东,倾向北西,铀品位为0.037%~0.126%,含矿岩性主要为碎裂岩化黑云母花岗岩,岩石裂隙面见星点状草绿色钙铀云母和翠绿色的铜铀云母,围岩蚀变主要为钾化、赤铁矿化、碳酸盐化、高岭土化、绿泥石化。

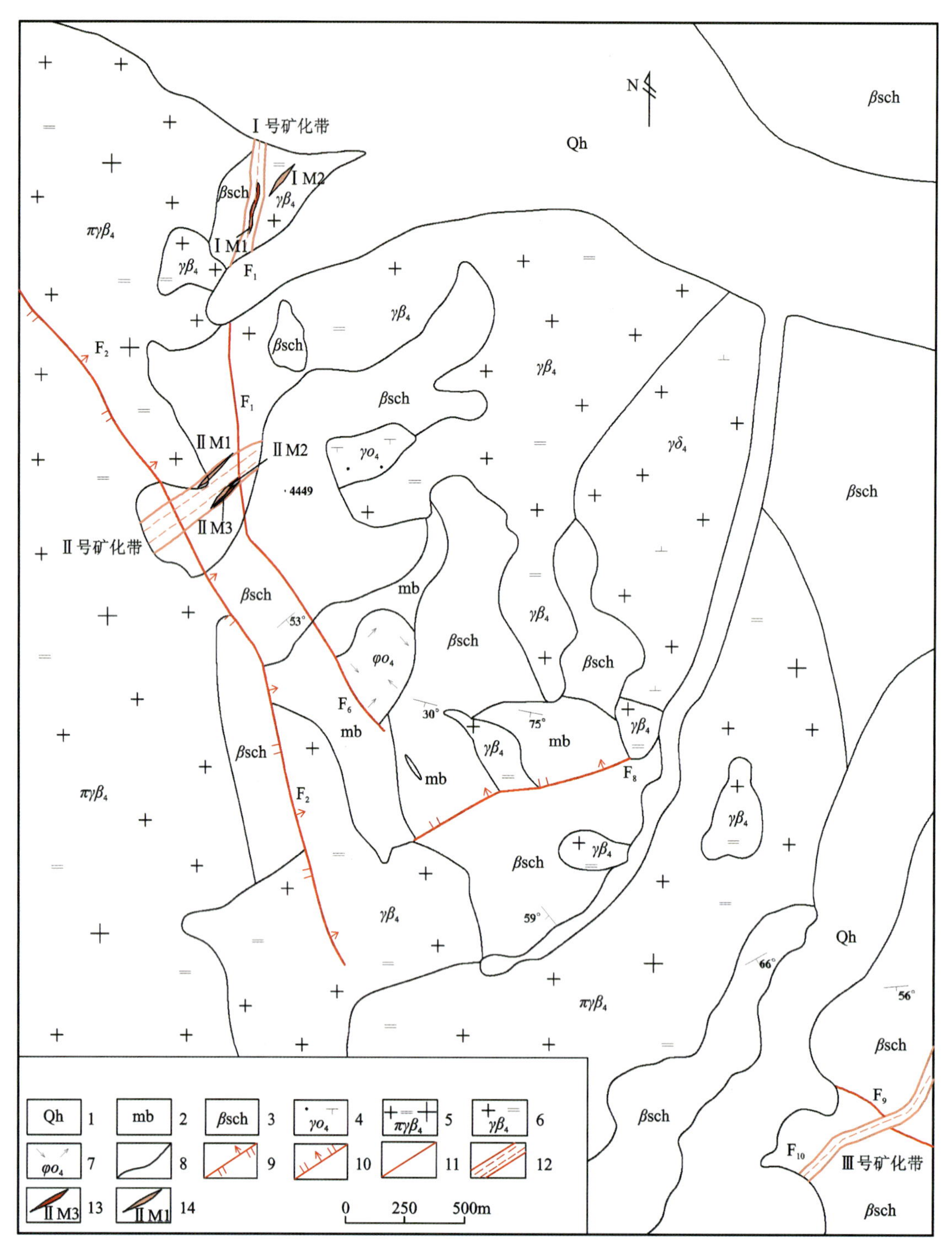

1.第四纪冲、洪积物;2.古元古代金水口岩群大理岩;3.古元古代金水口岩群黑云母片岩;4.海西期斜长花岗岩;5.海西期似斑状黑云母花岗岩;6.海西期黑云母花岗岩;7.海西期角闪石岩;8.地质界线;9.逆断层;10.正断层;11.性质不明断层;12.铀矿化带;13.铀矿体;14.铀矿化体。

图 4-3-2　黑山铀矿点矿区地质简图

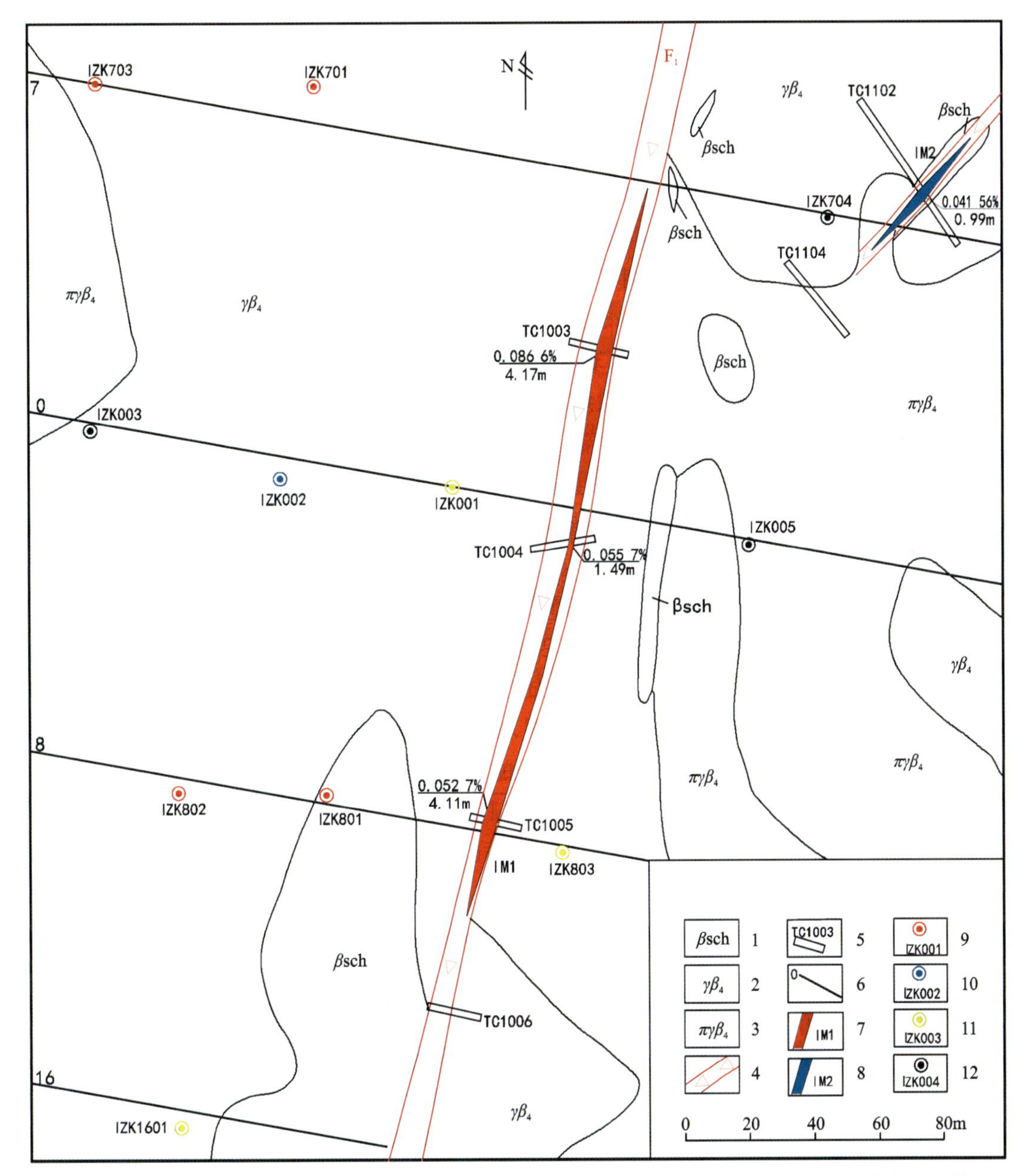

1.黑云母石英片岩；2.黑云母二长花岗岩；3.似斑状黑云母二长花岗岩；4.断裂破碎带；5.探槽及其编号；6.勘探线及其编号；7.铀矿体及其编号；8.铀矿化体及其编号；9.铀工业钻孔及其编号；10.铀矿化钻孔及其编号；11.铀异常孔及其编号；12.未见矿钻孔及其编号。

图 4-3-3　Ⅰ号铀矿化带矿体分布平面图

(三)Ⅲ号铀矿化带及矿体特征

Ⅲ号铀矿化带位于矿区东南角似斑状黑云母花岗岩岩体与金水口岩群接触带上，矿化带长约 700m、宽 50～80m，受 F_{10} 断裂控制，铀品位为 0.013%～0.019%，铀矿化岩石为硅化碎裂岩，具褐铁矿化、碳酸岩化蚀变。

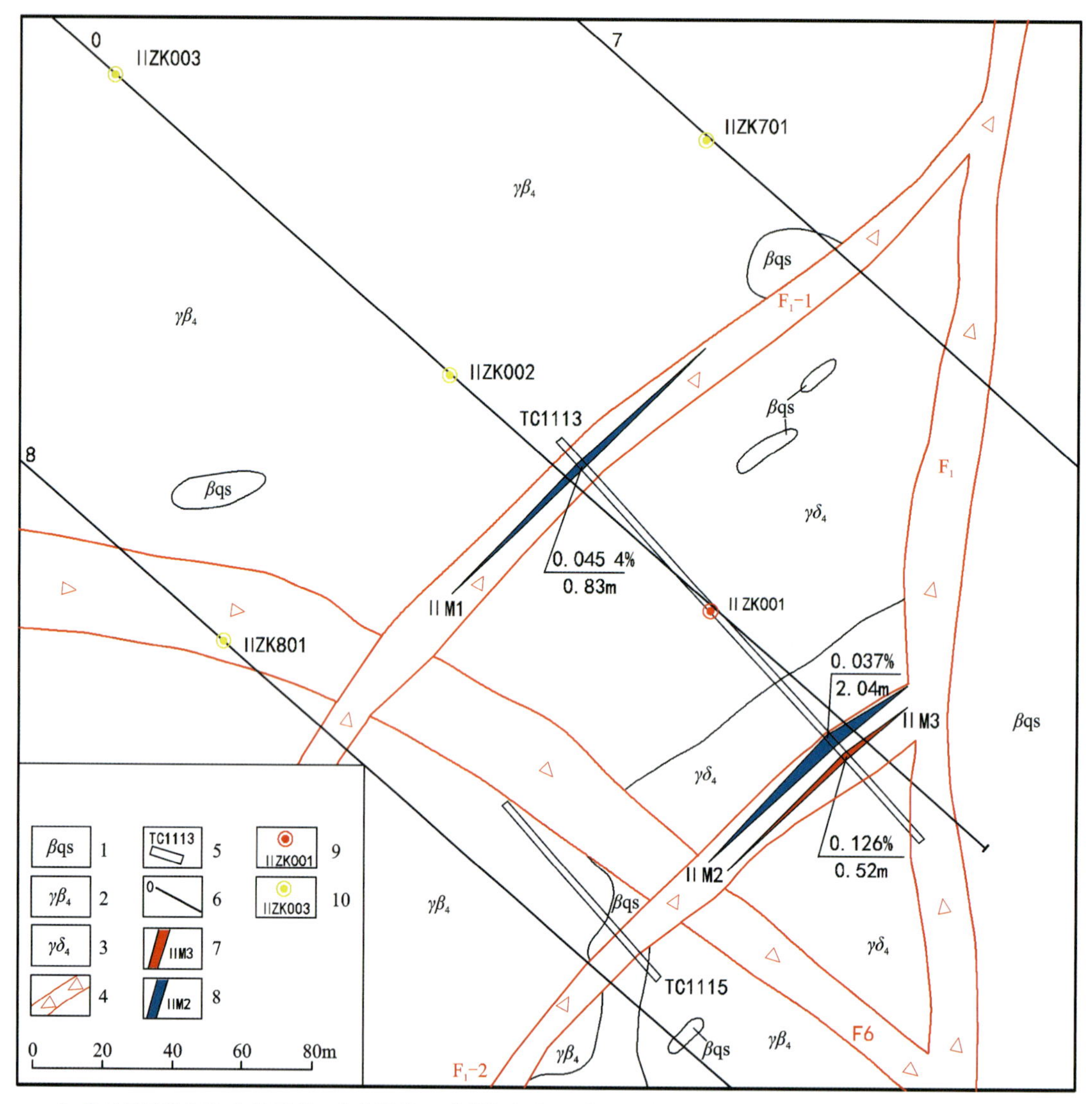

1.黑云母石英片岩;2.黑云母二长花岗岩;3.花岗闪长岩;4.构造破碎带;5.探槽及其编号;6.勘探线及其编号;7.铀矿体及其编号;8.铀矿化体及其编号;9.工业钻孔及其编号;10.铀异常钻孔及其编号。

图 4-3-4 Ⅱ号铀矿化带矿体平面分布图

(四)铀矿石特征

黑山铀矿点铀矿石中的原生铀矿物为沥青铀矿,次生铀矿物为硅钙铀矿、钒钙铀矿、硅钾铀矿,镜下含铀矿物呈明亮的条带状、粉末状及团块状,脉石矿物呈灰色—深灰色团块状。金属矿物有赤铁矿、黄铁矿,脉石矿物有独居石、锆石、绿泥石、方解石、萤石等。

(1)硅钙铀矿 $Ca(UO_2)_2[SiO_3OH]_2 \cdot 5H_2O$:呈柠檬黄、浅稻黄或浅黄白色,以针状、纤维状、放射状的集合体形态产出(图 4-3-5)。

(2)硅钾铀矿 $K_2(UO_2)_2[SiO_3OH]_2 \cdot 5H_2O$:类似于硅钙铀矿(图 4-3-5)。

(3)钒钙铀矿 $Ca(UO_2)_2(V_2O_8) \cdot 8H_2O$:鲜黄色,呈细鳞片状、土状、薄膜状产出。

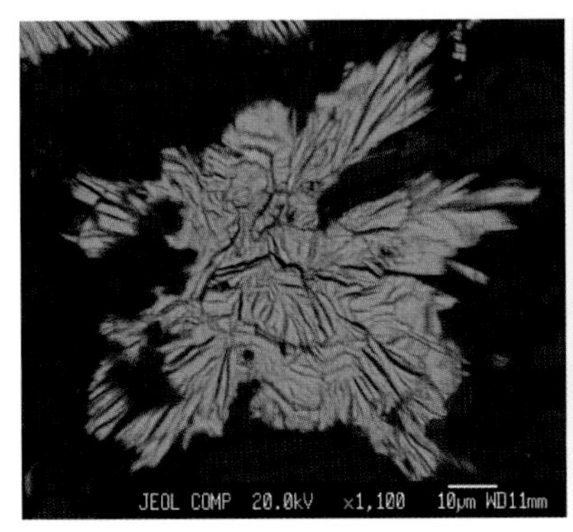

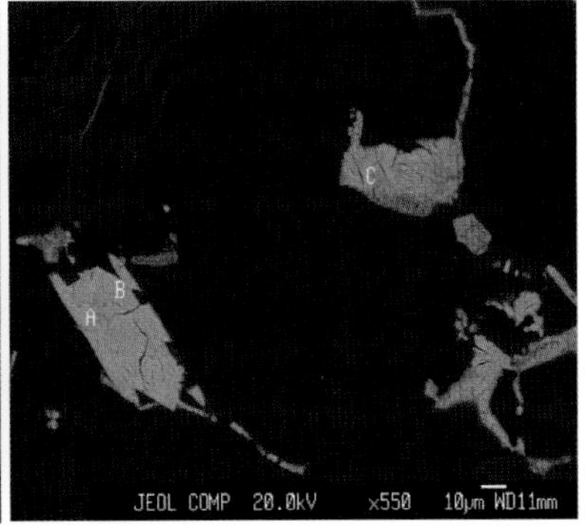

图 4-3-5　硅钙铀矿、硅钾铀矿

注：图中亮色部位为硅钙铀矿，暗色部位为石英。图中 A、B 点为硅钾铀矿，C 点为硅钙铀矿。

（五）铀矿石结构及构造

铀矿石结构：主要见粒状结构、胶状结构。铀矿石构造：角砾状构造、胶状构造、细脉状构造。角砾状矿石为主要的矿石构造类型。角砾成分以花岗岩、黑云母片岩为主，角砾大小不等，棱角发育，胶结物为方解石、萤石、黄铁矿等。

沥青铀矿赋存于胶结物中或角砾边缘。胶状矿石：沥青油矿呈浸染状、细脉状分布于花岗岩岩石裂隙中组成浸染状、细脉状矿石；另一种沥青铀矿呈星散状、不规则状赋存于方解石脉内或旁侧构成细脉状矿石。

（六）铀矿石类型

铀矿石产于构造破碎带内，因受构造作用影响而较破碎，矿石中可见花岗岩中的石英、长石等矿物受力被压扁拉长。含矿岩石主要为构造角砾岩、黑云母花岗岩、硅化黑云母片岩，局部见闪长岩。

铀矿石自然类型：①氧化矿石，分布于浅地表，地表蚀变岩石表面可见铜铀云母、钙铀云母等次生铀矿物，矿石呈褐灰色（土黄色）；②原生矿石，钻孔中蚀变花岗岩镜下见沥青铀矿，矿石呈灰色—黑色。

铀矿石工业类型：根据矿石物质组分、化学成分、含矿围岩等判断其工业类型为高硅酸盐铀矿石。

钙铀云母：呈浅黄色，鳞片状、放射状结构，鳞片状、粉末状、被膜状构造。潮湿条件下矿物颜色较鲜艳，透明度亦较好，干燥条件下为不透明。密度为 3.05～3.19g/cm^3，硬度为 2～2.5，性脆。紫外光照射下具有明显的黄绿色荧光，荧光灯下发强浅黄绿色光，具强放射性。

铜铀云母：呈淡蓝色粉末状、被膜状及皮壳状，局部呈细鳞片状、放射状。不透明、暗淡光泽，硬度为 2～3，密度为 3.31～4.88g/cm^3。在紫外光照射下不发光。产于岩石表面及裂隙中。

沥青铀矿：呈隐晶质，钢灰色—黑色，不透明，无解理，以球粒状、葡萄状、胶状、细小粒状、脉状产在细小的碳酸盐脉中。

区内铀矿化有2种产出形式：①铀矿赋存于细小的碳酸岩脉中，显示铀矿化与碳酸盐化关系密切，含矿的碳酸盐脉切穿岩石中的造岩矿物和早期形成的岩石裂隙，由此可判断铀矿形成时间在成岩后；②岩石片理发育，为黑绿色或紫色，肉眼看不见什么脉体，但矿化显示较好。

（七）控矿因素

1.金水口岩群为铀成矿提供了部分铀源

矿区出露的古元古代金水口岩群为本区的结晶基底，经历了长期构造岩浆活动富集了大量的铀元素，地层中铀背景值高，为铀成矿提供了部分铀源；区内圈出的铀矿化带均位于古元古代金水口群黑云母片岩与花岗岩体接触带附近。

2.中酸性侵入岩为铀的成矿提供了丰富的铀源

区内海西期中酸性侵入岩规模大、分布广，伽马背景值高，岩体伽马能谱测量eU含量一般为$(40\sim218.1)\times10^{-6}$，最高达$860.1\times10^{-6}$，远高于一般克拉克值$[(0.5\sim4)\times10^{-6}]$，富U、Th/U值小于3，说明区内放射性异常由铀引起。本区岩石以似斑状、粒状黑云母花岗岩为主，从化学成分来看，SiO_2含量$>70\%$，Al_2O_3含量$>(CaO+K_2O+Na_2O)$含量，碱质总量(Na_2O+K_2O)高（均值为7.92），具有富硅、富碱、铝过饱和特征。根据热液型铀成矿理论，碱度高的侵入岩对成矿有利，这些岩石产在同一个地区，构成一个岩石组合，这种特征的花岗岩组合主要形成于同碰撞环境。在同碰撞环境下母岩物质来自经剪切重熔后的局部浅层地壳，沿着大断裂带侵入，一般为中、深成侵入相。岩石以铝过饱和系列为主，以钾钠比值高、氧化指标低为特征。

上述岩体特征是在岩浆结晶分异作用过程中，与深大断裂有关的碱性成矿热液（幔源热液）和花岗岩中的酸性成矿热液在热液蚀变作用下，在演化过程中都向相反的方向变化。在碱性成矿热液和酸性成矿热液彼此叠加部位，碱性成矿热液（幔源热液）由于温度压力降低，挥发分逃逸，随着K、Na、Si及挥发分的增高，铀的络合物被分解，在岩浆结晶分异后期，随着温度、压力的降低引起挥发分逸散而析出铀矿物。铀矿物在中性区域附近沉淀、富集形成铀矿化。

3.构造活动为成矿提供了良好的空间

近东西向断裂和北西向断裂是区内主要断裂构造系统，为早期压性断层，控制着地层的分布、岩浆侵入活动及矿产的形成与分布。在后期多种应力作用下，尤其是北东向的拉张应力使早期形成的北西向、近东西向压性断裂构造拉开或错断，同时将其激活，造成多阶段断裂构造活动与多阶段矿化作用。这种构造变化特点也一定程度反映在它们对矿化的控制作用上（既为导矿通道，又为储矿空间），首先是它们的会合、交接的膨大部位及产状变化部位（断裂带的弧形弯曲部位或断面凹陷处）往往就是主要矿体产出部位（Ⅰ号矿化带）；其次是小规模的密集构造裂隙，使岩石的完整性受到破坏，形成减压区，也是水、挥发分及各种热流的汇集区，为花岗岩的自生蚀变和后生蚀变提供条件，为铀的活化迁移提供条件的同时也为铀的富集提供空间,易于形成容矿构造,直接形成矿体(Ⅱ号矿化带)。

4. 热液活动作用为铀的富集成矿提供热能

古元古代金水口岩群经过区域热动力变质作用,经受强烈混合岩化作用,离岩体越近混合岩化作用越强。富含分散铀变质岩系的铀经重熔、花岗岩化;花岗岩中铀(造成花岗岩富铀)经蚀变、铀活化;蚀变带中的铀(造成富铀的蚀变岩)经构造热液(热水)浸出,在适合场所沉淀、富集形成铀矿体。地表发现的矿体位于古元古代金水口岩群与侵入岩体的接触带附近。

5. 围岩蚀变与铀成矿的关系

矿区围岩蚀变强烈,大多呈线型分布于矿脉两侧,由矿脉向围岩依次为赤铁矿化(红色蚀变)、绿泥石化(绿色蚀变)、黄铁矿化、硅化、碳酸盐化及绢云母化。围岩的热液蚀变与铀成矿关系密切:热液蚀变可改变围岩的机械物理性质,使之孔隙度增大、抗压强度降低,有利于各种热水溶液在围岩中渗透、循环,进而使围岩中的含铀矿物(黑云母、角闪石、锆石、独居石等)分解并释放出其中的铀,被各种热水溶液汲取并形成含铀酰络离子的热水溶液。围岩的绿泥石化、黄铁矿化可增强对含铀酰络离子的热水溶液中高价位铀的还原能力,使之生成晶质铀矿或矿物粒间铀、裂隙铀等。而围岩的赤铁矿化可使成晶质铀矿或矿物粒间铀、裂隙铀等吸附于胶状水针铁矿中,形成铀的预富集。

(八)成因类型

黑山铀矿点矿体产于花岗岩体内或岩体外接触带中,受构造破碎带控制,带内及旁侧见方解石脉、石英脉、硅化脉出露。围岩蚀变明显,主要有赤铁矿化、硅化、水云母化、碳酸盐化、绿泥石化。表现出构造-热液活动的特征,铀矿化类型大类为花岗岩型铀矿、亚类为破碎蚀变岩型,成因类型为热液型铀矿。

(九)找矿标志

1. 直接标志

(1)铀矿体的氧化露头可形成黄、黄绿、翠绿色的次生铀矿物(钙铀云母、铜铀云母)为直接找矿标志。

(2)地面放射性伽马异常、伽马能谱异常是寻找铀矿的良好标志。

(3)地层、岩性标志:地层标志为位于岩体外接触带的古元古代金水口岩群,岩性为黑云母片岩。

(4)构造标志:北西向断裂是普查区的导矿构造,而旁侧的北北东向、北东东向次级断裂是含矿构造,均是寻找破碎蚀变岩型铀矿(热液型铀矿)的构造标志。

2. 间接标志

(1)因放射性辐射,常使石英变黑(烟灰色),方解石变红、萤石变紫黑色等,以此可以确定放射性矿物存在。

(2)围岩蚀变标志:区内蚀变强烈,主要有赤铁矿化、碳酸盐化、高岭土化、绿泥石化、硅化、绢云母化等,尤其碳酸盐化、赤铁矿化是本区围岩蚀变标志。

第四节　纳克秀玛铀矿点

一、概况

纳克秀玛铀矿点位于柴达木盆地东缘,行政区划隶属青海省海西蒙古族藏族自治州都兰县夏日哈镇管辖,调查区距青海省会西宁415km,距都兰县城50km。G6京藏高速(茶格段)、109国道从调查区北侧穿过,沿109国道下辅道行驶约8km即可到达工区附近,顺冲沟均有便道可达重点工作区,交通较为便利。区内海拔3800~4500m,高原大陆型气候特征,气候干燥,少雨多风,昼夜温差大。

1983年核工业部西北地质勘探局六五二大队开展异常检查,发现铀异常3处,地表圈定铀矿体2条;2020年,青海省核工业放射性地质勘查院在该区开展的1∶5万铀矿地质调查,圈出铀异常带5条,圈定了铀矿(化)体5条;2021—2022年,青海省核工业放射性地质勘查院以Ⅰ号铀矿化带为重点,开展揭露检查,完成1∶1万地质草测10km^2,1∶1万地质-伽马能谱剖面测量20km,1∶1万磁法剖面测量20km,1∶5000活性炭剖面测量6.9km,槽探3 326.81m^3,钻探1 000.49m,发现铀钼矿化蚀变带2条,圈定铀矿(化)体5条、钼矿体1条、铀钼复合矿体2条。

二、矿区地质特征

纳克秀玛铀矿点大地构造位置处于秦祁昆造山系-东昆仑弧盆系-祁漫塔格北坡-夏日哈岩浆弧,地层属东昆北地层分区-祁漫塔格地层小区。本区地层出露不全,岩浆活动频繁,韧性剪切带发育,是祁漫塔格-都兰成矿带的重要组成部分。区域铀成矿地质条件优越,发现了查查香卡铀矿床,阿什扎K56铀矿点、南戈滩44号铀矿化点(图4-4-1)。

(一)地层

区内出露地层有古元古代金水口岩群(Pt_1J)、奥陶纪滩间山群(OT)、晚泥盆世牦牛山组(D_3m)及第四纪地层(Q),其中古元古代金水口岩群、奥陶纪滩间山群为区内主要的含铀建造。区域构造形迹以北西向为主,皱褶及断裂发育,断裂构造控制了区内地层及岩体的展布。区域岩浆活动规模较大,火山活动强烈,始于元古宙,终于泥盆纪。各地质时期,火山活动连续不断,各类火山岩均很发育,侵入活动亦强烈,区内见加里东期—燕山期侵入岩。区内发现的铀异常点(带)、矿化点均与区内的构造-岩浆活动有关,表明区域铀成矿地质条件良好。

1.古元古代金水口岩群(Pt_1J)

古元古代金水口岩群为区内最古老的地层,该套地层岩石均遭受了不同程度的变形、变

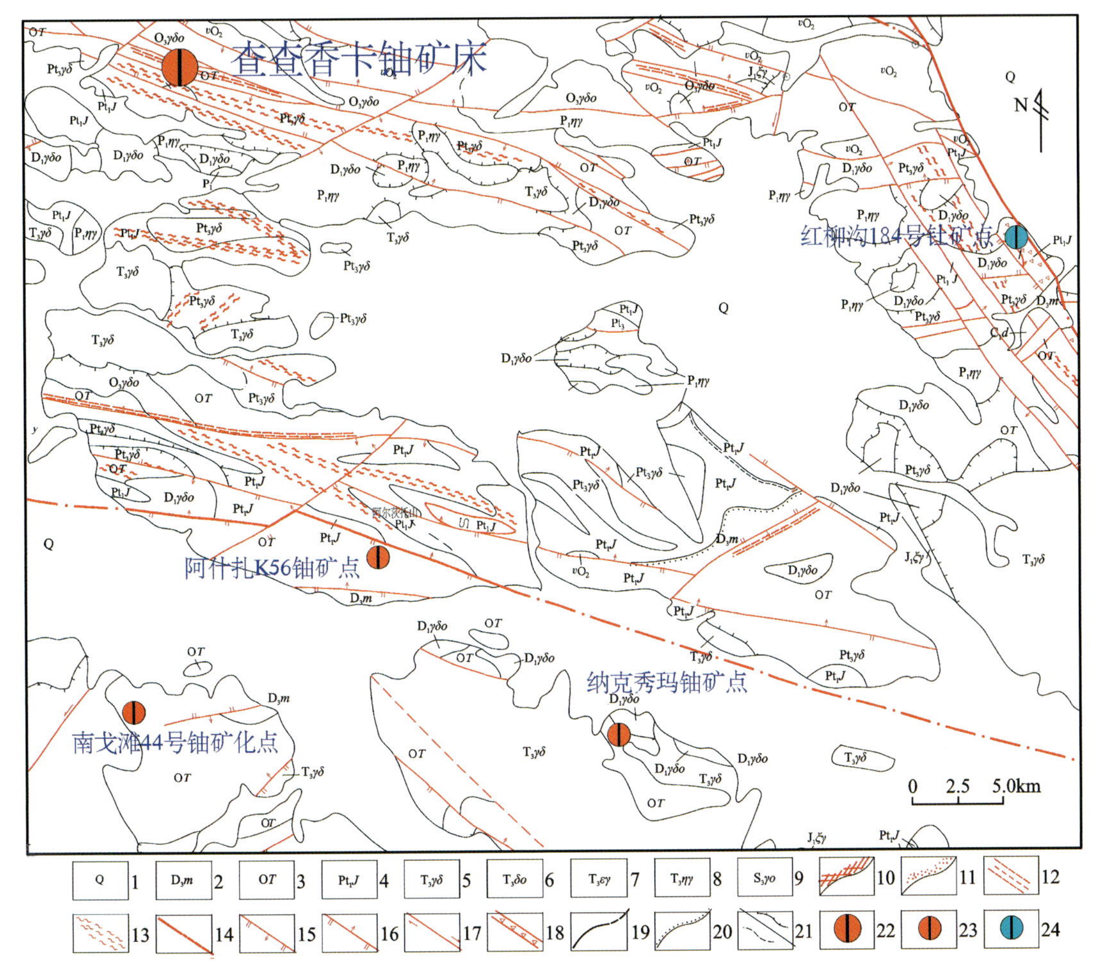

1.第四纪;2.早泥盆世牦牛山组;3.奥陶纪滩间山群;4.古元古代金水口岩群;5.晚三叠世花岗闪长岩;6.晚三叠世石英闪长岩;7.晚三叠世钾长花岗岩;8.晚三叠世二长花岗岩;9.晚志留世斜长花岗岩;10.矽卡岩化;11.角岩化;12.中浅层次韧性剪切带;13.混合岩化;14.实测、推测性质不明断层;15.正断层;16.逆断层;17.平移断层;18.断层角砾岩;19.实测、推测地质界线;20.不整合界线;21.超动/脉动侵入界线;22.铀矿床;23.铀矿点;24.钍矿点。

图 4-4-1　纳克秀玛铀矿点区域地质简图

质、变位作用,岩群中局部出现的糜棱岩化、混合岩化等现象,反映地层受大面积的区域变质后,又经受了不同期(构造)变质作用,使地层的位态、序态发生变化,为一套无层无序的中—深变质岩系,呈北西向展布于图区北部,与后期形成的地层呈断层接触或角度不整合接触。金水口岩群内北西向皱褶及断裂构造发育,多见酸性—超基性岩(脉)侵入。岩石混合岩化强烈,多形成条痕状、条带状、眼球状混合岩。根据岩性组合特征划分为两个岩组:片麻岩组和片岩组。

2.奥陶纪滩间山群(*OT*)

该套地层区域上出露较广,总体呈北西—北西西向带状展布。按照其岩性组合分为下部碎屑岩组和上部火山岩组。

下部碎屑岩组：主要分布于柯柯赛东部地区，岩性组合为灰—深灰色石英片岩、绢云石英片岩、千枚状绢云片岩、硅质岩、大理岩及变粒岩等，与泥盆系牦牛山组呈断层接触。

上部火山岩组：岛弧环境下钙碱性系列火山岩夹碎屑岩、碳酸盐岩建造。岩性组合为灰绿色蚀变玄武安山岩、安山岩、变晶屑凝灰岩夹少量的绿泥石英片岩、绿泥阳起片岩、粉晶灰岩及大理岩。与古元古代金水口岩群多呈断层接触，与牦牛山组呈角度不整合接触。乌龙滩以南该套地层被侏罗纪中酸性侵入岩，在接触带附近发育硅灰石化、透辉石化及矽卡岩化大理岩，局部形成硅灰石矿，蚀变二云(石英)片岩中发现刚玉线索及铀矿化。在纳克秀玛一带火山岩组中圈出了一批放射性异常点、带，发现了纳克秀玛铀矿点，表明该套岩层是本区寻找铀矿的有利地层。

3. 晚泥盆世牦牛山组(D_3m)

牦牛山组在区内出露较少，呈近东西向带状展布于阿尔茨托山南缘及乌龙滩北山，区内出露下部碎屑岩段(D_3m^1)，与金水口岩群呈断层接触，与奥陶纪滩间山群火山岩组呈角度不整合接触。

4. 第四纪地层

第四纪地层分布较广，主要分布于阿尔茨托山及柯柯赛北山等山间盆地及山间沟谷地区，岩性组合为三级阶地砾石层、亚砂土及黄土层等(全新统冲积砾石层及河漫滩堆积物等)。

(二)岩浆岩

1. 侵入岩

区内中酸性侵入岩发育，主要分布在柯柯赛北山，乌龙滩北山南缘零星出露。侵入于早期奥陶纪滩间山群火山岩组地层中，为区内良好的铀源。主要岩性有晚志留世斜长花岗岩，晚三叠世石英闪长岩、钾长花岗岩、二长花岗岩、花岗闪长岩。

晚志留世斜长花岗岩分布在图区南西角，侵入于滩间山群中，岩体蚀变强烈，主要为钠长石化、绢云母化、黏土化及绿泥石化。与围岩接触蚀变不明显，仅有微弱的褐铁矿化及烘烤现象。岩石中(Na_2O+K_2O)含量为8.1%，Na_2O含量>K_2O含量，里特曼指数为2.43，属钙性—钙碱性系列。副矿物为锆石、金红石、磁铁矿和微量磷灰石、黄铁矿。

晚三叠世侵入岩主要为一复式岩体，分布在柯柯赛北山，接触面外倾。出露晚三叠世花岗岩、二长花岗岩、花岗闪长岩及石英闪长岩，呈北西西向不规则状侵入古元古代金水口岩群片麻岩组及奥陶纪滩间山群火山岩组中，长16km，宽5～10km，面积为120km^2，以花岗闪长岩为主，有不同期次的6个岩体组成。较早形成的石英闪长岩在复式岩体中呈捕虏体或包体产出，仅在区内东部纳克王玛出露一处，在花岗闪长岩两侧与围岩接触地段和岩体中心部位，分布有燕山早期的红色钾长花岗岩、二长花岗岩。红色钾长花岗岩与滩间山群火山岩组外接触带上硅灰石化、透辉石化及矽卡岩化较强。二长花岗岩与滩间山群火山岩组外接触带上铀矿化较明显。

其中花岗闪长岩中细粒石英闪长质或细粒花岗闪长质、黑云母质包体较发育，岩体剥蚀中—浅。砖红色中细粒钾长花岗岩同位素 K-Ar 年龄为(215.8±7.8)Ma，肉红色中细粒二长花岗岩同位素锆石 U-Pb、K-Ar 年龄为(208.9±1.8)Ma、(203±5)Ma，灰红色中粒花岗闪长岩同位素锆石 U-Pb 年龄为(232±5)Ma，岩石为偏铝—弱过铝高钾钙碱性系列，壳幔混合源的花岗闪长岩＋二长花岗岩＋正长花岗岩组合，后碰撞环境形成。

岩石化学特征：SiO_2 含量变化为 67.78%～74.81%～75.39%，属酸性—超酸性岩，Al_2O_3 含量＞(K_2O＋Na_2O＋CaO)含量，均属铝过饱和岩石化学类型。里特曼指数在 1.576～2.37 间变化，碱度率 AR 为 2.57～2.836～2.96，各单元在 Wrignt 的 SiO_2-AR 图解中投入碱性岩区。CIPW 矿物计算中有刚玉分子，而未见透辉石分子，显示 S 型花岗岩的特征。氧化率 OX(0.663～0.83)较高。固结指数 SI 为 l0.67～5.559～1.93，分异指数 DI 为 80.1～88.239～92.47，表明岩浆分异程度较完全，成岩固结较差。

稀土元素特征：稀土∑REE(6.83～118.74～105.65)均明显低于同类岩石的平均丰度值(黎彤，1976)，这可能与围岩的混染有关，LREE/HREE 值较大，为 1.847～5.11～12.276，均属轻稀土富集型，δEu 值也较大，基本无铕亏损(异常)。稀土总量呈递增趋势，轻重稀土比值逐渐增大。δEu 值和 Sm/Nd 值逐渐减小，La/Yb 值、Ce/Yb 值依次递进，配分曲线右倾斜率逐渐变大，这与岩浆的分异演化一致。

2. 岩脉

纳克秀玛铀矿点岩脉不发育，仅在东南部见 1 条细粒花岗岩脉(γ)及 3 条灰绿色细粒闪长岩脉(δ)。

细粒花岗岩脉，长约 260m，宽 2～10m，为浅肉红色细粒花岗岩，侵入奥陶纪滩间山群火山岩组(OT_2)的黑云石英片岩内，脉体边部可见褐铁矿化等蚀变，岩脉总体 Th 含量偏高，大都在 50×10^{-6} 以上，局部可达 500×10^{-6}。

灰绿色细粒闪长岩脉，宽 5～8m，长 240～260m，侵入晚三叠世浅肉红色中细粒二长花岗岩($T_3\eta\gamma$)中。

(三)构造

矿点位于祁漫塔格北坡-夏日哈岩浆弧。区域构造线总体呈北西—北西西向走向，断裂及褶皱构造发育。

1. 断裂构造

区内断裂发育，主要有 3 组：近东西向断裂、北西—北北西向断裂和北东向断裂，分布在不同地层和侵入岩中。

近东西向断裂：该组断裂规模大，总体近东西展布，为本区构造格架的主体，断带内皆为加里东期超镁铁质岩充填。岩石破碎，具强蛇纹石化。该组断裂形成期最早，具多次活动的逆冲特征，它既是元古宙地层与古生代地层的分界线，又是超镁铁质岩涌出的通道。推测在奥陶纪—志留纪阶段，加里东早期构造活动导致柴达木古陆块裂解，形成张性断裂，经多次活动具逆冲特征。

北西—北北西向断裂:区内最为发育,形成早,活动时间长,为区内主构造线,除少数为正断层外,绝大多数属逆断层性质。断层通过处见有宽窄不一的挤压破碎带、断层泥和断层角砾岩等,宽度在数米至数十米之间,加里东超基性岩体沿断裂带侵入。该组断裂形成于加里东末期,到海西期有活动,具多期次活动特点,与内生金属矿较密切。

北东向断裂:与北西向组成共轭断裂组合,具逆冲兼右行走滑性质。断裂规模较大,延伸较远,发育在古元古代金水口岩群($Pt_1J.$)、奥陶纪滩间山群(OT)及晚泥盆世牦牛山组(D_3m)中的走向断裂,岩石挤压破碎,有断层泥和断层角砾岩,具黄铁矿化、孔雀石化等矿化特征。该组断裂早期断面南西倾逆冲断层,具矿化特征,晚期具右行平移,对矿体起破坏作用。

区内断裂对成矿起明显的控制作用,近东西向、北西—北北西向断裂是区域性控岩控矿构造,北东向断裂早期断面南西倾逆冲断层,具矿化特征,晚期具右行平移,破坏了地层和矿体在走向上的连续性。

2. 褶皱构造

褶皱构造在测区北部较发育,在古元古代金水口岩群片岩组中褶皱最为剧烈,呈线状的复式褶皱,背、向斜轴迹延伸较远;在奥陶纪滩间山群中形成的褶皱较紧密,向斜较为开阔,两翼基本对称;晚泥盆世牦牛山组中发育单斜和宽缓的向斜。

区内褶皱构造的翼部是矿体赋存的有利部位,大多数矿(床)点位于古元古代金水口岩群、奥陶纪滩间山群向形褶皱构造翼部。

(四)变质作用和围岩蚀变

区域上变质岩属柴达木变质地区、柴南缘变质地带(《青海省及毗邻地区变质地带与变质作用》,1987)。作为造山带基本组成的变质岩类,出露较为广泛,是不同成因、不同期次、不同变质程度的变质岩石复合体,早期变质岩石普遍受后期变质作用不同程度的改造。

按变质作用类型划分为:区域变质岩、接触变质岩及动力变质岩三大类。

1. 区域变质作用及其变质岩系

区域变质作用主要发生在元古宙和早古生代,分布最广的为古元古代金水口岩群和奥陶纪滩间山岩群普遍遭受强烈的区域变质作用,多变质为片麻岩、片岩、石英岩、大理岩等类型,晚泥盆世变质作用较为轻微。

2. 接触变质作用及其变质岩

接触交代变质岩发育在花岗闪长岩和花岗岩等中酸性侵入岩的变质碳酸盐岩类岩石中,是在早期接触热变质作用的基础上发展起来的,结果形成典型的接触交代型矽卡岩。接触交代作用的温度条件、岩体成分和围岩化学成分的差异控制了矽卡岩的岩石类型。区域资料显示,矽卡岩以柱状变晶结构、粒柱状变晶结构、交代残余结构及交代结构为主,次为鳞片变晶结构、纤维变晶结构、包含变晶结构等。颜色以灰绿色、浅棕色、棕红色为主。矿物成分主要为钙铝榴石和透辉石，次为斜长石、石英、透闪石、黑云母、硅灰石、符山石、方柱石等，构成石榴石矽卡岩、透辉石矽卡岩、透辉石榴矽卡岩及石榴透辉矽卡岩等，矽卡岩的形状主要为层状、透镜状和巢状等，已有的成矿事实显示区内大部分铁、多金属矿产均产于矽卡岩中或其边部，且调查区内已发现了矽卡岩型的钨钼矿。

3. 动力变质作用及其变质岩

区内动力变质作用强烈，并具多期活动叠加的特点。低角闪岩相韧性动力变质岩分布于中深构造层次的韧性剪切带中。该期韧性剪切带被卷入地层为古元古代金水口岩群，主要变质岩有条纹带状黑云(二云)斜长片麻岩、眼球状黑云(二云)斜长片麻岩、黑云(二云)石英构造片岩、条纹条带状大理岩等特征变质矿物堇青石、夕线石，可确定变质岩石属低角闪岩相。低绿片岩相韧性动力变质岩分布于浅部构造层次的韧性剪切带中。被卷入地质体有古元古代金水口岩群、奥陶纪滩间山群，该类韧性剪切带规模较大，多被后期脆性断裂所破坏，走向以北西向为主，宏观表现为狭长的退化变质带，形成的动力变质岩石主要有绢云母千糜岩、长英质糜棱岩、钙质糜棱岩、花岗质初糜棱岩及糜棱岩化岩石等。变质岩石中重结晶矿物较少，糜棱基质主要为微粒状方解石及长英质微粒状变晶集合体，具动态重结晶特点，属绢云母—绿泥石级低绿片岩相。葡萄石—绿纤石相脆性动力变质岩沿区内表部构造层次的脆性断裂带分布，变质作用以碎裂作用为主。形成的主要变质岩石有构造角砾岩、碎裂岩、碎斑岩及碎裂岩化岩石，新生变质矿物极少，仅见有绢云母、绿泥石、钠长石等。据新生变质矿物共生组合，属葡萄石—绿纤石相。

4. 变质作用与矿产关系

区内区域变质作用、韧性动力变质作用及其变质岩与成矿关系不明显，亦无明显的成矿事实。接触变质作用、脆性动力变质作用及其变质岩与测区铁、多金属矿化关系十分密切。

已知的矿化信息显示，热液型铀矿化产于滩间山群火山岩组片岩内，或于晚三叠世侵入接触带附近，赋存于接触带附近的构造破碎带内；热液型、矽卡岩型铁多金属矿化主要产于古元古代金水口岩群、滩间山群碳酸盐岩与海西期—印支期酸性侵入岩外接触带上，赋存于矽卡岩中或其边部，呈透镜状、似层状、囊状、串珠状产出。脆性动力变质作用形成的破碎蚀变带既是含矿溶液运移的通道，也是矿质沉积的场所，与成矿关系密切，尤其与有色金属矿化关系密切，故本区褶皱及断裂构造发育区，侵入体外接触带矽卡岩等蚀变岩分布区，成矿地质条件十分有利。进一步寻找矽卡岩型、热液型铁、铜、金等多金属矿产很有潜力。

三、矿点地质特征

纳克秀玛铀矿点圈定了铀钼矿化蚀变带 2 条，铀矿(化)体 5 条、钼矿体 1 条、铀钼复合矿体 2 条，含矿岩性为碎裂黑云石英片岩、碎裂钾长花岗岩及构造角砾岩等，矿化带受接触带及断裂构造双重控制，与铀矿化密切相关的热液蚀变主要为赤铁矿化、硅化(图 4-4-2)。

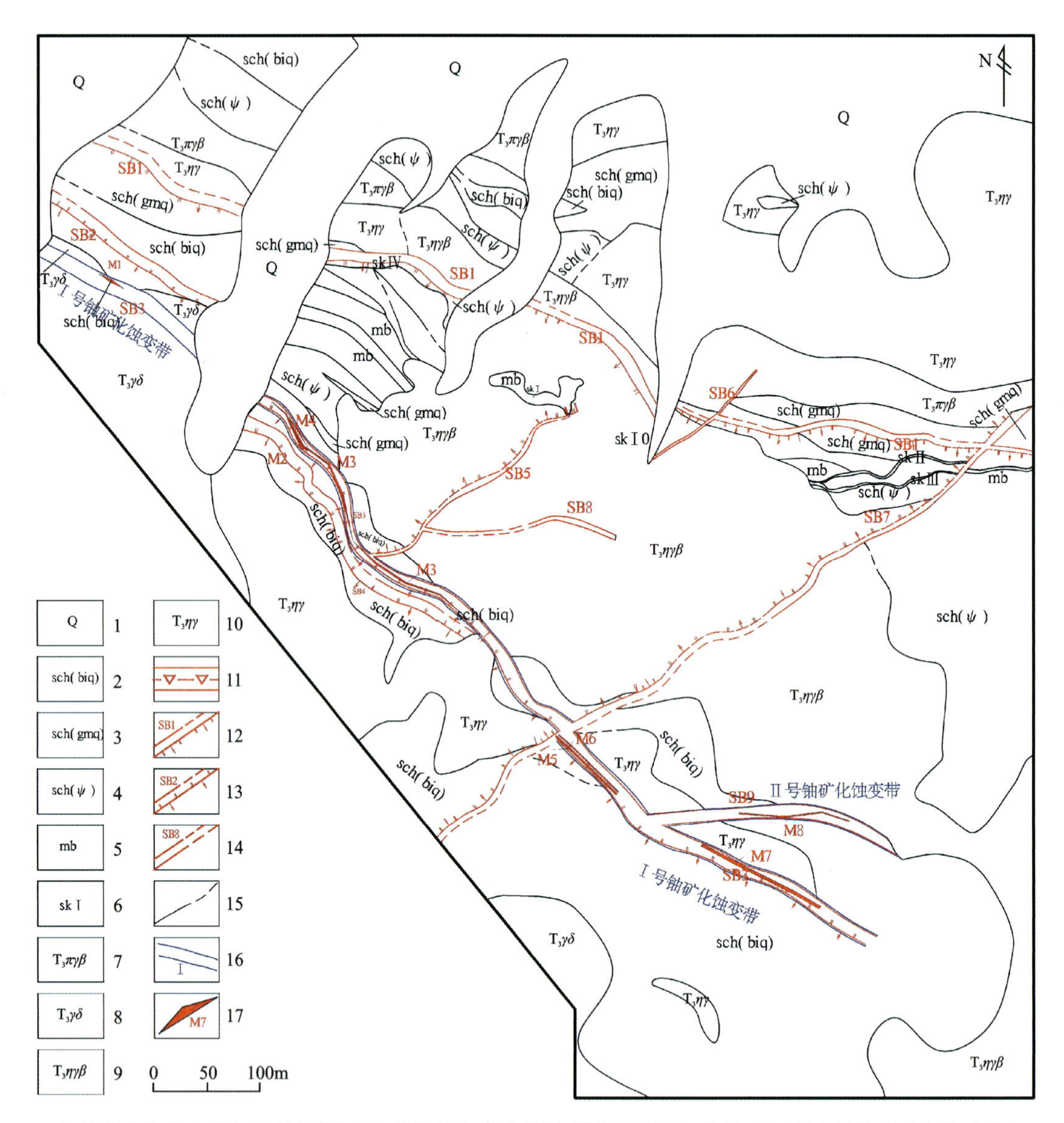

1. 冲洪积砂砾石、黏土；2. 灰黑色黑云石英片岩；3. 灰白色（条带状）白云石英片岩；4. 灰绿色斜长角闪片岩；5. 灰白色（条带状）厚层状大理岩；6. 青灰色、灰白色矽卡岩；7. 灰白色斑状黑云母花岗岩；8. 灰白色中细粒花岗闪长岩；9. 浅肉红色中粗粒黑云二长花岗岩；10. 浅肉红色中细粒二长花岗岩；11. 碎裂岩化蚀变岩；12. 实测、推测正断层及编号；13. 实测、推测逆断层及编号；14. 实测、推测性质不明断层及编号；15. 实测、推测地质界线；16. 铀矿化蚀变带及编号；17. 矿体位置及编号。

图 4-4-2　纳克秀玛铀矿点矿区地质简图

（一）Ⅰ号铀钼矿化蚀变带

蚀变带宽 50～100m，长约 3.6km，走向北西向，蚀变带受 SB3 北西向构造破碎带控制，破碎带走向 290°～306°，倾向南西，倾角为 45°～57°。带内岩性为碎裂黑云石英片岩，碎裂中粗粒钾长花岗岩及花岗闪长岩，带内岩石具碎裂结构，赤铁矿化、褐铁矿化、高岭土化、硅化等蚀变强烈。带内圈定了铀矿体 3 条,铀矿化体 1 条,钼矿体 1 条,铀钼复合矿体 2 条。铀矿(化)体长 100～150m,真厚度为 0.36～1.17m,铀品位为 0.041%～0.112%,含矿岩性主要为碎裂蚀变花岗闪长岩、碎裂二长花岗岩,发育赤铁矿化、褐铁矿化、碳酸盐化;钼矿体长约 100m,真厚度为 1.68m,钼品位为 0.062%,矿体受构造破碎带控制,含矿岩性为碎裂黑云石英片岩,蚀变以赤铁矿化、硅化为主,局部可以见褐铁矿化及高岭土化,该条钼矿体发育一定程度的铀矿化,铀品位在 0.012%～0.022%之间;铀钼复合矿体长 150～1100m,铀矿体真厚度为 0.58～2.91m,品位为 0.03%～0.094%,钼矿体真厚度为 1.12～3.59m,品位为 0.043%～0.144%,矿体受构造破碎带控制,含矿岩性为碎裂黑云石英片岩,热液蚀变强烈,以赤铁矿矿化、硅化为主,局部可以见褐铁矿化及高岭土化(图 4-4-3)。

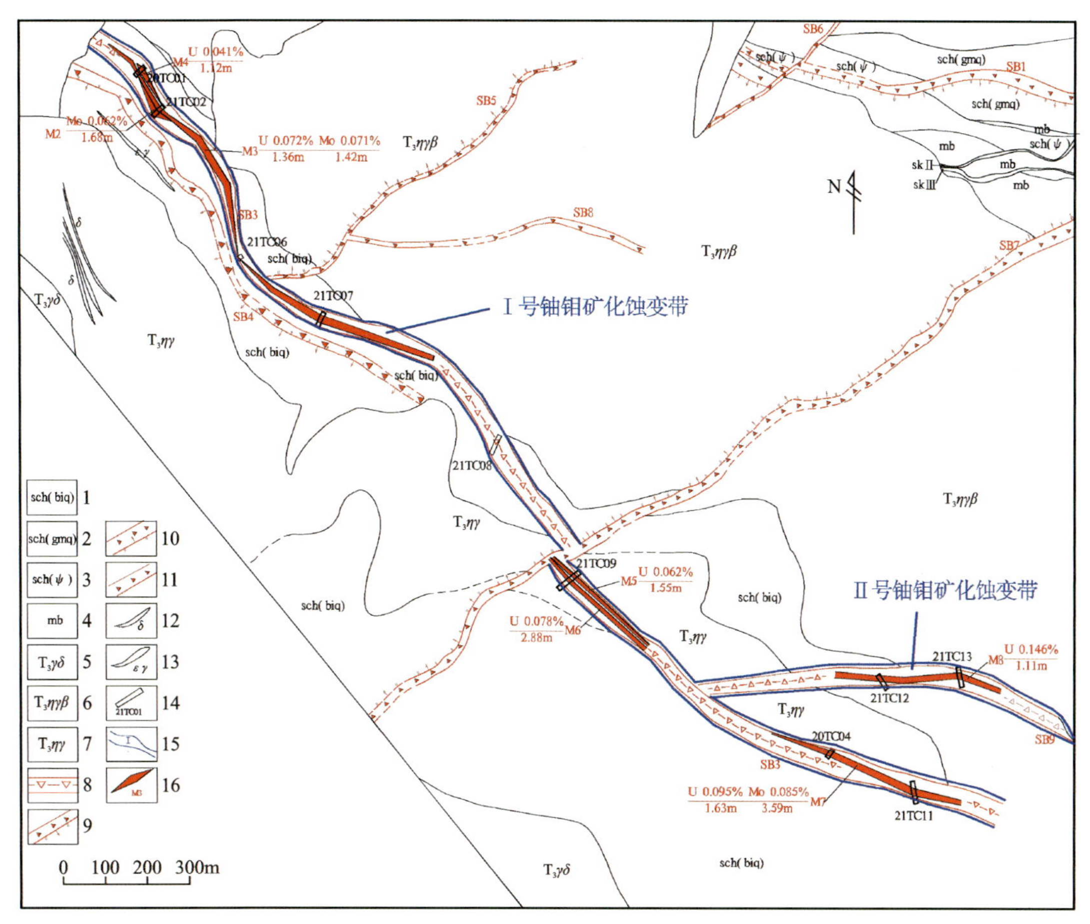

1. 灰黑色黑云石英片岩;2. 灰白色(条带状)白云石英片岩;3. 灰绿色斜长角闪片岩;4. 灰白色(条带状)厚层状大理岩;5. 灰白色花岗闪长岩;6. 肉红色黑云二长花岗岩;7. 浅肉红色二长花岗岩;8. 构造破碎带;9. 正断层;10. 逆断层;11. 性质不明断层;12. 闪长岩脉;13. 钾长花岗岩脉;14. 已施工探槽及编号;15. 铀钼矿化蚀变带;16. 铀矿体及编号。

图 4-4-3 Ⅰ、Ⅱ号铀钼矿化带矿体分布平面图

（二）Ⅱ号铀钼矿化蚀变带

蚀变带长约690m，宽30～50m，走向近东西，蚀变带受SB9近东西向构造破碎带控制，走向283°～295°，北倾，倾角为55°～65°。带内岩性为构造角砾岩，角砾成分为黑云石英片岩。带内岩石具赤铁矿化、褐铁矿化、高岭土化、硅化等。带内已圈定铀矿体1条，经化学样分析，虽未圈定钼矿体，但存在钼矿化，钼品位在0.012%～0.022%之间。铀矿体长约260m，真厚度为0.58～1.63m，铀品位为0.037 2%～0.185%，矿体受构造破碎带控制，含矿岩石为构造角砾岩，发育赤铁矿化、绿泥石化(图4-4-3)。

（四）铀钼矿石特征

纳克秀玛铀矿点矿石中的原生铀矿物以多边形晶质铀矿为主(图4-4-4)，局部见少量的钛铀矿，与铀矿化共伴生的金属矿物为辉钼矿、黄铁矿。

1. 晶质铀矿

晶质铀矿在光片中大面积出现，呈白色，隐晶质，细脉状、团块状结构，镜下呈显微、超显微明亮的细脉状、板状及粒状，粒径一般5～10μm，大者可达30μm，半金属光泽至树脂光泽，不透明，无解理，以球粒状、胶状、细小粒状集合体产在黑云石英片岩裂隙中(图4-4-5)。

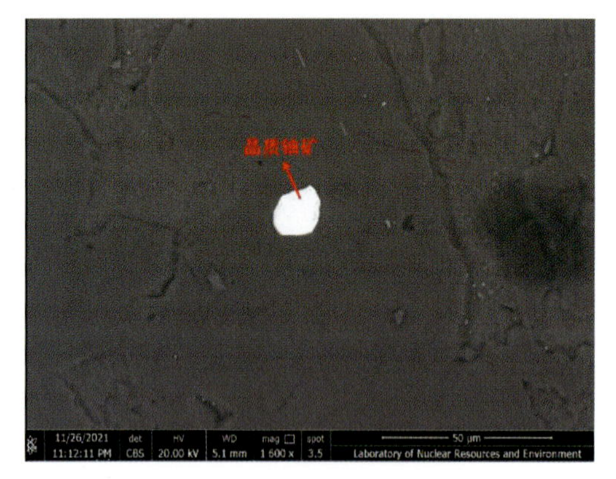

图4-4-4 多边形晶质铀矿

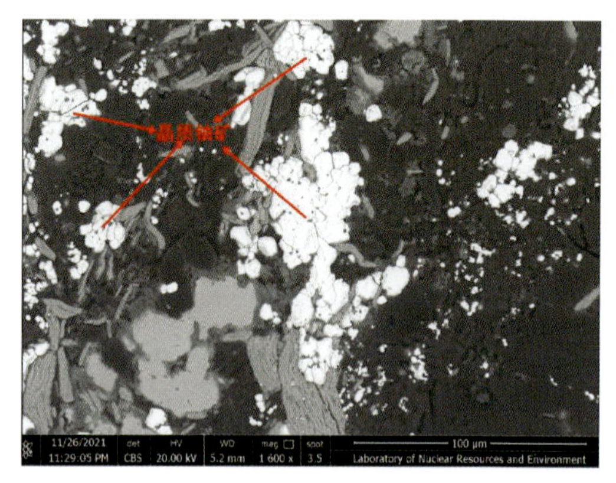

图4-4-5 细脉状晶质铀矿

2. 钛铀矿

钛铀矿在镜下呈灰色，隐晶质，柱状结构，分布于晶质铀矿边部，单体粒径可达50μm(图4-4-6)。

3. 辉钼矿

辉钼矿呈铅灰色，隐晶质，鳞片状、叶片状结构，发育于晶质铀矿裂隙中，单体粒径多在3～5μm之间，大者可达10μm以上(图4-4-7)。

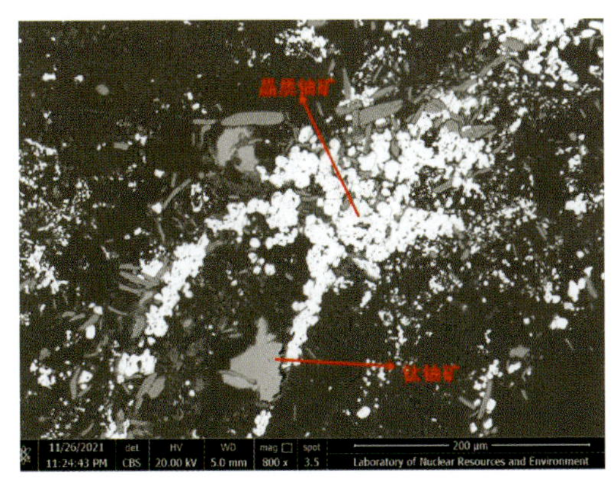

图 4-4-6　晶质铀矿内分布的钛铀矿

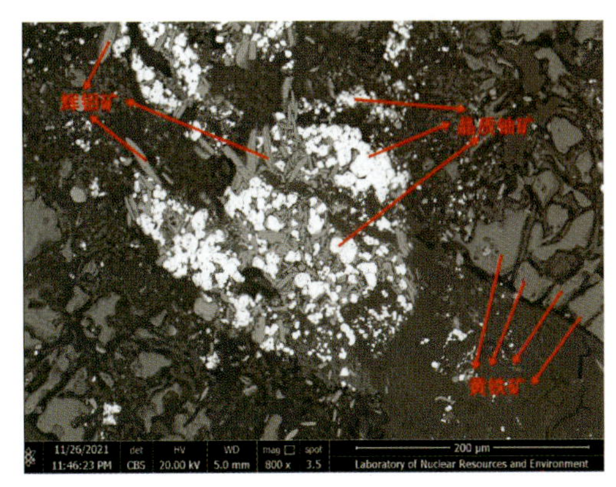

图 4-4-7　晶质铀矿内含辉钼矿及黄铁矿

4. 黄铁矿、赤铁矿等

黄铁矿、赤铁矿等多呈浸染状、粉末状充填在岩石裂隙中。黄铁矿为自形、半自形粒状，淡黄白色，单体粒径在 50μm 左右，其内裂纹发育，多呈单体状不均匀零星出现(图 4-4-7)。

5. 脉石矿物

脉石矿物主要为方解石及石英，方解石呈白色，呈细脉状、网脉状充填于岩石裂隙中，脉体宽 0.2～3mm，白色脉体为矿后期充填的脉体。石英多呈细脉状充填在北东向构造裂隙带中，脉宽 1～5cm。

（五）矿石结构及构造

矿石结构：主要呈碎裂状及角砾状结构。

矿石构造：主要呈微细浸染状、网脉状及角砾状构造，微细浸染状及角砾状矿石为主要的矿石构造类型。赋矿岩石成分多为碎裂黑云石英片岩。晶质铀矿主要围绕黄铁矿、辉钼矿呈胶状分布，或分布于黄铁矿、辉钼矿的裂隙内。

（六）矿石类型

矿石自然类型：地表未见氧化矿石，镜下可见原生矿石——晶质铀矿、钛铀矿，矿石呈褐红色。按矿物共生组合确定主矿点矿化类型为晶质铀矿-氧化物矿物。

矿石工业类型：根据矿石物质组分、化学成分、含矿围岩等确定矿石工业类型为含多种金属硫化物和多种特征性矿物的复合铀矿石。

（七）控矿因素

接触带控矿是普遍规律，在本区也遵循了这一规律，按成矿理论，岩浆侵入以后必然同围岩作用，形成同化混染带，这个带是组分交替场所，在有利铀矿沉淀的条件下必然会聚集成矿，从探槽中常见混合岩化长英矿物就可以证明。

区内发现的铀矿体大都位于奥陶纪滩间山群与晚三叠世侵入岩内外接触带及北西向断裂构造复合部位，所以矿体受接触带及断裂构造双重控制。

（八）成因类型

区内奥陶纪滩间山群火山岩组片岩段中北西向断裂构造(Sb3)及其上下盘放射性背景值高，铀矿化随着赤铁矿化增强而变强，含矿岩性为赤铁矿化碎屑黑云石英片岩、碎裂钾长花岗岩。调查区接触带两侧铀含矿较高，受构造控制，岩石具赤铁矿化、硅化、褐铁矿化等热液蚀变，且矿化带旁侧发育后期闪长岩脉及钾长花岗岩脉，表明热液活动明显，活性铀多，利于构造蚀变带富集成矿，据控矿因素及矿体地质构造特征推断，成因类型为热液型。

（九）找矿标志

1. 岩性标志

区内接触带附近的赤红色碎裂黑云石英片岩及碎裂钾长花岗岩与铀矿化关系密切，是寻找铀矿(化)体的主要的岩性标志，区内现已圈定的铀矿(化)体及异常带均产于两种岩性中。

2. 构造标志

北西向断裂构造是主要含矿构造(Sb3)。尤其是构造中赤铁矿化、硅化蚀变发育地段铀含量较高，是找矿的重要标志。

3. 放射性物探标志

伽马能谱测量圈定的异常晕及异常带是寻找铀矿的放射性物探标志。

4. 矿化蚀变标志

赤铁矿化与铀成矿关系密切，矿化强度随着赤铁矿矿化变强而增强、赤铁矿化越强烈的部位铀品位越高。

第五章　海德乌拉火山盆地岩浆作用与铀成矿机理研究

第一节　海德乌拉火山盆地岩浆岩

一、岩浆岩岩石类型

海德乌拉火山盆地内岩浆活动强烈，盆地内八宝山组火山岩出露较广，岩石类型从基性到中酸性岩均有出露，并发育浅成侵入岩及脉岩。侵入岩主要为晚三叠世花岗（斑）岩（脉），局部见有少量闪长玢岩脉，脉体多侵入于八宝山组酸性和基性火山岩内。

（一）侵入岩

火山盆地内侵入岩主要为晚三叠世花岗斑岩，呈两个不规则状侵入体侵入火山盆地中部及西部八宝山组火山碎屑岩中，其展布形态明显受区域断裂构造控制。

花岗斑岩：岩石呈浅灰红色—浅肉红色，以中粗粒为主，偶见不等粒状及似斑状结构，粒度2～6mm，具较明显的结构演化特征。主要由斜长石、微斜长石、石英、黑云母组成，偶见少量角闪石，副矿物主要有磁铁矿、磷灰石、锆石，个别见褐帘石及榍石。岩石中局部见方解石细脉及褐铁矿细脉沿裂隙充填。岩体剥蚀程度较深，硅化、水云母化、绿泥石化、紫色萤石化等热液矿化蚀变发育（图 5-1-1、图 5-1-2）。伽马能谱测量发现 eU 平均含量为 5.9×10^{-6}、eTh 平均含量为 32.0×10^{-6}，放射性强度较高。

图 5-1-1　含紫色萤石绿帘石化花岗斑岩

图 5-1-2　长石斑晶边缘发育绿泥石化、绿帘石化，紫色萤石充填到方解石中

（二）火山岩

海德乌拉火山盆地分布着古生代酸性及中基性火山岩和中生代基性火山岩（图 5-1-3）。盆地内火山岩岩石类型组合较复杂（表 5-1-1），古生代火山岩岩石类型主要有爆发相集块熔岩、火山角砾岩、含角砾晶屑凝灰岩、晶屑凝灰岩、熔结凝灰岩，溢流相含火山弹豆状流纹岩、（球粒）流纹岩，喷溢相粗面岩、玄武岩，沉积相杂色含岩屑中细粒砂岩。中生代火山岩岩石类型主要为喷溢相（杏仁状）玄武岩，沉积相粉砂质板岩、粉砂岩、复成分砾岩。

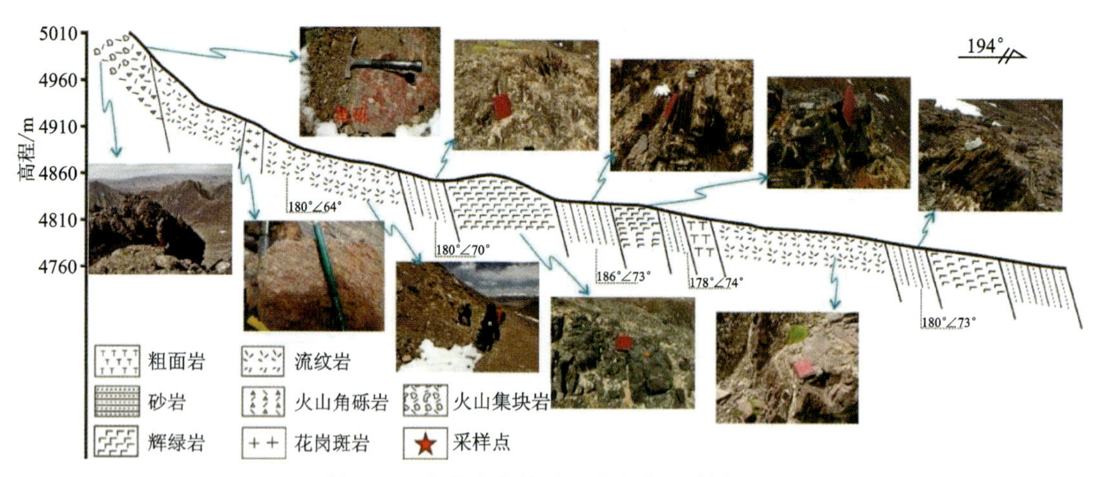

图 5-1-3　海德乌拉铀矿区火山岩地质剖面图

盆地内古生代酸性、中基性火山岩组合在海德乌拉矿区Ⅰ号铀矿化带北部出露较好，表现为爆发相火山碎屑岩与溢流相酸性火山岩交替喷发，夹有喷溢相中基性火山岩，在火山喷发间歇期沉积了一套砂岩；中生代基性火山岩组合在海德乌拉矿区Ⅰ号铀矿化带南部出露较好，表现为喷溢相基性火山岩与喷发间歇期沉积相粉砂质板岩、粉砂岩、复成分砾岩交替喷发。成岩之后被晚期晚三叠世花岗斑岩和辉绿岩所侵入。

盆地下部古生代酸性、中基性火山喷发划分为 3 个喷发旋回和 4 个喷发韵律，火山喷发过程由弱到强；上部中生代中基性火山喷发划分为 3 个喷发旋回和 3 个喷发韵律，火山喷发过程由强到弱。火山演化酸性→中基性，火山喷发作用表现为火山爆发-溢流与火山间歇期沉积作用交替变化。由于海德乌拉火山盆地内未见碳酸盐岩，当前发现的火山岩岩石组合特征及岩石特征显示：海德乌拉火山盆地古生代及中生代火山活动均为陆相火山喷发，喷发方式为裂隙式喷发。

（三）脉岩

海德乌拉火山盆地内花岗（斑）岩脉、辉绿岩脉、闪长玢岩脉多呈近东西向、北东向、北西向展布，长 700～1700m，宽 3～48m，与围岩呈侵入接触关系，对早期形成的火山岩地层进行了一定程度的破坏。脉岩中偶见高岭土化、硅化蚀变，个别花岗岩脉体中见有细粒状黄铁矿化。花岗（斑）岩中放射性背景值较高，eU 含量为（4.2～8.5）$\times10^{-6}$，eTh 含量为（27.7～43.6）$\times10^{-6}$，K 含量为 2.2%～3.6%。

表 5-1-1　海德乌拉火山盆地火山岩岩性岩相及喷发旋回、韵律划分表

层号	岩性及接触关系	厚度/m	喷发旋回	喷发韵律	岩相	性质	eU/$\times10^{-6}$	eTh/$\times10^{-6}$	K/%
23	杂色砾岩、长石石英砂岩	>100	/	/	沉积相		2.4	9.3	1.7
22	紫褐色玄武岩	94.59	第3旋回	第3韵律	喷溢相	晚期基性喷发	2.8	7.8	3.2
21	灰绿色玄武岩						2.0	9.4	2.6
20	杂色复成分砾岩	1.12	第2旋回	第2韵律	沉积相		3.0	11.3	3.3
19	灰绿色玄武岩	94.59			喷溢相		1.9	12.4	3.2
18	灰紫色杏仁状玄武岩						2.0	12.4	2.9
17	紫红色粉砂岩	5.27			沉积相		4.2	21.0	2.7
16	深灰绿色杏仁状玄武岩	16.22	第1旋回	第1韵律	喷溢相		3.5	9.7	3.6
15	紫红色粉砂质板岩	8.33	第3旋回	第4韵律	沉积相	早期中基性喷发	4.3	21.2	2.8
14	紫褐色粗面质玄武岩	91.55			喷溢相		8.1	17.8	5.8
13	深红色铀矿化粗面岩						251.7	15.1	6.5
12	紫褐色玄武岩						6.9	21.1	7.0
11	紫红色粉砂质板岩	40.37	第2旋回	第3韵律	沉积相		3.7	17.5	3.0
10	墨绿色玄武岩	22.21			喷溢相		1.7	11.2	1.6
9	紫红色粉砂岩	20.17	第1旋回	第2韵律	沉积相	早期酸性喷发	3.4	22.8	3.7
8	杂色含岩屑中细粒砂岩	8.31					3.6	24.4	4.1
7	紫红色流纹岩	74.15			溢流相		9.4	44.1	7.8
6	砖红色熔结凝灰岩	46.35			爆发相		9.3	35.0	5.9
5	灰紫色含火山弹豆状流纹岩	27.33		第1韵律	溢流相		3.9	32.2	4.3
4	暗红色晶屑凝灰岩	91.2			爆发相		11.4	38.0	8.3
3	紫红色含角砾、岩屑晶屑凝灰岩	11.28					5.6	34.3	5.0
2	灰紫色火山角砾岩	28.63					1.8	12.3	1.9
1	灰褐色含火山角砾集块熔岩	57.20					2.8	11.4	1.2

二、火山岩岩相学特征

(一)火山角砾岩

火山角砾岩岩石为灰紫色,角砾状结构,块状构造,含大量火山角砾,角砾大小为1cm×2cm。胶结物由斑晶和基质组成(图5-1-4),主要由塑变岩屑、晶屑和玻屑及火山尘构成。塑变岩屑呈淡褐色—灰色,细长带状。斑晶为钾长石,塑性石英玻屑呈长条状,遇到晶屑明显弯曲。塑性岩屑呈条带状—拉长透镜状,脱玻化。斑晶石英被熔蚀,钾长石斑晶角砾较自形。

(二)晶屑凝灰岩

晶屑凝灰岩岩石为灰紫色,斑状结构,块状构造。岩石由斑晶和基质组成(图5-1-5),斑晶主要为长石,少量石英,斑晶含量为15%,粒度为0.2cm×0.2cm。基质主要由塑变岩屑、晶屑和玻屑及火山尘构成,塑性玻屑呈条纹状、蚯蚓状,遇晶屑明显弯曲,具有假流动构造。石英和长石斑晶边缘见有熔蚀现象。

图5-1-4　火山角砾岩岩相学特征

图5-1-5　晶屑凝灰岩岩相学特征(石英斑晶)

(三)流纹岩

海德乌拉火山盆地流纹岩包括深灰色流纹岩(图5-1-6a)、紫红色流纹岩(图5-1-6b)和灰紫色含火山弹豆状流纹岩(图5-1-6c),流纹构造(图5-1-6b)和豆状构造(图5-1-6c)发育,具有斑状结构和球粒结构。其中深灰色流纹岩和紫红色流纹岩斑晶含量约5%,而豆状流纹岩斑晶含量较少。斑晶主要为碱性长石(图5-1-6d)和石英(图5-1-6e),碱性长石斑晶表面泥化,石英斑晶发育有熔蚀反应边。基质普遍具有球粒结构(图5-1-6f),少量发育显微文象结构(图5-1-6e)。副矿物包括锆石、磷灰石、磁铁矿等。

(四)粗面岩

粗面岩岩石呈现出黑色、褐色、褐黑色等,斑状结构,块状构造。岩石主要由斑晶(13%~17%)和基质(83%~87%)构成。斑晶主要包括钾长石(图5-1-7a)、石英(图5-1-7b)、斜长石(图5-1-7c)、钛铁矿及黄铁矿等。副矿物主要包括锆石、磷灰石等。

Qz. 石英；Kfs. 钾长石；Spherules. 球粒结构。

图 5-1-6　流纹岩岩相学特征

a. 深灰色流纹岩；b. 紫红色流纹岩流纹构造；c. 灰紫色含火山弹豆状流纹岩；d. 钾长石斑晶和基质球粒结构；e. 石英斑晶、基质球粒结构和文象结构；f. 流纹岩基质球粒结构

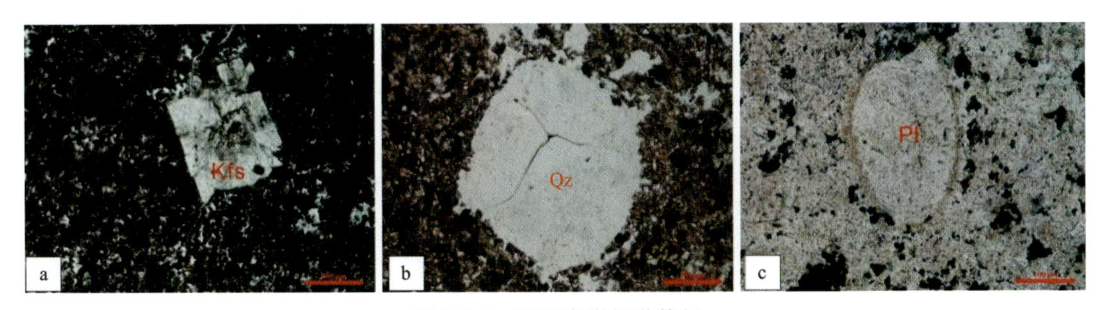

图 5-1-7　粗面岩岩相学特征

a. 钾长石斑晶；b. 石英斑晶；c. 斜长石斑晶

(五)杏仁状玄武岩

岩石为深灰绿色,斑状结构,杏仁状构造,块状构造,斑晶主要为辉石、斜长石。斜长石斑状为长条状,长短轴平均值在1~1.5mm之间,呈不规则格架状杂乱分布,另在基质中见有微晶斜长石杂乱分布,组成了间隐结构,部分斜长石斑晶具绿泥石化蚀变。杏仁体含量约为15%,大小为0.5cm×0.5cm,其中充填方解石,方解石两组解理夹角明显成60°(图5-1-8)。

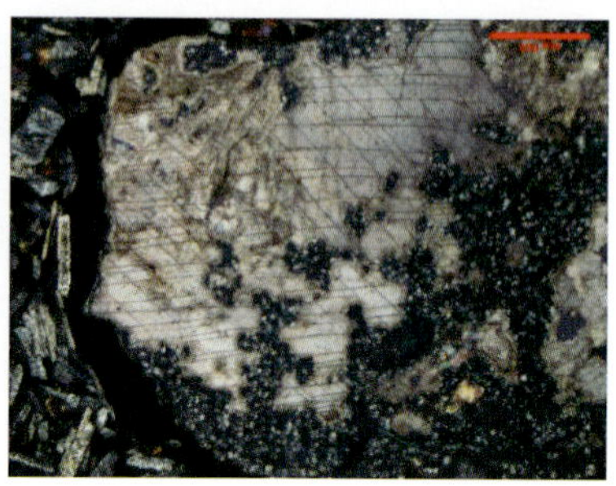

图5-1-8 杏仁状玄武岩岩相学特征

(六)辉绿岩

辉绿岩呈脉状侵入砂岩或粗面岩岩层,走向近东西向,产状与砂岩岩层相近,宽度从约0.5m到数十米不等(图5-1-9a、b、c)。岩石呈细粒等粒结构,主要矿物组成为斜长石和单斜辉石(图5-1-9d)。斜长石,含量60%~70%,大多为板状自形,长轴长60~300μm;辉石,含量25%~35%,常呈粒状,粒径多在50~80μm,与斜长石构成辉绿结构。在一些样品中,可见辉石发生绿泥石化、绿帘石化等蚀变。

图5-1-9 辉绿岩野外露头照片和显微照片

a、b为野外露头照片;c为显微照片。

Pl.斜长石,Cpx.单斜辉石,部分辉石已发生蚀变

(七)花岗斑岩

盆地内花岗斑岩呈脉状产出,侵入古生代志留纪火山岩中。斑晶主要矿物组成为碱性长石和石英(图5-1-10a),偶见斜长石,基质为霏细结构,其中含有球粒。斑晶粒径一般在0.5~1mm之间,显微镜下可见部分斑晶已发生熔蚀现象(图5-1-10b),碱性长石多为半自形板状或

浑圆状，石英多为浑圆状。岩石局部发生明显的绢云母化，并有晚期碳酸盐脉侵入。

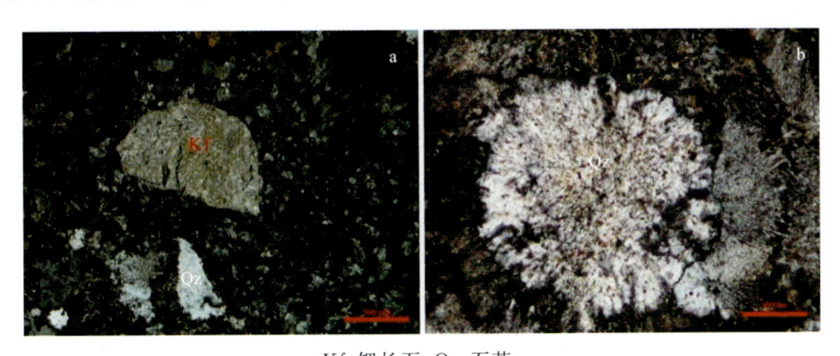

Kf. 钾长石；Qz. 石英。

图 5-1-10　花岗斑岩岩相学照片

第二节　海德乌拉火山岩年代学特征

一、古生代岩浆喷发活动

对海德乌拉火山盆地采集的新鲜火山岩（流纹岩、粗面岩）开展同位素年代学研究，挑选岩石中的锆石进行 U-Pb 定年，测试结果见表 5-2-1。

（一）流纹岩

流纹岩一共采集了 3 件样品（HDWL-5、HDWL-7、21H-6-2）开展锆石 U-Pb 同位素定年，流纹岩锆石 SEM-CL 结构、U-Pb 定年和 Hf 同位素点位测试图如图 5-2-1。其中 HDWL-5 流纹岩样品测试的所有数据点均在谐和线上（图 5-2-2），18 个颗较自形锆石的 $^{206}Pb/^{238}U$ 年龄数据集中于 435～419Ma 之间，加权平均年龄为（426.1±3.0）Ma，MSWD＝0.54，代表了该样品的结晶年龄；HDWL-7 流纹岩样品测试的所有数据点均在谐和线上（图 5-2-2），21 个颗较自形锆石的 $^{206}Pb/^{238}U$ 年龄数据集中于 445～420Ma 之间，加权平均年龄为（426.4±2.6）Ma，MSWD＝1.1，代表了该样品的结晶年龄；21H-6-2 流纹岩样品测试的所有数据点均在谐和线上（图 5-2-2），20 个颗较自形锆石的 $^{206}Pb/^{238}U$ 年龄数据集中于448～419Ma 之间，加权平均年龄为（428.0±3.4）Ma，MSWD＝1.3，代表了该样品的结晶年龄。

（二）粗面岩

粗面岩一共采集了 3 件样品（HDWL-1、HDWL-3、21H-1-3）开展锆石 U-Pb 同位素定年，其中 HDWL-1 粗面岩样品测试的所有数据点均在谐和线上（图 5-2-2），18 个颗较自形锆石的 $^{206}Pb/^{238}U$ 年龄数据集中于 461～411Ma 之间，加权平均年龄为（424.6±5.6）Ma，MSWD＝2.0，应为该样品的结晶年龄；HDWL-3 粗面岩样品测试的所有数据点均在谐和线上（图 5-2-2），19 个颗较自形锆石的 $^{206}Pb/^{238}U$ 年龄数据集中于 437～404Ma 之间，加权平均年龄为（421.4±4.1）Ma，MSWD＝1.0，应为该样品的结晶年龄；21H-1-3 粗面岩样品测试的所有数据点均在谐和线上（图 5-2-2），20 个颗较自形锆石的 $^{206}Pb/^{238}U$ 年龄数据集中于 466～408Ma 之间，加权平均年龄为（423.0±4.4）Ma，MSWD＝0.9。

表 5-2-1 海德乌拉铀矿区流纹岩及粗面岩锆石 U-Pb 同位素测试结果一览表

测点编号	含量/$\times10^{-6}$			测试结果						年龄/Ma					
	Pb	Th	U	$^{207}Pb/^{206}Pb$	1σ	$^{207}Pb/^{235}U$	1σ	$^{206}Pb/^{238}U$	1σ	$^{207}Pb/^{206}Pb$	1σ	$^{207}Pb/^{235}U$	1σ	$^{206}Pb/^{238}U$	1σ
HDWL-1-01	2.77	20.76	27.00	0.059 4	0.015 1	0.541 7	0.120 2	0.070 1	0.004 5	581	278	440	40	437	14
HDWL-1-02	3.05	19.09	27.58	0.057 1	0.014 4	0.573 3	0.151 5	0.073 9	0.004 2	498	281	460	49	460	13
HDWL-1-03	2.88	22.23	30.64	0.055 2	0.012 5	0.501 1	0.114 8	0.066 9	0.003 7	420	257	412	39	417	11
HDWL-1-04	7.68	63.14	73.62	0.057 1	0.009 2	0.535 2	0.090 3	0.068 4	0.003 0	494	179	435	30	426	9
HDWL-1-05	4.09	26.31	33.55	0.072 3	0.015 8	0.673 1	0.146 8	0.069 5	0.003 8	994	256	523	45	433	11
HDWL-1-06	3.05	23.02	30.70	0.055 1	0.013 1	0.509 1	0.120 2	0.067 7	0.003 9	417	267	418	40	422	12
HDWL-1-07	3.06	24.60	32.54	0.054 6	0.012 1	0.524 7	0.121 2	0.069 0	0.003 6	398	252	428	40	430	11
HDWL-1-08	2.24	16.04	21.51	0.055 5	0.014 7	0.523 0	0.137 4	0.068 9	0.003 1	432	298	427	46	429	9
HDWL-1-10	6.17	46.08	57.00	0.059 5	0.010 5	0.609 5	0.108 9	0.074 1	0.003 2	583	188	483	34	461	10
HDWL-1-12	5.03	43.22	50.86	0.053 7	0.010 0	0.477 2	0.075 3	0.066 5	0.003 1	367	218	396	26	415	9
HDWL-1-13	4.13	32.57	40.06	0.057 3	0.012 6	0.530 4	0.110 7	0.069 1	0.004 0	506	243	432	37	431	12
HDWL-1-14	5.87	49.50	59.70	0.054 9	0.005 0	0.519 3	0.048 1	0.068 8	0.002 4	406	102	425	16	429	7
HDWL-1-15	7.85	69.28	77.42	0.055 2	0.005 0	0.511 3	0.046 3	0.067 3	0.002 2	420	102	419	16	420	7
HDWL-1-16	3.74	32.65	36.55	0.056 1	0.007 3	0.521 6	0.070 9	0.067 8	0.002 8	454	144	426	24	423	8
HDWL-1-17	2.31	17.21	24.45	0.055 1	0.009 5	0.507 3	0.086 5	0.066 8	0.002 8	413	193	417	29	417	8
HDWL-1-19	6.30	51.73	61.33	0.056 4	0.005 6	0.527 8	0.050 8	0.068 4	0.002 4	478	109	430	17	427	7
HDWL-1-20	2.84	22.80	28.92	0.057 1	0.008 7	0.510 2	0.073 8	0.065 7	0.003 1	494	167	419	25	410	9
HDWL-1-21	5.32	45.32	56.20	0.055 4	0.006 2	0.491 3	0.048 8	0.065 5	0.002 7	428	126	406	17	409	8
HDWL-1-22	3.76	31.18	37.01	0.055 2	0.007 0	0.503 3	0.064 2	0.066 6	0.002 5	420	147	414	22	415	8

续表 5-2-1

测点编号	含量/$\times10^{-6}$			测试结果						年龄/Ma					
	Pb	Th	U	$^{207}Pb/^{206}Pb$	1σ	$^{207}Pb/^{235}U$	1σ	$^{206}Pb/^{238}U$	1σ	$^{207}Pb/^{206}Pb$	1σ	$^{207}Pb/^{235}U$	1σ	$^{206}Pb/^{238}U$	1σ
HDWL-1-23	5.23	39.81	55.57	0.055 7	0.006 1	0.500 1	0.051 0	0.065 9	0.002 5	439	122	412	17	411	8
HDWL-1-24	3.82	29.67	36.08	0.058 1	0.007 4	0.552 5	0.062 3	0.070 6	0.003 0	532	139	447	20	440	9
HDWL-3-01	2.35	14.22	21.42	0.104 03	0.008 46	0.975 46	0.074 99	0.069 67	0.001 95	1698	150	691	39	434	12
HDWL-3-02	6.46	55.83	66.62	0.056 68	0.003 12	0.519 03	0.024 80	0.067 54	0.001 40	480	121	425	17	421	8
HDWL-3-03	3.33	26.50	33.47	0.060 56	0.003 93	0.567 13	0.038 64	0.067 78	0.001 66	633	145	456	25	423	10
HDWL-3-04	4.47	33.51	45.90	0.069 44	0.003 89	0.641 07	0.034 82	0.067 55	0.001 52	922	121	503	22	421	9
HDWL-3-05	3.28	27.80	36.08	0.058 49	0.004 27	0.518 12	0.037 12	0.064 68	0.001 19	546	155	424	25	404	7
HDWL-3-06	2.75	23.23	28.54	0.055 25	0.003 99	0.501 09	0.034 74	0.066 54	0.001 64	433	161	412	24	415	10
HDWL-3-07	1.97	11.85	23.98	0.057 06	0.003 99	0.529 00	0.033 90	0.068 57	0.001 63	494	156	431	23	428	10
HDWL-3-08	1.64	12.60	18.34	0.057 51	0.007 33	0.507 92	0.058 42	0.067 52	0.001 93	509	279	417	39	421	12
HDWL-3-09	4.88	38.74	50.24	0.058 66	0.003 13	0.565 84	0.029 66	0.070 16	0.001 55	554	149	455	19	437	9
HDWL-3-10	2.48	19.61	25.99	0.054 74	0.004 40	0.507 13	0.040 65	0.067 21	0.001 47	467	181	417	27	419	9
HDWL-3-11	0.95	5.37	11.65	0.056 02	0.007 23	0.512 46	0.065 00	0.066 91	0.001 88	454	258	420	44	418	11
HDWL-3-12	2.62	19.54	27.44	0.057 38	0.004 22	0.529 75	0.038 11	0.067 70	0.001 34	506	158	432	25	422	8
HDWL-3-13	3.68	33.18	40.10	0.053 23	0.002 66	0.477 14	0.021 73	0.066 26	0.001 52	339	118	396	15	414	9
HDWL-3-14	2.40	18.73	24.51	0.057 04	0.004 60	0.516 95	0.041 55	0.065 87	0.001 45	494	178	423	28	411	9
HDWL-3-15	11.39	102.13	117.27	0.055 91	0.002 18	0.520 04	0.019 62	0.067 95	0.001 30	450	117	425	13	424	8
HDWL-3-16	3.16	24.58	30.40	0.058 10	0.004 22	0.565 52	0.041 66	0.070 58	0.001 53	600	160	455	27	440	9
HDWL-3-17	3.09	25.35	33.22	0.055 48	0.004 28	0.512 84	0.038 44	0.067 07	0.001 31	432	172	420	26	418	8
HDWL-3-18	3.71	32.47	38.57	0.055 85	0.003 71	0.517 19	0.035 17	0.067 46	0.001 38	456	144	423	24	421	8

续表 5-2-1

测点编号	含量/×10^{-6}			测试结果						年龄/Ma					
	Pb	Th	U	$^{207}Pb/^{206}Pb$	1σ	$^{207}Pb/^{235}U$	1σ	$^{206}Pb/^{238}U$	1σ	$^{207}Pb/^{206}Pb$	1σ	$^{207}Pb/^{235}U$	1σ	$^{206}Pb/^{238}U$	1σ
HDWL-3-19	2.86	21.73	29.46	0.057 70	0.004 83	0.538 10	0.040 43	0.069 52	0.001 63	517	188	437	27	433	10
21H-1-3-01	1.50	11.38	17.64	0.055 91	0.011 15	0.485 36	0.095 17	0.065 39	0.004 60	450	224	402	33	408	14
21H-1-3-02	4.85	28.87	49.73	0.060 24	0.010 55	0.562 52	0.090 06	0.070 60	0.005 07	613	191	453	29	440	15
21H-1-3-03	4.39	34.94	47.71	0.055 75	0.008 60	0.505 28	0.078 45	0.065 94	0.003 10	443	172	415	26	412	9
21H-1-3-04	2.57	16.66	31.09	0.055 21	0.009 70	0.511 98	0.095 70	0.067 17	0.003 60	420	196	420	32	419	11
21H-1-3-05	7.00	56.75	74.93	0.056 72	0.006 21	0.529 82	0.057 01	0.067 91	0.002 16	480	122	432	19	424	7
21H-1-3-06	12.91	100.58	142.60	0.055 46	0.004 76	0.525 25	0.046 85	0.068 44	0.002 46	432	96	429	16	427	7
21H-1-3-07	5.03	37.60	55.82	0.054 74	0.007 02	0.507 13	0.060 99	0.067 73	0.002 51	467	144	417	21	422	8
21H-1-3-08	5.80	47.54	59.74	0.055 78	0.007 77	0.527 13	0.075 47	0.069 01	0.003 17	443	156	430	25	430	10
21H-1-3-09	3.76	29.89	42.69	0.055 74	0.009 38	0.515 13	0.087 41	0.067 74	0.003 37	443	189	422	29	423	10
21H-1-3-10	2.21	16.92	25.66	0.057 21	0.010 48	0.522 06	0.091 26	0.068 93	0.004 50	498	208	427	30	430	14
21H-1-3-11	4.29	33.49	45.16	0.056 44	0.007 34	0.515 65	0.062 09	0.068 07	0.003 55	478	144	422	21	425	11
21H-1-3-12	2.19	16.04	23.24	0.055 35	0.011 14	0.530 99	0.101 73	0.069 78	0.004 52	428	226	432	34	435	14
21H-1-3-13	2.75	20.73	30.29	0.056 00	0.009 98	0.514 60	0.092 24	0.066 91	0.003 39	454	198	422	31	418	10
21H-1-3-14	2.91	23.26	33.45	0.057 48	0.009 67	0.511 09	0.083 65	0.065 25	0.003 49	509	181	419	28	408	11
21H-1-3-15	2.16	17.01	25.03	0.061 09	0.014 88	0.507 49	0.109 71	0.063 90	0.003 94	643	259	417	37	399	12
21H-1-3-16	2.88	22.47	32.86	0.056 46	0.008 86	0.521 91	0.075 98	0.068 07	0.003 90	478	174	426	25	425	12
21H-1-3-17	7.23	56.21	81.30	0.055 07	0.006 33	0.513 22	0.055 85	0.067 84	0.002 95	417	130	421	19	423	9
21H-1-3-18	5.06	39.39	53.00	0.055 32	0.007 93	0.539 50	0.076 14	0.070 95	0.003 15	433	159	438	25	442	9
21H-1-3-19	5.99	50.79	64.04	0.057 19	0.008 27	0.534 00	0.070 44	0.068 34	0.003 13	498	159	434	23	426	9

续表 5-2-1

测点编号	含量/×10^{-6}			测试结果						年龄/Ma					
	Pb	Th	U	$^{207}Pb/^{206}Pb$	1σ	$^{207}Pb/^{235}U$	1σ	$^{206}Pb/^{238}U$	1σ	$^{207}Pb/^{206}Pb$	1σ	$^{207}Pb/^{235}U$	1σ	$^{206}Pb/^{238}U$	1σ
21H-1-3-20	3.31	13.92	24.06	0.132 38	0.024 31	1.417 35	0.284 13	0.074 91	0.005 46	2131	161	896	60	466	16
21H-6-2-01	41.00	223.81	531.31	0.054 82	0.002 78	0.518 14	0.024 22	0.068 24	0.002 11	406	57	424	8	426	6
21H-6-2-02	53.42	347.70	661.65	0.054 48	0.002 33	0.513 42	0.023 74	0.067 82	0.002 22	391	48	421	8	423	7
21H-6-2-03	59.37	368.22	726.14	0.053 13	0.002 80	0.516 67	0.027 40	0.070 01	0.002 16	345	61	423	9	436	6
21H-6-2-04	36.36	186.27	451.72	0.058 94	0.003 88	0.578 30	0.041 64	0.070 44	0.002 42	565	68	463	13	439	7
21H-6-2-05	44.85	264.69	554.58	0.054 86	0.003 15	0.530 11	0.028 51	0.069 80	0.002 22	406	68	432	9	435	7
21H-6-2-06	62.03	414.03	750.50	0.054 13	0.002 78	0.519 64	0.028 32	0.069 23	0.002 36	376	57	425	9	431	7
21H-6-2-07	39.82	231.21	529.14	0.053 85	0.003 27	0.500 14	0.031 15	0.067 10	0.002 14	365	69	412	11	419	6
21H-6-2-08	61.20	374.83	715.50	0.055 01	0.003 01	0.548 88	0.031 73	0.072 02	0.002 16	413	61	444	10	448	6
21H-6-2-09	38.98	212.99	508.24	0.054 81	0.002 86	0.526 69	0.029 18	0.069 46	0.002 09	406	57	430	10	433	6
21H-6-2-10	57.61	382.50	719.27	0.054 70	0.002 64	0.510 63	0.026 74	0.067 53	0.002 06	398	54	419	9	421	6
21H-6-2-11	56.89	373.04	712.86	0.056 11	0.002 70	0.524 91	0.032 18	0.067 45	0.002 36	457	21	428	11	421	7
21H-6-2-12	58.29	380.75	722.29	0.055 81	0.002 86	0.523 65	0.029 40	0.067 88	0.001 89	456	57	428	10	423	6
21H-6-2-13	49.33	301.79	619.96	0.053 60	0.002 80	0.506 59	0.029 28	0.068 58	0.002 44	354	59	416	10	428	7
21H-6-2-14	56.67	389.70	695.34	0.055 29	0.002 80	0.524 81	0.029 49	0.068 74	0.002 01	433	57	428	10	429	6
21H-6-2-15	57.04	363.22	705.46	0.055 14	0.002 65	0.519 61	0.027 95	0.068 24	0.002 03	417	54	425	9	426	6
21H-6-2-16	56.85	367.67	695.00	0.054 68	0.002 63	0.514 68	0.025 71	0.068 26	0.002 02	398	56	422	9	426	6
21H-6-2-17	62.54	416.60	747.03	0.054 24	0.002 73	0.519 57	0.031 12	0.069 25	0.002 41	389	56	425	10	432	7
21H-6-2-18	37.61	208.03	482.58	0.054 43	0.002 75	0.513 96	0.029 05	0.068 28	0.002 27	387	62	421	10	426	7
21H-6-2-19	73.17	480.64	879.83	0.054 81	0.002 79	0.515 24	0.027 14	0.068 08	0.002 24	406	57	422	9	425	7

续表 5-2-1

测点编号	含量/×10⁻⁶			测试结果						年龄/Ma					
	Pb	Th	U	$^{207}Pb/^{206}Pb$	1σ	$^{207}Pb/^{235}U$	1σ	$^{206}Pb/^{238}U$	1σ	$^{207}Pb/^{206}Pb$	1σ	$^{207}Pb/^{235}U$	1σ	$^{206}Pb/^{238}U$	1σ
21H-6-2-20	57.95	360.78	723.97	0.054 39	0.002 92	0.504 86	0.028 02	0.067 16	0.002 18	387	66	415	9	419	7
HDWL-5-01	34.67	213.15	404.49	0.055 6	0.002 6	0.517 6	0.025 7	0.067 3	0.002 2	435	52	424	9	420	7
HDWL-5-02	29.43	197.72	321.12	0.056 2	0.003 2	0.532 6	0.026 8	0.069 0	0.002 6	461	61	434	9	430	8
HDWL-5-03	29.40	179.39	317.97	0.056 6	0.003 1	0.545 6	0.029 6	0.069 8	0.002 1	476	63	442	10	435	6
HDWL-5-04	35.01	223.52	385.28	0.056 5	0.002 6	0.547 4	0.030 5	0.069 8	0.002 1	472	50	443	10	435	6
HDWL-5-05	31.51	188.56	349.38	0.054 9	0.003 2	0.522 8	0.030 6	0.069 1	0.002 1	409	67	427	10	431	6
HDWL-5-06	27.57	156.83	318.61	0.054 8	0.003 5	0.517 3	0.032 3	0.068 5	0.002 1	467	70	423	11	427	6
HDWL-5-07	33.64	203.19	379.76	0.055 1	0.003 2	0.525 4	0.030 5	0.069 1	0.002 2	417	65	429	10	431	7
HDWL-5-08	21.35	116.13	250.95	0.056 3	0.003 8	0.532 2	0.039 0	0.068 2	0.002 2	465	106	433	13	426	7
HDWL-5-09	29.12	169.67	339.19	0.055 9	0.003 1	0.523 4	0.030 5	0.067 9	0.002 0	456	63	427	10	423	6
HDWL-5-10	32.21	205.66	365.82	0.054 6	0.002 8	0.505 6	0.027 1	0.067 1	0.001 9	394	53	415	9	419	6
HDWL-5-11	36.93	232.07	428.94	0.054 5	0.002 4	0.505 1	0.024 8	0.067 2	0.002 2	391	48	415	8	419	7
HDWL-5-12	54.17	366.73	579.42	0.054 9	0.002 5	0.519 6	0.026 0	0.068 6	0.002 1	409	47	425	9	428	6
HDWL-5-13	30.18	168.90	351.72	0.055 8	0.003 1	0.520 9	0.029 6	0.067 9	0.002 4	443	58	426	10	424	7
HDWL-5-14	44.01	295.69	492.74	0.055 4	0.002 5	0.518 5	0.026 0	0.067 9	0.002 2	428	50	424	9	423	7
HDWL-5-15	37.08	259.56	398.72	0.056 5	0.002 8	0.533 2	0.031 1	0.068 3	0.002 3	472	54	434	10	426	7
HDWL-5-16	28.68	166.86	325.42	0.054 8	0.003 3	0.515 1	0.030 8	0.068 5	0.002 6	467	67	422	10	427	8
HDWL-5-17	32.14	213.80	348.67	0.055 4	0.003 1	0.521 2	0.030 2	0.068 3	0.002 2	432	68	426	10	426	7
HDWL-5-18	44.71	303.03	494.83	0.054 6	0.002 3	0.510 4	0.025 8	0.067 7	0.002 3	398	46	419	9	422	7
HDWL-7-01	34.25	218.60	385.73	0.056 3	0.003 0	0.521 9	0.027 4	0.067 3	0.002 0	465	57	426	9	420	6

续表 5-2-1

测点编号	含量/×10⁻⁶			测试结果						年龄/Ma					
	Pb	Th	U	$^{207}Pb/^{206}Pb$	1σ	$^{207}Pb/^{235}U$	1σ	$^{206}Pb/^{238}U$	1σ	$^{207}Pb/^{206}Pb$	1σ	$^{207}Pb/^{235}U$	1σ	$^{206}Pb/^{238}U$	1σ
HDWL-7-02	35.03	217.75	389.56	0.055 1	0.002 9	0.520 0	0.026 8	0.068 7	0.002 2	413	59	425	9	428	7
HDWL-7-03	55.00	356.38	566.42	0.056 3	0.002 6	0.553 7	0.024 9	0.071 4	0.002 2	465	52	447	8	445	7
HDWL-7-04	40.42	251.18	447.20	0.054 7	0.003 0	0.528 4	0.031 9	0.069 8	0.002 0	467	61	431	11	435	6
HDWL-7-05	50.37	351.67	549.76	0.055 0	0.002 9	0.523 8	0.030 5	0.069 0	0.002 1	413	61	428	10	430	6
HDWL-7-06	24.99	144.21	285.15	0.054 4	0.003 0	0.527 0	0.029 9	0.070 3	0.002 3	387	66	430	10	438	7
HDWL-7-07	38.69	307.39	403.73	0.053 9	0.002 4	0.507 3	0.025 4	0.068 0	0.002 1	369	50	417	9	424	6
HDWL-7-08	44.84	296.56	504.53	0.055 0	0.002 5	0.516 6	0.026 7	0.067 9	0.002 0	413	52	423	9	424	6
HDWL-7-09	31.89	196.75	369.75	0.055 8	0.002 7	0.523 0	0.026 9	0.067 9	0.002 1	456	54	427	9	424	6
HDWL-7-10	35.75	231.28	403.23	0.054 0	0.002 6	0.505 2	0.026 0	0.067 8	0.002 0	372	56	415	9	423	6
HDWL-7-11	25.62	147.06	302.75	0.055 1	0.003 1	0.512 9	0.029 3	0.067 6	0.001 9	417	63	420	10	422	6
HDWL-7-12	24.30	144.00	286.40	0.055 2	0.003 3	0.513 7	0.034 9	0.067 3	0.002 2	420	67	421	12	420	7
HDWL-7-13	31.45	202.52	359.12	0.053 2	0.002 8	0.495 0	0.027 6	0.067 4	0.001 9	339	59	408	9	420	6
HDWL-7-14	36.85	235.44	396.98	0.056 2	0.003 4	0.543 7	0.033 3	0.070 4	0.002 4	461	67	441	11	438	7
HDWL-7-15	28.15	167.86	327.23	0.056 0	0.003 3	0.521 9	0.031 4	0.067 8	0.002 2	450	67	426	10	423	7
HDWL-7-16	28.43	165.71	329.63	0.056 0	0.003 0	0.524 0	0.029 3	0.068 0	0.001 9	450	59	428	10	424	6
HDWL-7-17	43.33	262.19	495.60	0.055 9	0.002 2	0.525 2	0.025 4	0.068 0	0.002 2	450	44	429	8	424	7
HDWL-7-18	54.51	395.08	575.92	0.056 5	0.002 3	0.538 7	0.023 6	0.069 3	0.002 1	472	44	438	8	432	6
HDWL-7-19	64.08	573.44	605.21	0.056 2	0.002 6	0.524 0	0.025 4	0.067 7	0.002 0	461	56	428	8	422	6
HDWL-7-20	30.05	181.24	340.19	0.055 4	0.003 0	0.520 4	0.026 5	0.068 4	0.002 1	428	61	425	9	427	6
HDWL-7-21	28.41	172.78	327.70	0.055 5	0.003 2	0.516 3	0.029 1	0.067 8	0.002 3	435	65	423	10	423	7

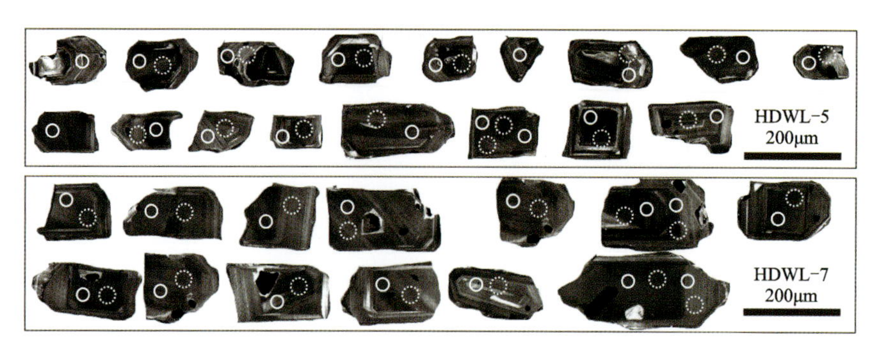

图 5-2-1　海德乌拉流纹岩锆石 SEM-CL 结构、U-Pb 定年和 Hf 同位素点位测试图

黑色实线圈代表锆石 U-Pb 同位素定年点位，虚线圈代表锆石 Hf 同位素测试点位

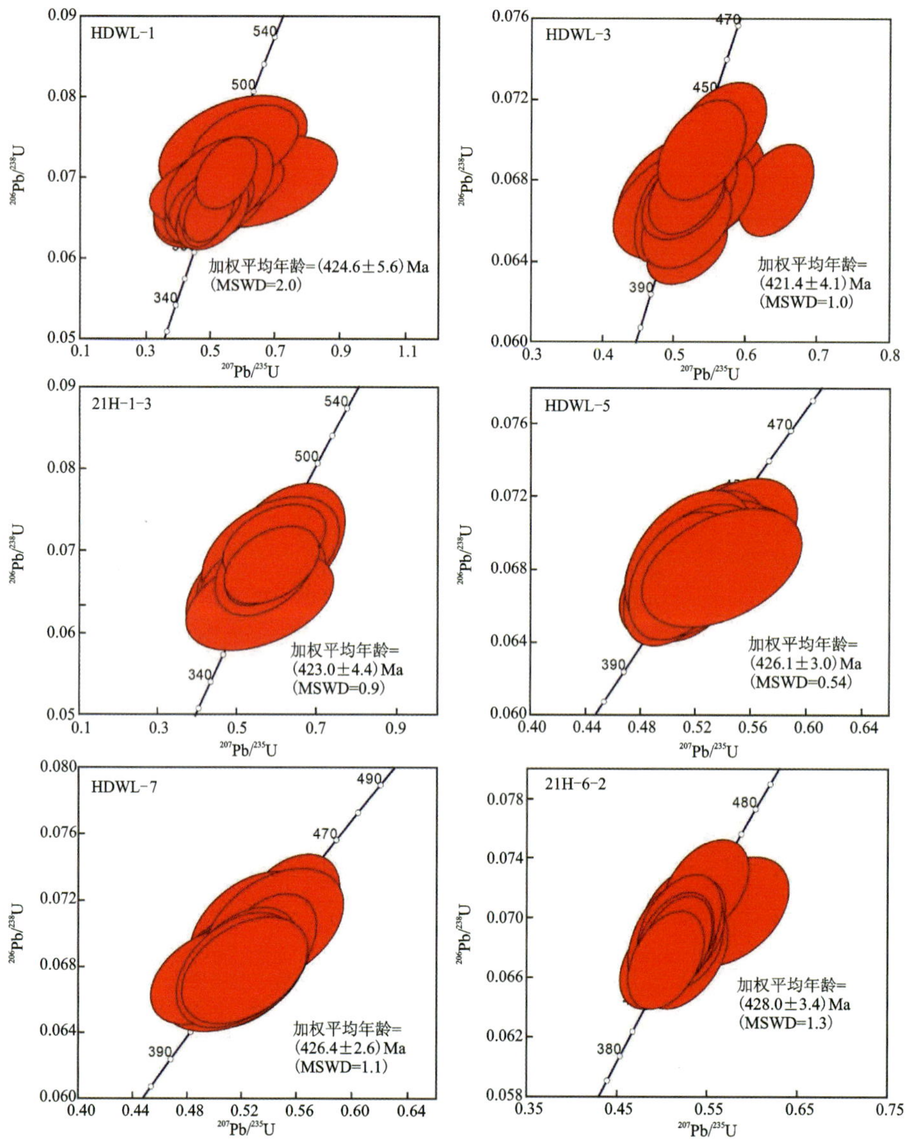

图 5-2-2　海德乌拉火山盆地流纹岩及粗面岩锆石年龄谐和图

注：HDWL-5、HDWL-7、21H-6-2 样品为流纹岩，HDWL-1、HDWL-3、18H-1-3 样品为粗面岩。

流纹岩及粗面岩测年结果表明：海德乌拉火山盆地中酸性火山岩形成于428～421Ma之间，属于古生代志留纪构造岩浆的产物。

二、早中生代岩浆侵入活动

对海德乌拉火山盆地采集的新鲜辉绿岩及花岗斑岩开展同位素年代学研究，挑选岩石中的锆石进行U-Pb定年。

（一）辉绿岩

辉绿岩中锆石大多为长柱状或短柱状，无色透明，部分锆石表面有裂隙。锆石长60～150μm，宽30～60μm，长宽比2∶1～3∶1。在CL图像中，部分锆石具有较为宽缓的震荡环带，另有部分锆石无明显环带（图5-2-3）；少量锆石（<5%）可见核幔结构。挑选辉绿岩中的24颗锆石开展了U-Pb同位素年龄的测试工作，分析结果见表5-2-2。分析结果显示：8颗锆石数据偏离谐和线，另有2颗锆石年龄数据（HD-3和HD-24）虽然位于谐和线上，但误差很大（图5-2-3a）。除上述10颗锆石以外，其余14颗锆石年龄数据位于谐和线上（图5-2-3a）。这14颗具有谐和年龄的锆石的Th含量为(39～1800)×10^{-6}，U含量为(48～1115)×10^{-6}，Th/U值为0.56～2.01，符合岩浆锆石的特征。这些锆石分别形成于石炭纪（1颗）、二叠纪（8颗）和三叠纪（5颗）（图5-2-3b）。具体而言，测点HD-2的$^{206}Pb/^{238}U$年龄为(321±3)Ma，测点HD-14的$^{206}Pb/^{238}U$年龄为(270±3)Ma，测点HD-1等7颗锆石的$^{206}Pb/^{238}U$年龄的加权平均值为(252±3)Ma(MSWD=2.1)，测点HD-11等5颗锆石的$^{206}Pb/^{238}U$年龄的加权平均值为(238±2)Ma(MSWD=0.82)。

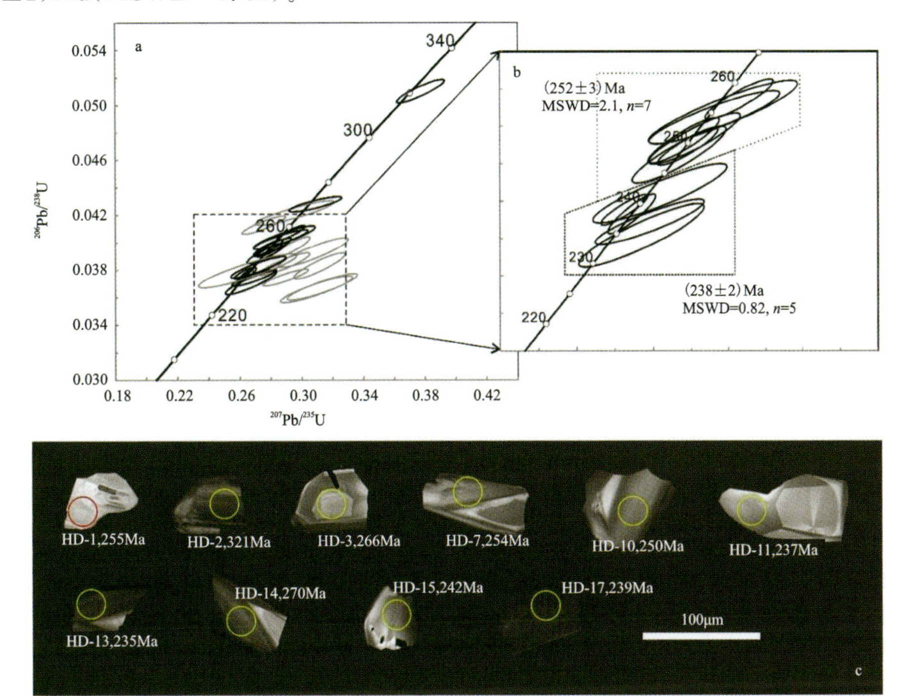

图5-2-3　海德乌拉火山盆地辉绿岩锆石年龄谐和图(a、b)及代表性锆石的CL图像(c)

表 5-2-2 海德乌拉火山盆地辉绿岩 LA-ICP-MS 锆石 U-Pb 同位素测试结果一览表

测点编号	含量/$\times10^{-6}$			测试结果						年龄/Ma					
	Th	U	Th/U	$^{207}Pb/^{206}Pb$	1σ	$^{207}Pb/^{235}U$	1σ	$^{206}Pb/^{238}U$	1σ	$^{207}Pb/^{206}Pb$	1σ	$^{207}Pb/^{235}U$	1σ	$^{206}Pb/^{238}U$	1σ
HD-1	112	86	1.30	0.052 1	0.002 4	0.288 8	0.013 2	0.040 4	0.000 6	291	79	258	10	255	3
HD-2	1800	1115	1.61	0.053 6	0.001 5	0.377 3	0.010 3	0.051 0	0.000 6	355	42	325	8	321	3
HD-3	231	200	1.16	0.051 2	0.003 1	0.295 6	0.016 9	0.042 2	0.000 6	252	106	263	13	266	4
HD-4	1162	1005	1.16	0.059 5	0.001 9	0.309 5	0.015 5	0.036 6	0.000 6	587	78	274	12	232	4
HD-5	1407	1041	1.35	0.054 8	0.002 3	0.288 7	0.010 8	0.038 4	0.000 5	404	59	258	9	243	3
HD-6	1007	501	2.01	0.053 6	0.001 5	0.292 8	0.008 3	0.039 6	0.000 5	356	40	261	7	251	3
HD-7	467	342	1.37	0.051 8	0.002 1	0.286 4	0.011 5	0.040 2	0.000 5	275	71	256	9	254	3
HD-8	1168	794	1.47	0.061 7	0.002 8	0.313 3	0.015 1	0.036 8	0.000 6	663	74	277	12	233	4
HD-9	133	142	0.94	0.056 3	0.002 3	0.307 6	0.014 9	0.039 3	0.000 7	465	75	272	12	248	4
HD-10	159	155	1.03	0.050 8	0.001 1	0.278 2	0.006 3	0.039 6	0.000 4	231	33	249	5	250	2
HD-11	192	187	1.03	0.051 9	0.001 7	0.269 2	0.009 5	0.037 4	0.000 4	281	61	242	8	237	2
HD-12	180	183	0.98	0.055 6	0.001 5	0.289 5	0.009 6	0.037 5	0.000 4	436	55	258	8	237	2
HD-13	395	292	1.35	0.051 9	0.001 9	0.267 0	0.010 9	0.037 1	0.000 6	283	66	240	9	235	3
HD-14	147	146	1.00	0.055 3	0.001 3	0.329 5	0.008 5	0.043 0	0.000 4	300	87	273	9	270	2
HD-15	159	153	1.04	0.051 6	0.002 2	0.272 0	0.011 7	0.038 2	0.000 5	269	74	244	9	242	3
HD-16	1184	724	1.64	0.048 6	0.001 7	0.275 4	0.009 3	0.041 3	0.000 4	128	59	247	7	261	3
HD-17	1187	791	1.50	0.050 2	0.000 7	0.262 5	0.004 0	0.037 8	0.000 3	206	22	237	3	239	2
HD-18	81	144	0.56	0.050 8	0.000 7	0.264 4	0.004 1	0.037 7	0.000 4	230	19	238	3	238	2
HD-19	220	166	1.33	0.059 1	0.002 1	0.311 3	0.011 0	0.038 3	0.000 6	571	49	275	9	242	4
HD-20	69	85	0.81	0.051 2	0.001 0	0.279 2	0.005 4	0.039 4	0.000 3	251	29	250	4	249	2
HD-21	67	83	0.81	0.051 2	0.001 4	0.281 0	0.008 1	0.039 7	0.000 5	252	45	251	6	251	3
HD-22	39	48	0.81	0.051 1	0.001 4	0.277 0	0.008 2	0.039 2	0.000 5	246	45	248	7	248	3
HD-23	121	119	1.02	0.052 1	0.001 1	0.293 0	0.006 0	0.040 7	0.000 4	292	31	261	5	257	2
HD-24	240	203	1.18	0.051 7	0.004 4	0.265 0	0.020 9	0.038 0	0.000 8	273	140	239	17	240	5

（二）花岗斑岩

在海德乌拉火山盆地花岗斑岩中选取了20颗锆石进行了锆石U-Pb年龄的测试，共计20个测点(图5-2-4)，测试结果见表5-2-3。结果显示锆石U含量为$(373\sim2315)\times10^{-6}$、Th含量为$(136\sim2609)\times10^{-6}$，Th/U值为0.365～1.127。所得年龄结果除SH-9-02明显偏离谐和线，其余锆石均在谐和线上或在谐和线附近(图5-2-5)。其中14颗锆石具有谐和的年龄，谐和锆石的$^{206}Pb/^{238}U$年龄可分为3个阶段，9颗锆石的$^{206}Pb/^{238}U$年龄在248～232Ma之间，加权平均年龄为(240±2)Ma(MSWD=0.69)，可代表海德乌拉火山盆地花岗斑岩的结晶年龄；4颗锆石的$^{206}Pb/^{238}U$年龄在262～251Ma之间，考虑到这些锆石年龄与花岗斑岩形成时代较为接近，应为岩浆上升过程中捕获，而非继承锆石；1颗锆石(SH-9-16)的$^{206}Pb/^{238}U$年龄为413Ma，推测属于继承锆石或捕获锆石。

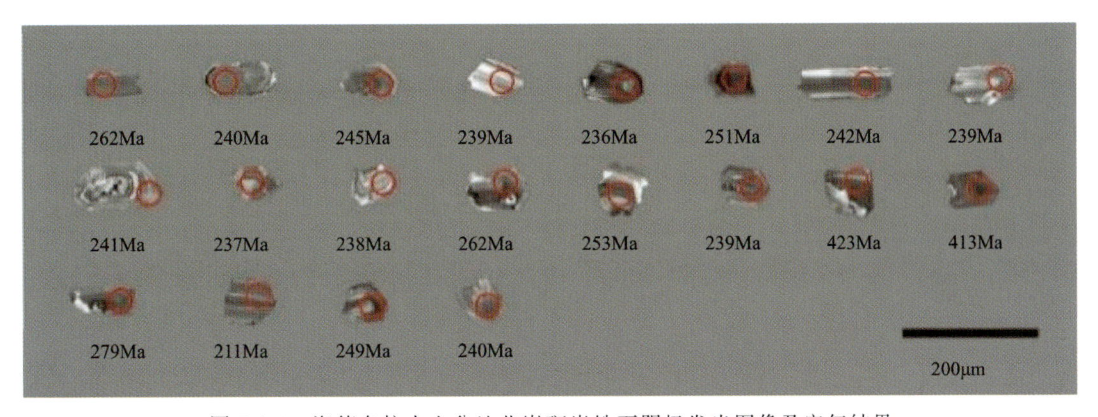

图5-2-4 海德乌拉火山盆地花岗斑岩锆石阴极发光图像及定年结果

(图中实线圈表示U-Pb同位素年龄分析测点位置)

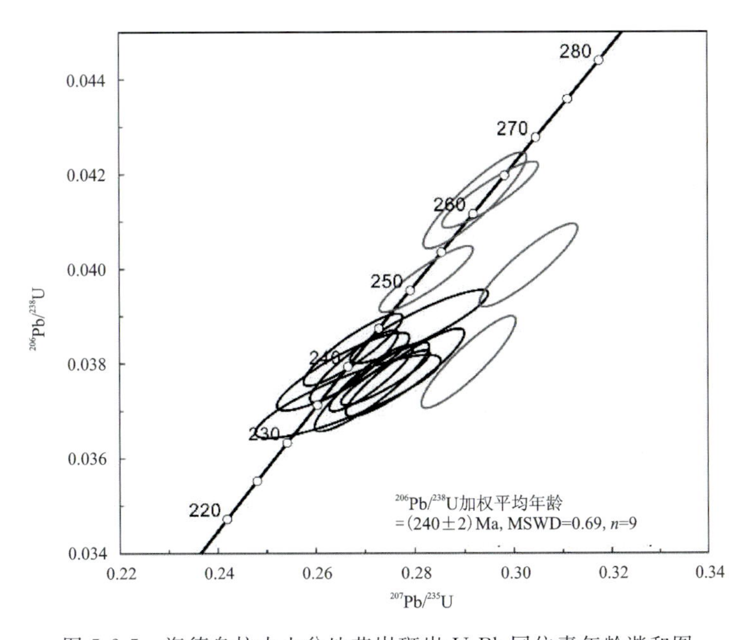

图5-2-5 海德乌拉火山盆地花岗斑岩U-Pb同位素年龄谐和图

表 5-2-3 海德乌拉火山盆地花岗斑岩锆石 U-Pb 同位素测试结果一览表

测点编号	含量/$\times10^{-6}$			测试结果						年龄/Ma					
	Th	U	Th/U	$^{207}Pb/^{206}Pb$	1σ	$^{207}Pb/^{235}U$	1σ	$^{206}Pb/^{238}U$	1σ	$^{207}Pb/^{206}Pb$	1σ	$^{207}Pb/^{235}U$	1σ	$^{206}Pb/^{238}U$	1σ
SH-9-01	739	843	0.876	0.050 9	0.001 0	0.292 3	0.006 9	0.041 4	0.000 7	238	27	260	5	262	4
SH-9-03	372	585	0.635	0.051 0	0.001 0	0.267 8	0.005 9	0.037 9	0.000 5	240	28	241	5	240	3
SH-9-04	465	931	0.499	0.052 4	0.001 7	0.281 0	0.009 2	0.038 8	0.000 5	301	50	251	7	245	3
SH-9-07	136	373	0.365	0.053 0	0.001 3	0.278 1	0.007 9	0.037 8	0.000 6	328	36	249	6	239	4
SH-9-09	1 407	1433	0.982	0.051 8	0.002 5	0.266 5	0.012 4	0.037 3	0.000 6	278	115	240	10	236	4
SH-9-10	2 609	2315	1.127	0.051 2	0.001 1	0.282 4	0.006 2	0.039 8	0.000 5	251	30	253	5	251	3
SH-9-11	690	883	0.781	0.050 4	0.001 2	0.267 6	0.006 6	0.038 3	0.000 5	212	34	241	5	242	3
SH-9-13	588	883	0.666	0.050 9	0.001 9	0.265 6	0.008 9	0.037 8	0.000 5	237	86	239	7	239	3
SH-9-14	328	730	0.449	0.055 2	0.001 1	0.290 9	0.006 3	0.038 0	0.000 6	419	23	259	5	241	4
SH-9-15	477	905	0.527	0.052 1	0.001 4	0.271 4	0.007 7	0.037 5	0.000 6	291	35	244	6	237	4
SH-9-17	250	534	0.468	0.051 8	0.001 0	0.271 2	0.005 6	0.037 7	0.000 5	277	26	244	4	238	3
SH-9-18	1 358	1 341	1.013	0.051 2	0.001 0	0.295 4	0.006 5	0.041 6	0.000 5	248	30	263	5	262	3
SH-9-19	333	1 032	0.323	0.054 7	0.001 2	0.303 1	0.006 6	0.040 1	0.000 6	400	25	269	5	253	4
SH-9-20	610	964	0.633	0.052 5	0.001 1	0.274 2	0.005 9	0.037 7	0.000 4	306	31	246	5	239	2
SH-9-02	1 141	1 254	0.910	0.055 6	0.001 0	0.521 6	0.009 6	0.067 8	0.000 8	438	21	426	6	423	5
SH-9-16	697	1 256	0.555	0.056 0	0.000 9	0.514 8	0.011 2	0.066 1	0.001 1	452	23	422	8	413	7
SH-9-05	453	868	0.522	0.056 8	0.001 5	0.349 2	0.011 1	0.044 2	0.000 8	483	39	304	8	279	5
SH-9-06	443	705	0.628	0.061 2	0.004 9	0.280 5	0.022 1	0.033 3	0.000 5	645	178	251	18	211	3
SH-9-08	593	848	0.699	0.065 7	0.001 4	0.312 6	0.006 7	0.034 6	0.000 6	797	21	276	5	219	3
SH-9-12	354	722	0.490	0.079 0	0.002 0	0.416 3	0.010 2	0.038 0	0.000 4	1173	30	353	7	240	3

第三节 海德乌拉火山岩地球化学特征及成因分析

一、流纹岩

海德乌拉火山盆地流纹岩样品全岩地球化学分析结果和相关参数见表5-3-1，以下分别介绍其主量元素和微量元素地球化学特征。

表5-3-1 海德乌拉火山盆地流纹岩主量元素及微量元素测试结果一览表

样品号	20H-03-05	20H-05-06	20H-11-05	HDWL-5	20H-04-03	20H-06-05	20H-07-02	20H-04-06	20H-11-02
SiO_2	74.61	76.24	76.48	76.39	77.96	76.60	75.22	73.17	76.04
TiO_2	0.13	0.13	0.13	0.12	0.12	0.14	0.12	0.16	0.13
Al_2O_3	12.44	12.03	12.85	11.94	11.24	12.15	12.37	14.05	12.46
FeO^T	2.73	1.89	1.55	1.95	1.53	1.97	1.69	1.44	0.73
MnO	0.01	0.01	0.02	0.02	0.01	0.01	0.02	0.02	0.03
MgO	0.11	0.09	0.12	0.13	0.09	0.12	0.16	0.16	0.07
P_2O_5	0	0	0.01	0.01	0.01	0	0	0.01	0.01
CaO	0.25	0.45	0.81	0.12	0.38	0.20	0.59	0.35	0.93
Na_2O	4.19	3.37	2.50	2.17	2.95	2.84	2.80	4.28	2.63
K_2O	3.86	4.31	5.78	5.84	4.26	5.42	4.79	4.58	5.47
LOI	0.73	0.84	0.33	0.87	1.10	0.82	2.00	0.94	1.17
Li	1.50	3.55	3.01	10.60	0.27	0.21	1.31	0.28	3.50
Be	1.93	1.72	1.42	2.64	1.40	2.97	2.86	2.65	1.43
Sc	2.11	1.90	1.90	1.99	1.84	2.05	1.73	2.57	2.15
V	1.80	1.12	0.89	1.42	1.32	0.84	1.55	1.26	0.40
Cr	0.22	3.30	1.34	3.21	2.70	3.56	3.57	8.66	0.39
Co	0.04	0.07	0.10	0.20	0.17	0.08	0.11	0.15	0.07
Ni	1.01	2.26	0.85	2.09	1.49	1.89	2.02	4.81	0.40
Zn	62.44	50.00	62.66	73.79	354.51	71.40	70.50	74.08	23.79
Cu	7.02	2.64	9.21	3.37	4.43	1.22	1.51	5.71	8.88
Ga	22.26	18.65	20.34	26.74	20.84	20.94	27.94	23.44	19.76
Rb	151.00	186.00	238.00	263.00	190.00	268.00	254.00	182.00	233.00
Sr	23.12	16.28	24.74	15.51	24.98	23.72	32.38	50.18	14.28
Y	48.56	39.04	68.14	73.72	39.23	51.31	69.54	54.61	56.18

续表 5-3-1

样品号	20H-03-05	20H-05-06	20H-11-05	HDWL-5	20H-04-03	20H-06-05	20H-07-02	20H-04-06	20H-11-02
Zr	355.00	339.00	328.00	348.00	310.00	363.00	277.00	439.00	366.00
Nb	26.97	25.95	25.95	25.86	23.57	27.60	28.93	34.06	25.61
Mo	0.95	1.22	0.67	0.74	0.51	0.65	0.59	0.38	0.58
Sn	8.07	6.42	9.99	4.09	2.74	9.03	11.24	8.06	10.75
Cs	5.89	3.39	3.82	8.54	4.90	9.22	4.65	9.24	3.71
Ba	48.48	18.51	84.15	68.04	61.18	31.47	543.39	201.03	47.06
La	72.56	61.89	63.83	88.29	72.01	66.77	58.02	71.63	62.38
Ce	150.00	129.00	145.00	189.00	161.00	141.00	128.00	152.00	132.00
Pr	17.98	15.12	15.97	22.13	17.88	16.10	14.16	17.75	15.16
Nd	71.03	60.49	64.11	89.22	71.24	64.10	56.68	71.36	61.52
Sm	13.95	11.88	13.05	17.95	13.95	12.33	11.65	14.23	12.46
Eu	0.12	0.10	0.12	0.17	0.12	0.11	0.23	0.13	0.10
Gd	12.35	10.29	12.13	15.91	11.72	10.96	11.65	13.33	11.27
Tb	1.90	1.55	2.05	2.43	1.69	1.74	1.91	1.97	1.81
Dy	10.42	8.58	12.49	14.80	8.84	10.12	12.02	11.23	10.96
Ho	1.93	1.64	2.57	2.72	1.66	2.00	2.49	2.19	2.25
Er	4.82	4.18	6.94	6.90	4.22	4.94	6.68	5.61	5.95
Tm	0.65	0.59	1.05	0.95	0.57	0.66	1.03	0.76	0.89
Yb	3.93	3.72	6.20	5.28	3.44	3.87	6.44	4.47	5.54
Lu	0.54	0.53	0.88	0.72	0.48	0.53	0.91	0.62	0.77
Hf	12.45	12.07	11.73	12.03	10.85	12.63	11.20	15.81	12.62
Ta	1.71	1.66	1.61	1.61	1.51	1.74	1.90	2.23	1.68
Pb	10.84	18.25	34.87	13.58	15.56	31.43	23.81	9.09	10.15
Th	27.53	27.30	29.45	31.29	26.48	27.91	31.89	34.75	28.58
U	4.58	3.42	4.43	4.62	5.51	6.45	6.91	8.11	5.95

注：主量元素含量的单位为%，微量元素含量的单位为$\times 10^{-6}$。

（一）主量元素地球化学特征

海德乌拉流纹岩主量元素特征归纳如下。

(1)流纹岩富硅：其 SiO_2 含量为 73.17%～77.96%，属于高硅流纹岩系列。

(2)流纹岩富碱：其 K_2O+Na_2O 含量介于 7.21%～8.86%之间，平均值为 8.0%。

(3)流纹岩相对富钾：其 K_2O/Na_2O 值介于 0.92～2.69 之间，平均值为 1.71，属于高钾-

钙碱性至钾玄岩系列(图 5-3-1a、b)。

(4)流纹岩富铝:其 A/CNK 值为 1.04～1.14,属于过铝质—强过铝质岩石系列(图 5-3-1c)。

(5)流纹岩富铁:其 FeO^T 为 0.73%～2.73%,且相对贫镁(MgO 含量为 0.07%～0.16%),属于铁质岩石系列(图 5-3-1d)。

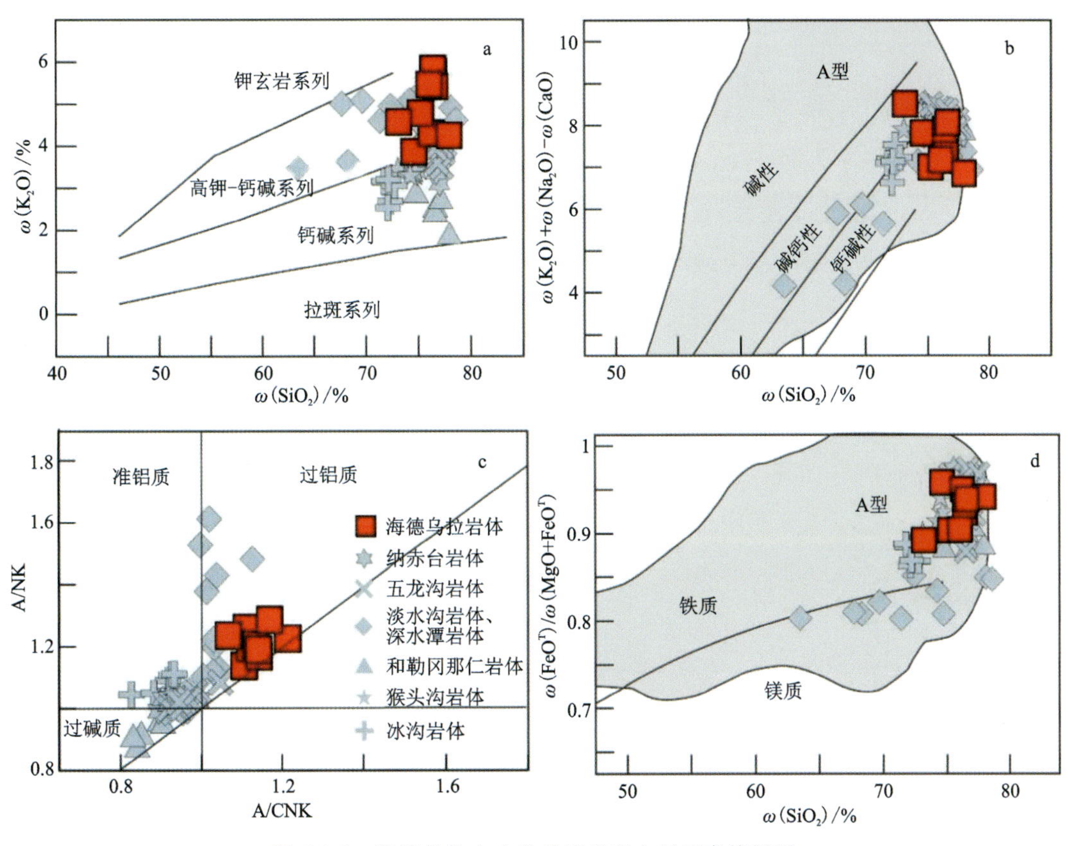

图 5-3-1　海德乌拉火山盆地流纹岩主量元素特征图

(二)微量元素地球化学特征

海德乌拉火山盆地流纹岩具有较高的稀土元素总量($310.0\times10^{-6}\sim456.8\times10^{-6}$)。在球粒陨石标准化稀土元素配分图上呈现右倾的稀土配分模式(图 5-3-2a),轻、重稀土分异明显且相对富集轻稀土[$(La/Yb)_N=6.13\sim14.23$],具有强烈的负 Eu 异常($\delta Eu=0.03\sim0.06$)。在原始地幔标准化微量元素蛛网图中(图 5-3-2b),样品均富集 Th 和 U 等元素,亏损 Nb、Ta、Ti、Ba、Sr 和 Eu 等元素,各样品中元素的富集与亏损程度都有所不同。

(三)Lu-Hf 同位素特征

在 U-Pb 同位素年龄可靠的基础上,进一步对锆石开展原位 Lu-Hf 同位素测定。锆石 Hf 测定点位见图 5-2-1,对应的 Hf 同位素组成及相关参数见表 5-3-2。海德乌拉火山盆地流纹岩锆石 Hf 同位素初始值($^{176}Hf/^{177}Hf)_i$ 介于 0.282 537～0.282 583 之间,相对应的 $\varepsilon_{Hf}(t)$

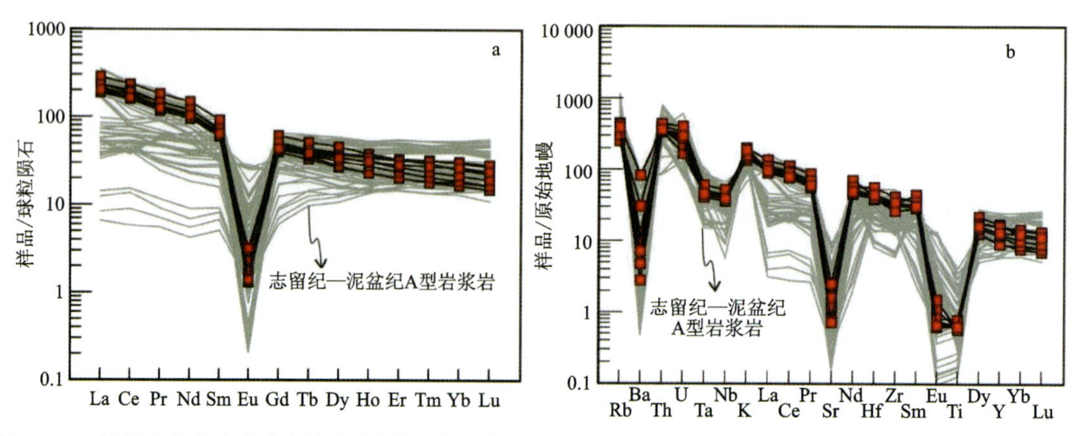

图 5-3-2 海德乌拉火山盆地流纹岩球粒陨石标准化稀土元素配分图(a)和原始地幔标准化微量元素蛛网图(b)

注:球粒陨石标准化值和原始地幔标准化值据 McDonough and Sun(1995)。

值介于+0.60~+2.39之间,与东昆仑造山带志留纪—泥盆纪A型花岗岩类似(图5-3-3a),对应的二阶段Hf同位素模式年龄(t_{DM2})1370~1285Ma。在锆石$\varepsilon_{Hf}(t)$频率直方图上(图5-3-3b),海德乌拉火山盆地流纹岩具有单峰锆石Hf同位素组成。

表 5-3-2 海德乌拉火山盆地流纹岩锆石Hf同位素测试结果一览表

测点编号	年龄/Ma	$^{176}Lu/^{177}Hf$	$^{176}Yb/^{177}Hf$	$^{176}Hf/^{177}Hf$	2σ	$\varepsilon_{Hf}(t)$	t_{DM1}/Ma	T_{DM2}/Ma	$f_{Lu/Hf}$
HDWL-5-01	426	0.001 357	0.039 601	0.282 576	0.000 007	2.05	966	1279	−0.96
HDWL-5-02	426	0.001 031	0.029 689	0.282 572	0.000 007	2.00	964	1282	−0.97
HDWL-5-03	426	0.000 895	0.025 695	0.282 567	0.000 007	1.87	967	1290	−0.97
HDWL-5-04	426	0.001 265	0.037 136	0.282 573	0.000 008	1.97	968	1284	−0.96
HDWL-5-05	426	0.001 303	0.038 07	0.282 575	0.000 007	2.05	966	1279	−0.96
HDWL-5-06	426	0.000 959	0.027 748	0.282 556	0.000 008	1.47	984	1315	−0.97
HDWL-5-07	426	0.001 128	0.034 322	0.282 574	0.000 009	2.05	963	1279	−0.97
HDWL-5-08	426	0.001 305	0.037 946	0.282 573	0.000 006	1.97	969	1284	−0.96
HDWL-5-09	426	0.001 053	0.030 517	0.282 567	0.000 008	1.82	971	1294	−0.97
HDWL-5-10	426	0.001 273	0.037 164	0.282 562	0.000 007	1.59	983	1308	−0.96
HDWL-5-11	426	0.000 993	0.028 343	0.282 572	0.000 007	2.03	962	1280	−0.97
HDWL-5-12	426	0.001 803	0.051 879	0.282 566	0.000 008	1.59	992	1308	−0.95
HDWL-5-13	426	0.001 131	0.032 642	0.282 554	0.000 008	1.34	991	1323	−0.97
HDWL-5-14	426	0.001 261	0.036 197	0.282 556	0.000 007	1.39	991	1320	−0.96
HDWL-5-15	426	0.001 372	0.040 033	0.282 544	0.000 007	0.93	1011	1349	−0.96

续表 5-3-2

测点编号	年龄/Ma	$^{176}Lu/^{177}Hf$	$^{176}Yb/^{177}Hf$	$^{176}Hf/^{177}Hf$	2σ	$\varepsilon_{Hf}(t)$	t_{DM1}/Ma	T_{DM2}/Ma	$f_{Lu/Hf}$
HDWL-5-16	426	0.001 341	0.038 435	0.282 576	0.000 008	2.07	965	1277	−0.96
HDWL-5-17	426	0.001 472	0.042 847	0.282 554	0.000 007	1.24	1001	1330	−0.96
HDWL-5-18	426	0.001 548	0.045 145	0.282 568	0.000 007	1.74	982	1299	−0.95
HDWL-5-19	426	0.001 743	0.053 133	0.282 568	0.000 009	1.65	988	1304	−0.95
HDWL-7-1-01	426	0.001 674	0.050 384	0.282 537	0.000 008	0.60	1030	1370	−0.95
HDWL-7-1-02	426	0.001 215	0.035 438	0.282 558	0.000 008	1.45	988	1316	−0.96
HDWL-7-1-03	426	0.001 075	0.031 146	0.282 557	0.000 007	1.46	986	1316	−0.97
HDWL-7-1-04	426	0.001 705	0.050 015	0.282 546	0.000 009	0.88	1019	1352	−0.95
HDWL-7-1-05	426	0.001 215	0.035 071	0.282 555	0.000 009	1.35	992	1323	−0.96
HDWL-7-1-06	426	0.000 795	0.022 497	0.282 560	0.000 008	1.67	973	1303	−0.98
HDWL-7-1-07	426	0.001 057	0.031 296	0.282 558	0.000 010	1.50	984	1314	−0.97
HDWL-7-1-08	426	0.000 932	0.027 103	0.282 568	0.000 007	1.91	966	1288	−0.97
HDWL-7-1-09	426	0.000 926	0.026 847	0.282 561	0.000 008	1.64	977	1305	−0.97
HDWL-7-1-10	426	0.001 068	0.030 825	0.282 583	0.000 008	2.39	949	1258	−0.97
HDWL-7-1-11	426	0.000 944	0.026 944	0.282 571	0.000 008	2.00	962	1282	−0.97
HDWL-7-1-12	426	0.000 858	0.024 364	0.282 573	0.000 007	2.10	957	1276	−0.97
HDWL-7-1-13	426	0.001 694	0.049 606	0.282 565	0.000 009	1.56	991	1310	−0.95
HDWL-7-1-14	426	0.001 675	0.050 663	0.282 557	0.000 007	1.31	1001	1326	−0.95
HDWL-7-1-15	426	0.001 141	0.033 389	0.282 568	0.000 008	1.84	972	1292	−0.97
HDWL-7-1-16	426	0.000 976	0.028 297	0.282 575	0.000 008	2.14	957	1273	−0.97
HDWL-7-1-17	426	0.001 177	0.034 348	0.282 558	0.000 007	1.46	987	1316	−0.96
HDWL-7-1-18	426	0.001 487	0.043 377	0.282 578	0.000 008	2.08	967	1277	−0.96
HDWL-7-1-18	426	0.001 487	0.043 377	0.282 578	0.000 008	2.08	967	1277	−0.96
HDWL-7-1-19	426	0.002 247	0.065 429	0.282 542	0.000 008	0.62	1038	1369	−0.93
HDWL-7-1-20	426	0.001 130	0.032 830	0.282 563	0.000 008	1.67	978	1303	−0.97
HDWL-7-1-21	426	0.000 876	0.024 898	0.282 580	0.000 008	2.35	948	1260	−0.97
HDWL-7-1-22	426	0.000 911	0.026 724	0.282 543	0.000 007	1.02	1001	1344	−0.97

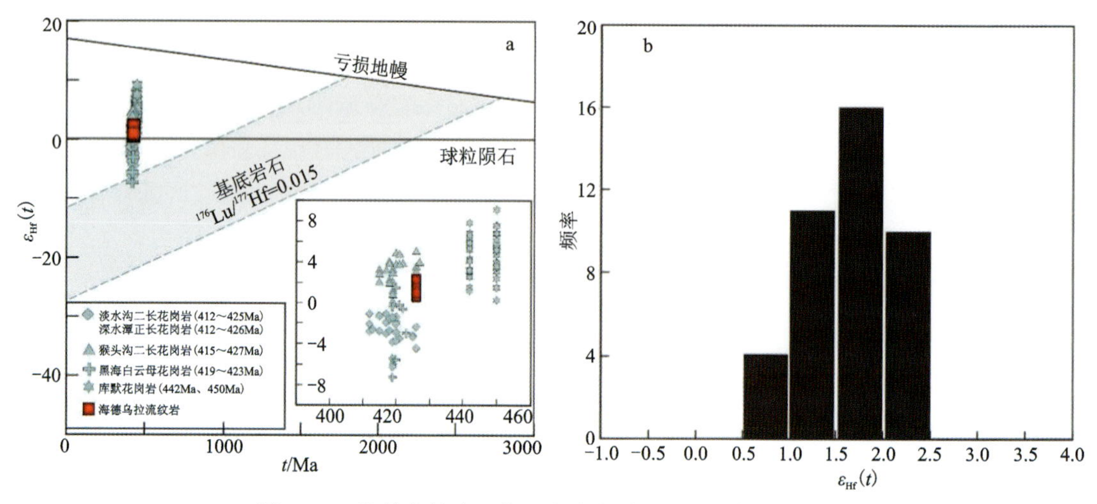

图 5-3-3 海德乌拉火山盆地流纹岩锆石 Hf 同位素组成图

(四)构造环境分析

Loiselle 和 Wones(1979)提出 A 型岩浆岩以其特有的特征，如富碱的、无水的和非造山的，形成于独特的构造背景被沿用至今。传统而言，A 型岩浆岩具有标志性的组成矿物——碱性暗色矿物，如钠闪石-钠铁闪石、霓石-霓辉石、铁橄榄石等；且具有独特的地球化学特征，如高的 Fe/(Fe+Mg)、Al/(K+Na)、K/Na 以及 Ga/Al 值，亏损镁铁质硅酸盐(Sc、Cr、Ni)以及长石(Ba、Sr、Eu)之类的相容元素，富集大离子亲石元素和高场强元素(Collins et al.，1982)。然而，随着对 A 型岩浆岩深入的研究，其特征也相应的发生了一些变化，如部分 A 型岩浆岩并不贫水，且一些 A 型岩浆岩显示出准铝质系列和过铝质特征(如 Sun et al.，2011；Wang et al.，2013；Zhao et al.，2013)，此外部分 A 型岩浆岩可形成于后造山环境(Eby，1990，1992；Bonin，2007)。

(五)岩石类型

海德乌拉火山盆地流纹岩具有高 SiO_2 含量，属于高演化岩浆岩序列。前人研究认为高演化的 A 型、S 型和 I 型岩浆岩能表现出相似的地球化学特征。相对而言，高演化的 S 型花岗岩具有较高的 P_2O_5 含量(平均值为 0.14%；King et al.，1997)，高演化的 I 型花岗岩具有较低的 FeO^T 含量(一般低于 1%；贾小辉等，2009)。而海德乌拉火山盆地流纹岩具有低的 P_2O_5 含量(0.01%)和高 FeO^T 含量(0.66%～2.46%)，排除了海德乌拉火山盆地流纹岩属于高分异的 I 型和 S 型岩浆岩的可能性。在 Whalen 等(1987)的判别图解中，均投落在 A 型岩浆岩的区域内(图 5-3-4)，因此认为海德乌拉火山盆地流纹岩为 A 型流纹岩。

(六)形成温度

海德乌拉火山盆地流纹岩的 TiO_2 含量为 0.12%～0.16%，Al_2O_3/TiO_2 值为 88.7～107.6。相关研究表明：在泥质岩和岩屑砂岩的熔融过程中，由于富 Al_2O_3 矿物(白云母和斜长石)的

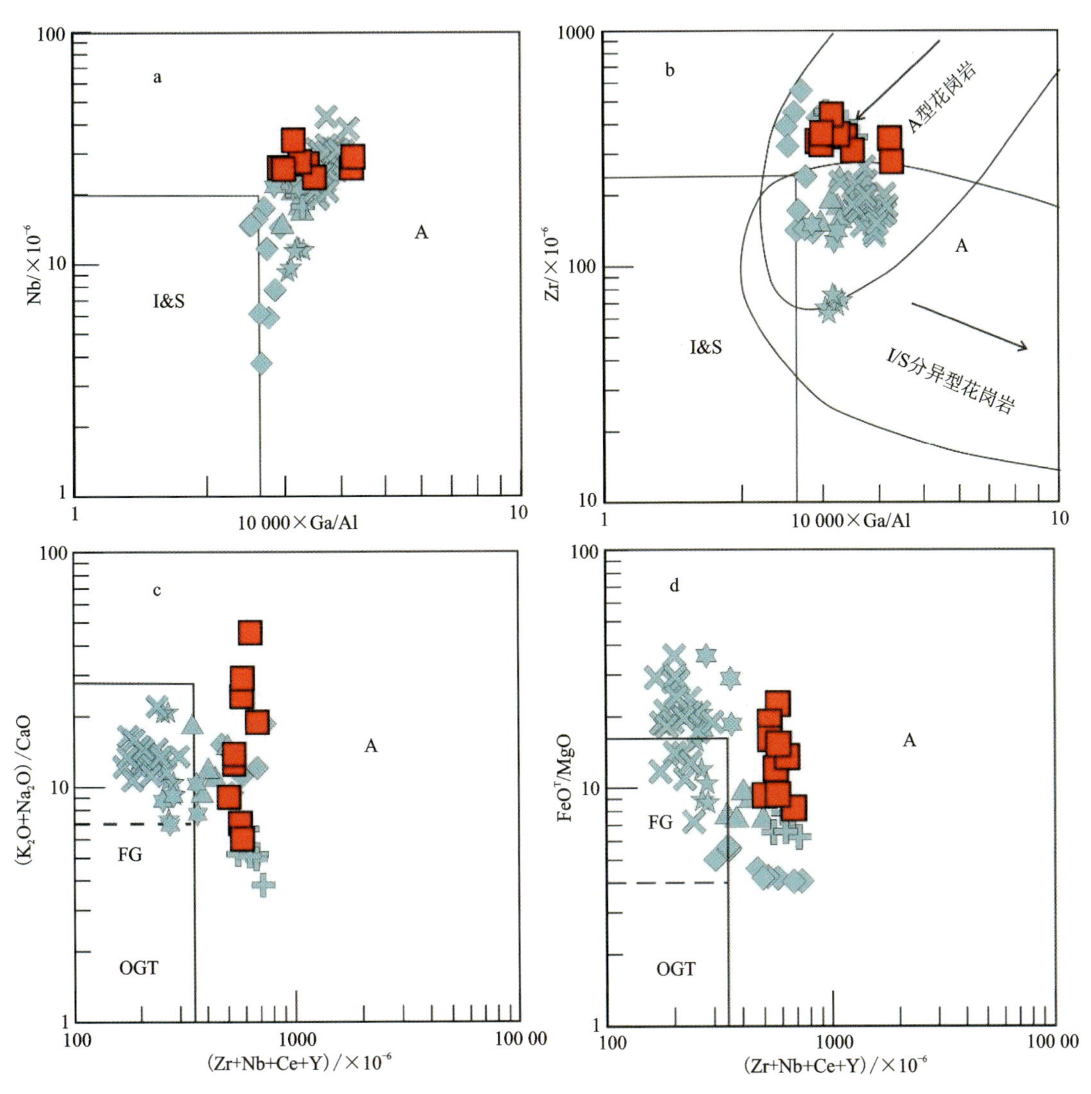

图 5-3-4 海德乌拉火山盆地流纹岩类型判别图解(据 Whalen et al.,1987)

稳定性,随着温度的升高,熔体中 Al_2O_3 含量变化不大;而富 TiO_2 的矿物,如黑云母和钛铁矿,会随温度的升高而加速分解,导致熔体中 TiO_2 含量迅速上升。因此,高温环境下熔体的 Al_2O_3/TiO_2 值会偏低。由此可见,海德乌拉火山盆地流纹岩熔体的形成温度较高,这一结论也与海德乌拉火山盆地流纹岩样品锆石饱和温度(856~887℃)吻合。

(七)物质来源与成因分析

目前,关于 A 型岩浆岩的形成机制有多种不同的见解,其中以下 3 种观点被大多数人所认同:幔源岩浆的结晶分异作用(Eby,1992)、幔源岩浆与壳源岩浆的混合作用(Yang et al.,2006)以及地壳物质的部分熔融等(Patiño Douce,1997;Skjerlie and Johnston,1992)。

幔源玄武岩熔体的结晶分异作用通常产生过碱性岩浆(King et al.,1997;Patiño Douce,1997),这与海德乌拉火山盆地流纹岩过铝质的特征不一致。此外,幔源玄武岩熔体结晶分异作用所形成的酸性岩在时间上和空间上往往与大量基性和中性岩浆岩密切相关(Litvinovsky et al.,2002;Turner et al.,1992)。在海德乌拉火山盆地发育着大面积流纹岩,与之相比同时期的基性岩出露面积较小。因此,海德乌拉火山盆地A型流纹岩并非源于幔源岩浆的结晶分异作用。

缺乏镁铁质暗色微粒包体和地球化学成分有限变化说明海德乌拉火山盆地流纹岩由岩浆混合作用形成的概率较低。壳-幔岩浆混合作用产生的岩浆具有相对分散同位素的特征(Griffin et al.,2002;Kemp et al.,2007),然而海德乌拉火山盆地流纹岩锆石Hf同位素组成显示了单峰的特征(图5-3-3b),这也不支持它们为壳-幔混合成因。此外,海德乌拉火山盆地流纹岩显示高SiO_2含量(73.17%~77.96%)、强过铝质、低Mg#含量(0.07%~0.16%)、相容性元素含量低[Cr含量为(0.22~8.66)$\times10^{-6}$、Ni含量为(0.40~4.81)$\times10^{-6}$、Co含量为(0.04~0.20)$\times10^{-6}$]等特征,也表明幔源物质对其形成的影响不明显。

海德乌拉火山盆地流纹岩样品Nb/U和Ce/Pb平均值分别为5.1和9.7,与原始地幔(分别为30和9)、OIB(分别为47±10和25±5)的差异明显,与大陆地壳的近似(分别为10和4;Hofmann et al.,1986),暗示海德乌拉火山盆地A型流纹岩与地壳有密切关系。

不同地壳组成的部分熔融都可以产生A型岩浆岩,如变质沉积岩(Collins et al.,1982)、之前抽离了花岗质熔体中的无水下地壳残留体(Collins et al.,1982;King et al.,1997;Whalen et al.,1987)、新形成的镁铁质下地壳(Frost et al.,1999,2001)以及浅部地壳中的长英质岩石(Creaser et al.,1991;Frost and Frost,2011;Patiño Douce,1997;Wu et al.,2002;Zhou et al.,2014)等。尽管海德乌拉火山盆地A型流纹岩具有变质沉积岩部分熔融产生的熔体的强过铝质等特征(Chappell,1999;Huang et al.,2011),然而海德乌拉流纹岩锆石的$\varepsilon_{Hf}(t)$值不同于东昆仑基底Hf同位素组成的演化域,也明显高于东昆仑造山带内由变质沉积岩部分熔融而成古生代S型花岗岩的$\varepsilon_{Hf}(t)$值(−6.7~0.7),说明海德乌拉火山盆地A型流纹岩并非源于变质沉积岩的部分熔融。

贫水下地壳部分熔融形成的岩浆岩具有低TiO_2/MgO值和$(Na_2O+K_2O)/Al_2O_3$值、低SiO_2含量、高CaO和Al_2O_3含量等特征(Creaser et al.,1991;Frost C D and Frost B R,1997;Patiño Douce,1997)。然而,海德乌拉火山盆地A型流纹岩具有高TiO_2/MgO值(0.71~1.79,平均为1.19)、高$(Na_2O+K_2O)/Al_2O_3$值(0.79~0.89,平均为0.84)和高SiO_2含量(73.17%~77.96%),与贫水下地壳残留部分熔融形成的岩浆岩不一致。

海德乌拉火山盆地A型流纹岩的高K_2O含量(3.86%~5.84%),暗示它们可以通过新生镁铁质下地壳的部分熔融形成(Dall'Agnol et al.,1999;Frost et al.,1999,2001)。然而,实验研究表明铁镁质下地壳物质部分熔融形成的岩浆岩一般为准铝质且K_2O/Na_2O值小于1(Rapp and Watson,1995;Dall'Agnol et al.,1999;López and Castro,2001;Xiao and Clements,2007)。尽管部分实验研究证明当压力大于15kPa时,铁镁质岩石部分熔融能产生过铝质且K_2O/Na_2O值大于1的熔体,然而该压力环境下形成的富钾岩浆岩一般都具有埃达克质岩的特征(Rapp and Watson,1995;Skjerlie and Patiño Douce,2002)。此外,镁铁质下地壳部分熔融不可能产生大面积高硅熔体($SiO_2>70\%$;Rapp and Watson,1995),这与海德乌拉火山盆地大规模出露的高 SiO_2 流纹岩不一致。

长英质火成岩如钙碱性花岗闪长岩、英云闪长岩通常是 A 型岩浆岩的源区物质(Creaser et al.,1991;Petcovic and Grunder,2003;Dall′Agnol and de Oliveira,2007)。研究表明 A 型岩浆岩可以通过高温低压环境长英质火成岩部分熔融而成(Patiño Douce,1997;Hildreth,2004;Glazner et al.,2008;Xin et al.,2018;Chen et al.,2020)。然而,该环境下形成的 A 型火成岩具有准铝质—弱过铝质特征(Patiño Douce,1997,1999;Dall′Agnol et al.,1999;Frost C D and Frost B R,2011),诸如东昆仑造山带的淡水沟、深水潭、念唐、五龙沟准铝质—弱过铝质 A 型花岗岩(Xin et al.,2018;Chen et al.,2020)。海德乌拉火山盆地流纹岩的 A/CNK 值为 1.04～1.14,属过铝质—强过铝质特征,这与高温低压环境下形成的准铝质—弱过铝质 A 型花岗岩不符合。高温高压环境下的钙碱性长英质火成岩部分熔融能够产生过铝质—强过铝质 A 型岩浆岩(Frost C D and Frost B R,2011)。海德乌拉火山盆地 A 型流纹岩具有强烈的 Eu、Sr 负异常和低 $(La/Yb)_N$ 值(6.13～14.23),说明源区存在富钙斜长石且无大量石榴石/角闪石残留,这与高压环境中(＞10kPa)的残留相矿物组合(含有大量石榴石或角闪石残留,不存在或有少量的斜长石)不吻合(Sen and Dunn,1994;Patiño Douce,2004;Watkins,2007;Qian and Hermann,2013)。研究表明,在角闪石/黑云母＋石英±斜长石脱水熔融形成单斜辉石＋斜方辉石＋斜长石＋熔体反应过程中,随着压力的增加单斜辉石将替代斜长石残留在源区,该过程将降低岩浆中的 Eu 亏损(Patiño Douce,1997)。上述特征都说明海德乌拉火山盆地过铝质 A 型流纹岩形成压力大于 10kPa 的可能性较低。因此,海德乌拉火山盆地流纹岩可能形成于中地壳压力下。实验研究表明,中地壳压力下长英质火成岩的部分熔融能够形成过铝质—强过铝质花岗岩(Skjerlie and Johnston,1992;Patiño Douce,1997)。

酸性熔体形成时的压力可以通过 Or-Qz-Ab 组分来估计(Anderson and Bender,1989;Anderson and Cullers,1978)。在 Or-Qz-Ab 图中(图 5-3-5),海德乌拉火山盆地 A 型流纹岩硅含量最低的样品 18H-4-6 落于 7kPa 附近,说明海德乌拉火山盆地流纹岩形成深度在 21km 左右。因此,海德乌拉火山盆地 A 型流纹岩是在中地壳压力下,钙碱性花岗闪长岩、英云闪长岩部分熔融的产物。东昆仑造山带前中志留世花岗质岩石主要包括元古代花岗岩和奥陶—早志留世花岗岩。然而,海德乌拉火山盆地 A 型流纹岩 $\varepsilon_{Hf}(t)$ 明显高于东昆仑造山带元古代花岗岩(校正到 426Ma)值(He et al.,2016),却与区内晚奥陶世钙碱性准铝质花岗质岩石类似(如 Kumo 花岗岩的 $\varepsilon_{Hf}(t)$ 为－0.29～8.51;Dong et al.,2018b)。综上,海德乌拉火山盆地 A 型流纹岩可能是东昆仑造山带内晚奥陶世钙碱性花岗闪长岩在中地壳压力下部分熔融的产物。

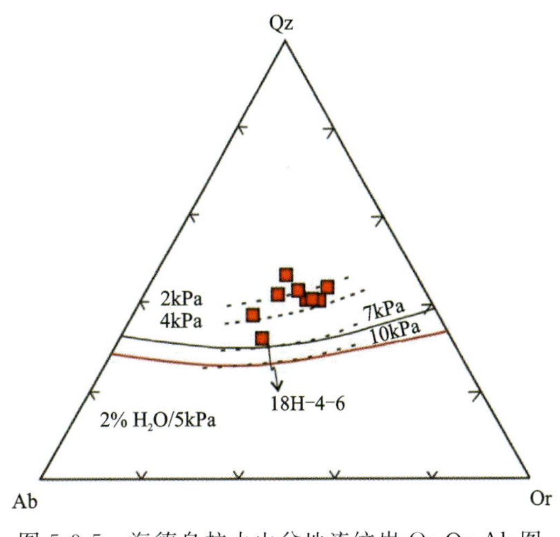

图 5-3-5　海德乌拉火山盆地流纹岩 Or-Qz-Ab 图

二、粗面岩

（一）主量元素和微量元素地球化学特征

海德乌拉火山盆地中性火山岩主要为粗安岩-粗面岩组合，其主量元素、微量元素分析测试结果见表5-3-3。海德乌拉火山盆地中性火山岩显示了较高的碱含量及相对富集K含量，在Na_2O-K_2O图中（图5-3-6a），粗安岩-粗面岩落入超钾质火山岩区域；在AR-SiO_2图解中（图5-3-6b），海德乌拉火山盆地粗面岩位于碱性火山岩内。海德乌拉火山盆地粗安岩-粗面岩的A/CNK值介于1.21～1.61，属于准铝质—弱过铝质范畴（图5-3-6c）；海德乌拉火山盆地中性火山岩显示了较高的Fe含量和FeO^T值（图5-3-6d）。

表5-3-3　海德乌拉火山盆地中性火山岩主量元素和微量元素测试结果一览表

项目	18H-01-03	18H-01-04	18H-01-05	18H-01-06	18H-02-06	18H-02-02	18H-02-03	18H-02-05
	粗面岩					粗安岩		
SiO_2	63.91	63.83	64.31	63.40	61.57	59.83	58.68	55.04
TiO_2	0.62	0.61	0.60	0.63	0.77	0.87	0.99	0.87
Al_2O_3	13.47	13.70	13.32	14.01	14.19	14.07	15.11	14.28
FeO^T	7.48	6.95	6.54	7.31	8.35	8.59	8.72	9.24
MnO	0.10	0.09	0.11	0.12	0.18	0.13	0.11	0.16
MgO	0.54	0.62	0.72	0.57	1.29	2.60	3.24	3.18
P_2O_5	0.12	0.12	0.11	0.12	0.17	0.20	0.24	0.20
CaO	1.88	1.80	1.95	1.93	1.62	1.92	1.34	3.67
Na_2O	3.86	3.39	2.66	3.84	2.16	2.23	2.81	2.37
K_2O	5.09	5.79	6.40	5.55	7.03	5.88	5.24	5.38
LOI	2.11	2.23	2.40	2.23	2.31	3.12	3.03	4.91
合计	99.18	99.13	99.12	99.71	99.64	99.43	99.51	99.30
A/CNK	1.24	1.25	1.21	1.24	1.31	1.40	1.61	1.25
A/NK	0.88	0.87	0.85	0.88	0.79	0.71	0.68	0.68
K/Na	1.32	1.71	2.41	1.45	3.25	2.64	1.86	2.27
全碱	8.95	9.18	9.06	9.39	9.19	8.11	8.05	7.75
Cr	19.10	24.85	19.71	19.64	43.73	60.30	119.07	61.26
Co	2.44	2.56	2.85	2.87	4.77	7.51	9.65	7.64
Ni	3.75	8.19	3.69	4.39	9.31	9.24	29.94	10.10

续表 5-3-3

项目	18H-01-03	18H-01-04	18H-01-05	18H-01-06	18H-02-06	18H-02-02	18H-02-03	18H-02-05
	粗面岩					粗安岩		
Zn	164.73	187.38	216.98	163.63	188.41	253.41	299.53	508.08
Ga	25.72	25.76	27.63	27.23	27.63	23.68	27.50	24.85
Rb	148.56	152.83	177.48	153.77	209.55	163.52	136.72	142.77
Sr	89.12	92.81	116.83	83.78	175.71	118.05	141.33	130.03
Y	61.15	58.80	59.90	64.82	58.65	51.46	50.64	54.24
Zr	1569	1495	1538	1612	1616	1430	1476	1466
Nb	18.37	17.69	18.49	18.78	15.86	13.23	14.85	13.67
Ba	391.70	481.01	686.59	466.88	938.73	1 033.30	893.74	891.78
La	44.08	45.89	45.64	46.63	40.09	34.93	34.09	30.70
Ce	96.89	98.48	98.86	101.69	88.37	76.81	73.96	71.99
Pr	11.59	12.39	12.33	12.78	11.07	9.64	9.33	9.04
Nd	51.61	52.51	52.07	53.99	47.73	41.40	39.56	40.13
Sm	10.76	10.71	10.50	11.23	10.07	8.77	8.33	9.15
Eu	1.59	1.57	1.60	1.74	1.85	1.92	1.77	2.37
Gd	10.28	9.95	10.41	11.19	9.91	8.50	8.74	9.53
Tb	1.63	1.68	1.62	1.74	1.60	1.42	1.35	1.50
Dy	10.28	10.47	10.18	10.87	10.05	8.84	8.68	9.28
Ho	2.18	2.18	2.13	2.27	2.12	1.86	1.84	1.91
Er	6.14	6.15	5.96	6.35	5.94	5.23	5.24	5.29
Tm	0.95	0.96	0.92	1.00	0.92	0.81	0.81	0.82
Yb	6.47	6.54	6.15	6.71	6.34	5.45	5.49	5.57
Lu	1.06	1.08	1.01	1.10	1.06	0.90	0.91	0.91
Hf	28.46	26.90	28.12	29.28	28.85	24.54	26.08	25.71
Ta	1.04	0.98	1.04	1.06	0.93	0.76	0.87	0.81
Pb	29.71	54.56	28.72	40.19	32.73	58.69	236.48	203.60
Th	14.79	15.07	14.77	15.19	13.45	10.92	11.32	11.14
U	4.34	5.73	4.17	4.13	3.01	3.18	3.12	3.91

注：主量元素含量的单位为%，微量元素含量的单位为$\times 10^{-6}$。

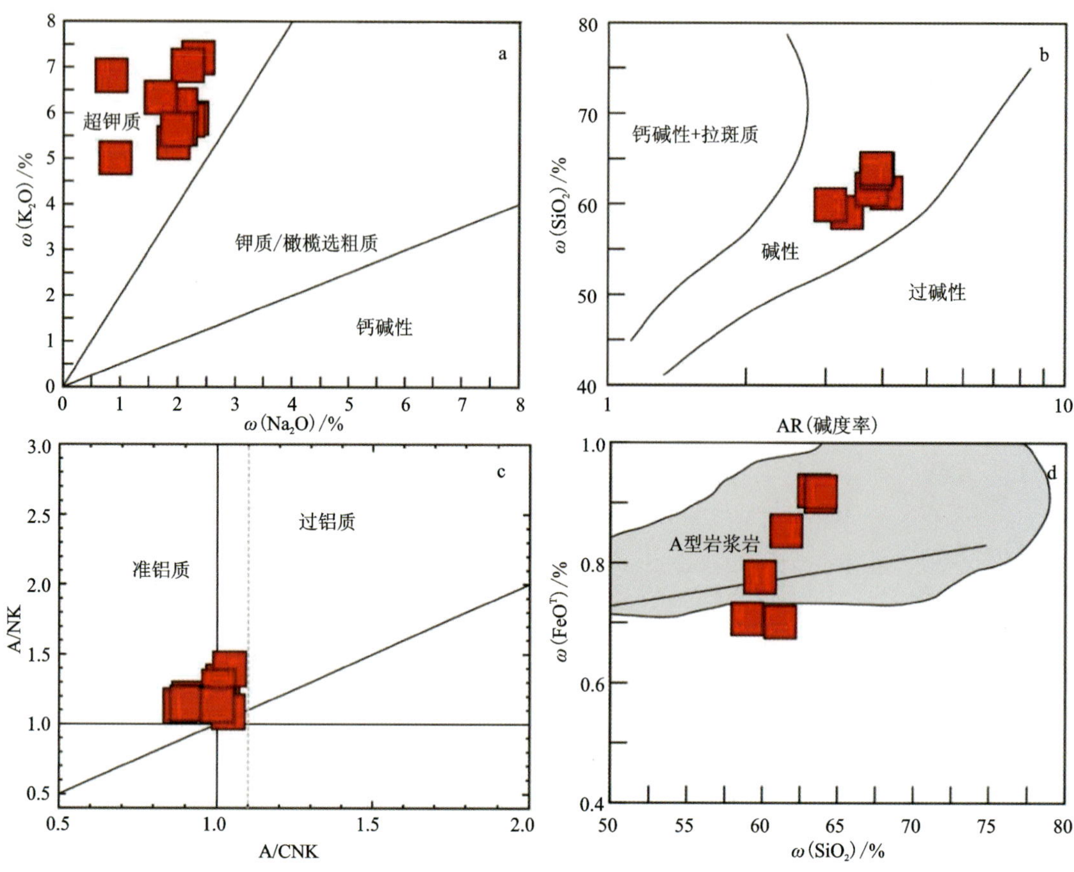

图 5-3-6 海德乌拉火山盆地中性火山岩 Na_2O-K_2O 图解(a)、AR-SiO_2 图解(b)、A/CNK-A/NK 图解(c)及 SiO_2-FeO^T 图解(d)

海德乌拉火山盆地中性火山岩显示富含高场强元素、Ga 和 Zn 等元素，其中 Zr 异常富集，其含量为$(1430\sim1770)\times10^{-6}$。在原始地幔标准化微量元素蛛网图中(图 5-3-7)，海德乌拉火山盆地粗安岩-粗面岩显示了 Ba、Nb、Ta、Sr、P、Ti 和 Eu 的负异常，以及 Rb、Th、U 和 Zr 的正异常。海德乌拉火山盆地中性火山岩高场强元素 Zr+Nb+Ce+Y 总量介于$(1572\sim1925)\times10^{-6}$之间，Ga/Al 值为 3.18～3.78。

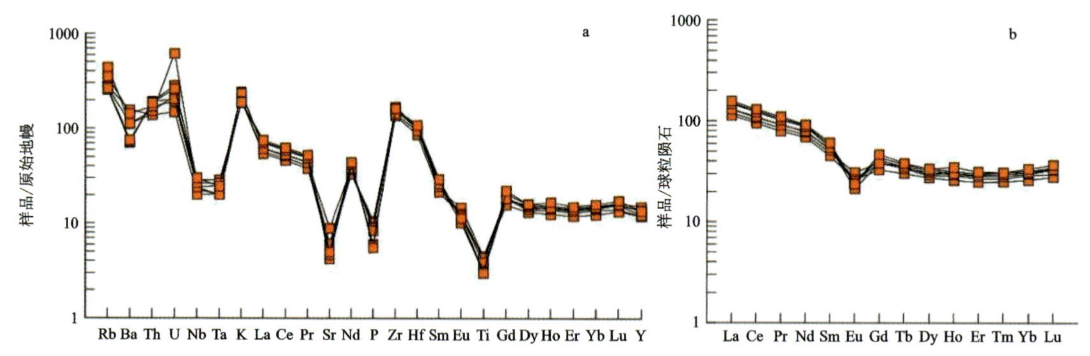

图 5-3-7 海德乌拉火山盆地中性火山岩原始地幔标准化微量元素蛛网图(a)和球粒陨石标准化稀土元素配分图(b)

注：原始地幔标准化值和球粒陨石标准化值据 Sun 和 McDonough(1985)。

海德乌拉火山盆地粗安岩-粗面岩稀土元素总量介于$(206.5\sim278.5)\times10^{-6}$之间，轻、重稀土比值(LREE/HREE)为4.69～5.76。在球粒陨石标准化稀土元素配分图上(图5-3-7b)，海德乌拉火山盆地中性火山岩显示出轻稀土相对富集、重稀土相对亏损[$(La/Sm)_N$为3.74～5.04]，轻稀土内部具有较为明显的分异[$(La/Sm)_N$为2.10～2.71]，重稀土内部分异不明显[$(Gd/Yb)_N$为1.23～1.38]，Eu负异常等特征，δEu为0.44～0.71。

（二）形成环境分析

海德乌拉火山盆地中性火山岩样品主要包括粗安岩、粗面岩，总体具有较高的碱质总量，具备碱性岩的特征，具有较高的Nb/Ta值(16.9～18.1)，以及Cr(平均值为46.0×10^{-6})和Ni(平均值为9.8×10^{-6})等相容元素含量，上述特征说明海德乌拉火山盆地中性火山岩可能由地幔源区岩石部分熔融而成。同时，海德乌拉火山盆地中性火山岩富集不相容元素，且Nb、Ta等元素相对亏损。故而，可认为海德乌拉火山盆地中性火山岩的源区可能为俯冲流体交代岩石圈地幔(如McCulloch and Gamble，1991)。岩体具有A型岩浆岩的特征，并表现出较低的$(La/Yb)_N$和Sr含量及明显的Eu负异常等特征，说明在海德乌拉火山盆地中性火山岩具有高温A型岩浆岩特征(Eby，1990，1992)，并在其形成过程中存在斜长石的分异作用或者源区具有斜长石的残留，也就是说海德乌拉火山盆地中性火山岩的形成与高温低压板内伸展环境有关。

三、花岗斑岩

（一）主量元素地球化学特征

海德乌拉火山盆地花岗斑岩主量元素分析结果见表5-3-4，其特征为高硅(SiO_2含量为75.41%～76.70%)和相对富铁的特征。在TAS图解中，样品点全部落在花岗岩范围内，属酸性岩范畴(图5-3-8a)。Al_2O_3含量为12.22%～12.90%(平均值为12.5%)，MgO含量为0.02%～0.14%(平均值为0.08%)，CaO、K_2O和Na_2O含量分别为0.56%～1.09%(平均值为0.85%)、4.33%～4.91%(平均值为4.57%)和2.64%～3.22%(平均值为3.06%)，Na_2O/K_2O值为0.54～0.74，岩石铝饱和指数A/CNK为1.02～1.14，在A/CNK-A/NK图解中(图5-3-8b)，岩石样品均落在过铝质范围内。AR值为4.01～8.06，在SiO_2-AR图解(图5-3-8c)落入钙碱性—碱性过渡区域；P含量低(P_2O_5含量为0.01%～0.02%，微量元素分析结果为$(30\sim70)\times10^{-6}$。

表5-3-4　海德乌拉火山盆地花岗斑岩主量元素、微量元素、稀土元素测试结果一览表

项目	SH09-1	SH09-2	SH11-1	SH11-2	BY-1	BY-2	BY-3
SiO_2	76.70	76.58	76.14	75.80	75.83	75.84	75.41
TiO_2	0.07	0.07	0.07	0.07	0.07	0.07	0.07
Al_2O_3	12.60	12.49	12.29	12.22	12.64	12.44	12.90

续表 5-3-4

项目	SH09-1	SH09-2	SH11-1	SH11-2	BY-1	BY-2	BY-3
$Fe_2O_3^T$	1.20	1.19	1.34	1.35	1.20	1.32	1.32
MnO	0.02	0.02	0.03	0.03	0.02	0.03	0.03
MgO	0.10	0.09	0.14	0.14	0.02	0.03	0.03
CaO	0.56	0.56	1.09	1.08	0.81	0.97	0.86
Na_2O	3.20	3.20	3.21	3.22	2.87	3.11	2.64
K_2O	4.49	4.46	4.33	4.33	4.77	4.73	4.91
P_2O_5	0.01	0.01	0.01	0.01	0.01	0.01	0.02
LOL	1.40	1.52	1.62	1.69	1.43	1.48	1.76
合计	100.35	100.19	100.27	99.94	99.67	100.03	99.95
Ga	18.9	19.5	18.5	19.1	20.1	19.1	18.3
Rb	210	209	206	205	214	218	241
Sr	44.6	44.0	47.8	49.3	50.4	58.1	50.5
Y	39.7	39.5	42.9	43.1	44.7	43.2	43.0
Zr	133	136	135	132	137	158	159
Nb	13.0	13.1	12.9	13.2	13.6	13.1	13.9
P	30	30	30	40	40	40	70
Cs	5.76	5.89	5.80	5.86	5.68	3.62	4.68
Ba	698	682	662	658	703	698	701
Hf	4.7	4.8	4.8	4.7	5.1	5.2	5.1
Ta	1.11	1.11	1.12	1.12	1.16	1.13	1.18
Pb	24.0	24.5	24.8	24.4	30.4	18.0	17.8
Th	24.2	24.1	24.3	24.6	25.1	25.7	27.2
U	5.84	5.72	4.57	4.63	5.07	3.17	3.78
La	32.1	32.4	34.5	35.8	39.1	40.8	42.8
Ce	64.2	64.2	67.4	69.8	75.9	78.1	81.0
Pr	7.09	7.05	7.45	7.70	8.64	8.23	8.57
Nd	25.5	25.5	26.4	27.4	29.6	28.9	30.2
Sm	5.52	5.59	5.82	5.90	6.29	6.12	6.04
Eu	0.44	0.46	0.47	0.49	0.59	0.55	0.54
Gd	5.61	5.36	5.66	5.77	6.85	6.05	6.20

注：主量元素含量的单位为%，微量元素及稀土元素含量的单位为$\times10^{-6}$。

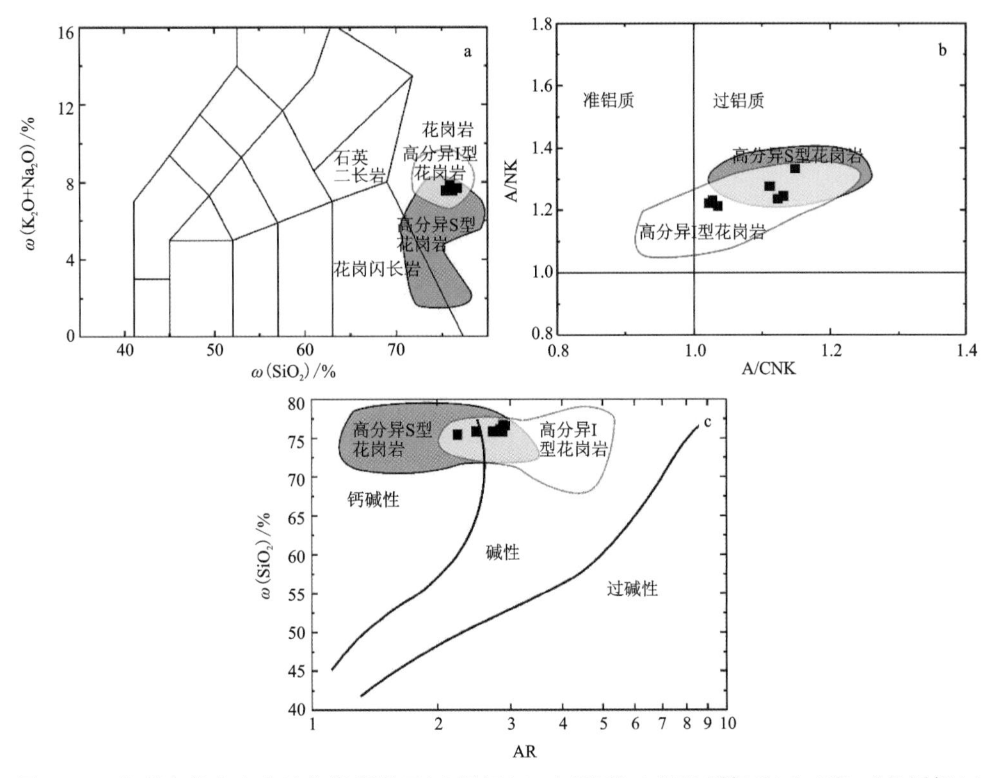

图 5-3-8 海德乌拉火山盆地花岗斑岩 TAS 图解(a)、A/CNK-A/NK 图解(b)和 SiO_2-AR 图解(c)

(二)微量元素和稀土元素地球化学特征

在原始地幔微量元素蛛网图上，所有花岗斑岩样品的变化趋势非常一致，岩石中 Ba、Nb、Ta、Sr、P、Ti 均出现强烈亏损(图 5-3-9a)。花岗斑岩样品中稀土总量 ΣREE 值变化范围为 $(158.52\sim194.45)\times10^{-6}$，平均值为 174.97×10^{-6}，轻稀土 LREE 较为富集，重稀土 HREE 相对亏损，LREE/HREE 值为 4.30～5.09，显示轻、重稀土明显分异。在球粒陨石标准化稀土元素配分曲线上，花岗斑岩的稀土元素分配形式为亦表现为明显的右倾的轻稀土元素富集型(图 5-3-9b)，$(La/Yb)_N$=5.4～7.1，岩石具明显的 Eu 负异常。δEu 值为 0.24～0.28，平均值为 0.26。

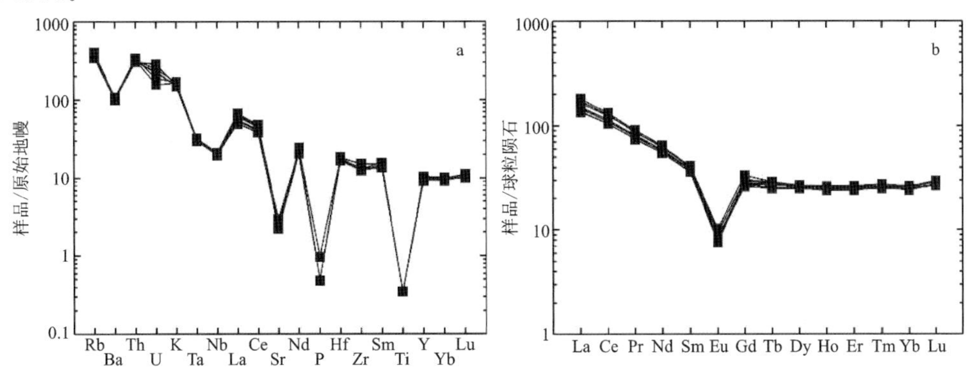

图 5-3-9 海德乌拉火山盆地花岗斑岩原始地幔标准化微量元素蛛网图(a)和球粒陨石标准化稀土元素配分图(b)

（三）物质来源与成因分析

海德乌拉火山盆地花岗斑岩虽然具有较高的 10 000×Ga/Al 值和 FeO^T/MgO 值，但高场强元素含量相对较低[Zr 为（132～159）$\times10^{-6}$，Nb 为（12.9～13.9）$\times10^{-6}$]；（Zr＋Nb＋Ce＋Y）值为（249.9～296.9）$\times10^{-6}$，低于 A 型花岗岩下限值 350$\times10^{-6}$，在 A 型花岗岩判别图解中，全部样品点均落在“分异的 I 型和 S 型花岗岩”区域内（图 5-3-10a）；海德乌拉地区海德乌拉火山盆地花岗斑岩的锆石饱和温度在 773～800℃之间，明显低于 A 型花岗岩（均值 839℃；King et al.，1997）。上述特征充分表明：海德乌拉地区海德乌拉火山盆地花岗斑岩并非 A 型花岗岩，而应归属于高分异花岗岩，这与其高硅特征相吻合。

海德乌拉火山盆地花岗斑岩具有极低的 P_2O_5 含量，并且 P_2O_5 含量与 SiO_2 含量之间呈现大体的负相关关系（图 5-3-10b），与澳大利亚 Lachlan 造山带典型 I 型花岗岩相似。在微量元素组成上，海德乌拉地区海德乌拉火山盆地花岗斑岩的 Y 含量随着 Rb 含量的升高大体保持不变（图 5-3-10c），Th 和 Rb 之间则表现出正相关关系（图 5-3-10d），与典型 I 型花岗岩类似，而与 S 型花岗岩相区别（李献华等，2001）。海德乌拉地区海德乌拉火山盆地花岗斑岩的锆石饱和温度（773～800℃），与 I 型花岗岩（平均值为 781℃，King et al.，1997）相似，而明显高于 S 型花岗岩（平均值为 764℃）。上述特征都暗示着海德乌拉地区海德乌拉火山盆地花岗斑岩应属于 I 型花岗岩。需要指出的是，与典型 I 型花岗岩相比，海德乌拉地区海德乌拉火山盆地花岗斑岩的 A/CNK 值偏高。不过，这种现象在高分异 I 型花岗岩中并不罕见，如西藏桑日高分异 I 型花岗岩（A/CNK＝1.08～1.16），腾冲勐连、明光、小棠-芒东高分异 I 型花岗岩（A/CNK＝1.04～1.23），大兴安岭阿里河镇高分异 I 型花岗岩（A/CNK＝1.01～1.11），广东禾洞高分异 I 型花岗岩（A/CNK＝0.96～1.28）。在矿物学特征上，海德乌拉地区海德乌拉火山盆地花岗斑岩中未见 S 型花岗岩中常见的典型过铝质矿物，如堇青石、石榴石、刚玉、电气石等。综合上述特征，笔者认为海德乌拉地区海德乌拉火山盆地花岗斑岩属于高分异 I 型花岗岩。

高分异 I 型花岗岩的成因包括：①由幔源基性岩浆与壳源长英质岩浆混合，并在之后发生分离结晶作用（朱弟成等，2009）；②幔源岩浆底侵引发下地壳物质部分熔融，熔体形成之后发生分离结晶作用（Chappell et al.，2012）。

海德乌拉火山盆地花岗斑岩的基岩露头和深部钻孔中岩心样品均未发现岩浆混合成因的暗色包体，薄片中亦未见针状磷灰石等岩浆淬冷证据，暗示着其很可能并非由基性岩浆与酸性岩浆混合形成，而更可能是由地壳物质部分熔融形成的。海德乌拉火山盆地花岗斑岩高硅（SiO_2 含量为 75.4%～76.7%）、低 $Mg^\#$ 值（3.2～17.3）的特点也符合壳源高分异 I 型花岗岩的特征（图 5-3-10e、f）。

海德乌拉火山盆地内发育多条基性岩脉，对这些基性岩脉的定年结果显示，它们的形成时代在 238Ma 左右，与花岗斑岩相近。不仅如此，在位于海德乌拉北部约 10km 的五龙沟金矿区，张宇婷（2012）也识别出了多条早—中三叠世基性岩脉（248～244Ma）。这些发现表明，在早—中三叠世期间，海德乌拉及周边地区的基性岩浆活动较为活跃。笔者认为，这些基性

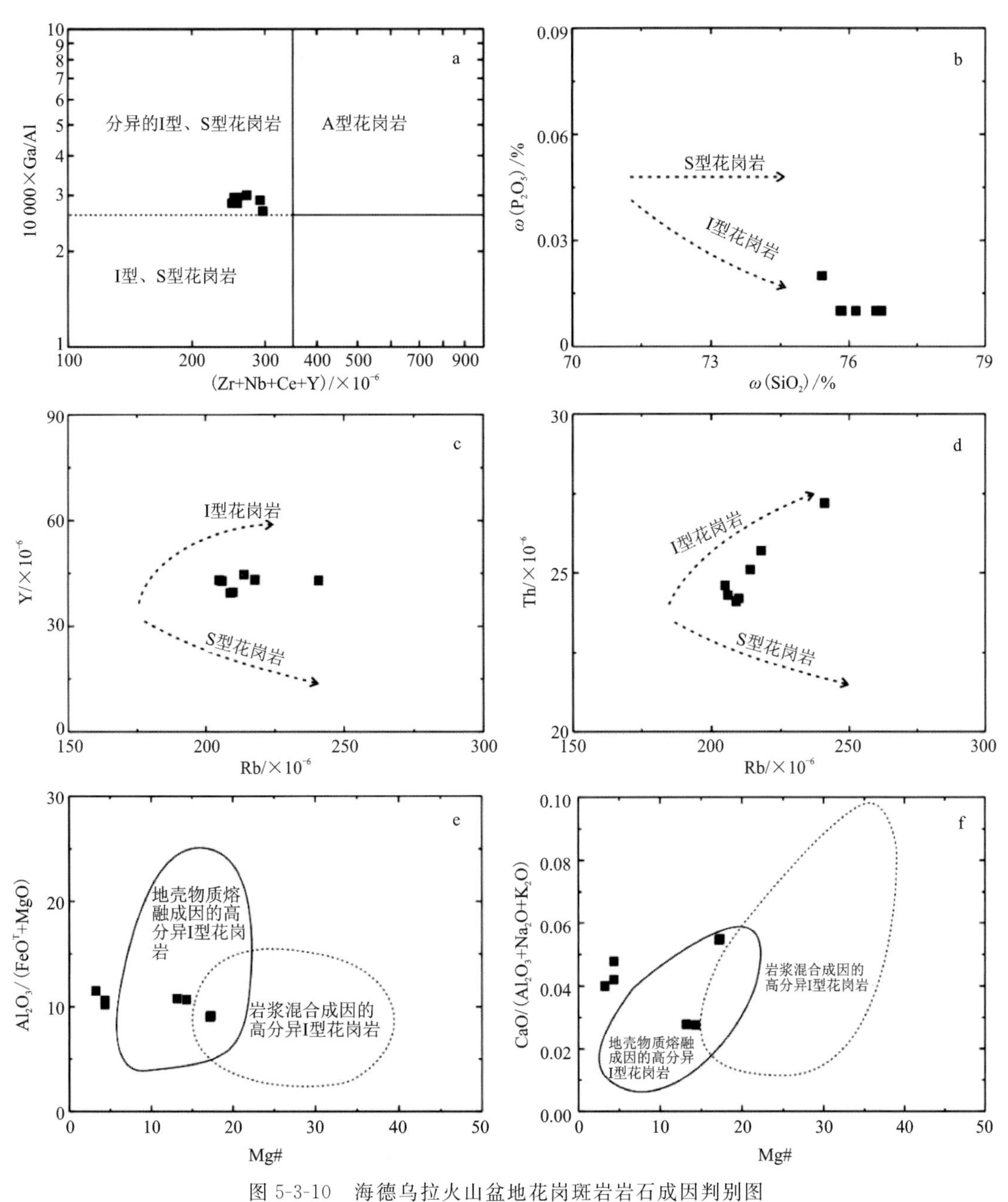

图 5-3-10 海德乌拉火山盆地花岗斑岩岩石成因判别图

岩浆侵入并加热地壳，很可能引起后者发生部分熔融，从而形成海德乌拉铀矿区花岗斑岩的原始岩浆。

随着 SiO_2 含量的升高，海德乌拉火山盆地花岗斑岩的 P、Sr、Zr、REE 含量均不同程度的降低(图 5-3-11a～e)，而 Ba 含量则基本保持不变(图 5-3-11b)，结合微量元素间的协变关系(图 5-3-11f～i)，笔者推测海德乌拉火山盆地花岗斑岩在岩浆演化过程中有可能经历了斜长石、锆石、褐帘石等矿物的分离结晶。

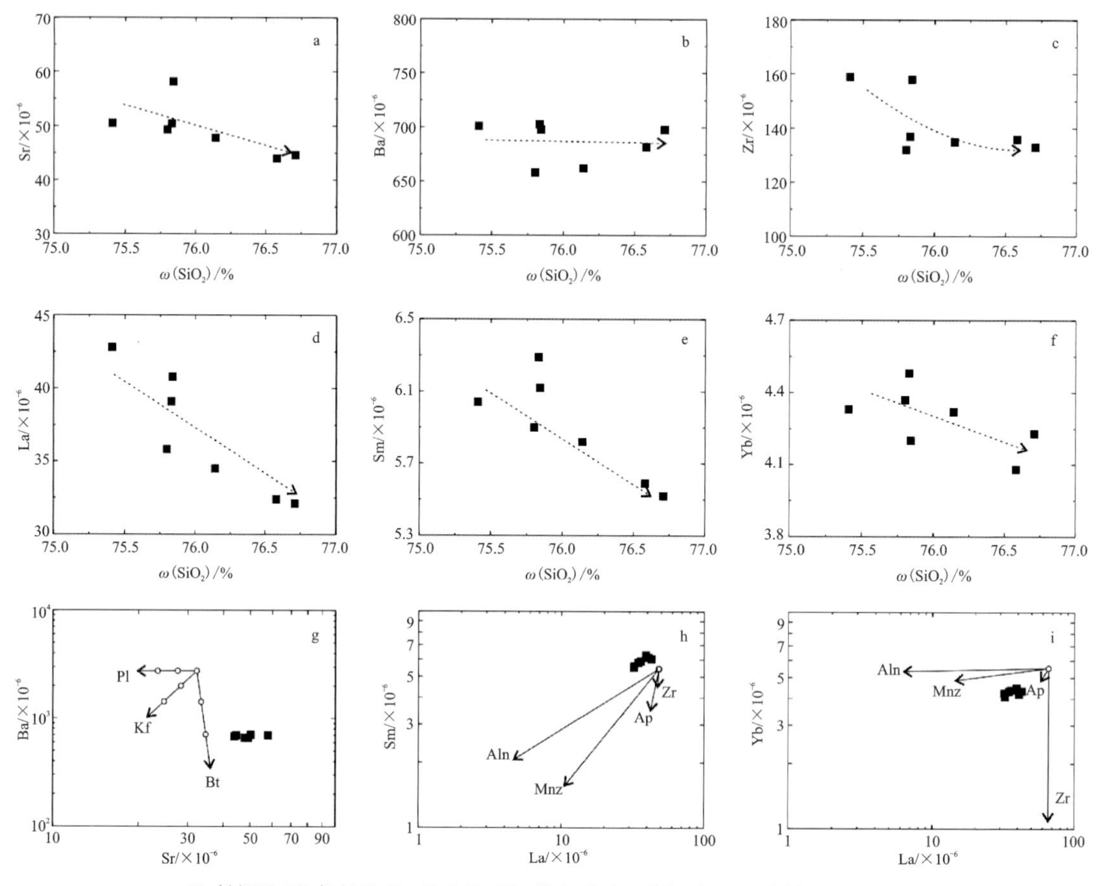

Pl. 斜长石;Kf. 钾长石;Bt. 黑云母;Aln. 褐帘石;Ap. 磷灰石;Mnz. 独居石;Zr. 锆石。

图 5-3-11 海德乌拉火山盆地花岗斑岩 SiO_2 与部分微量元素谐和关系图(a～f)和分离结晶过程分析图(g～i)

四、辉绿岩

(一)主量元素和微量元素地球化学特征

海德乌拉火山盆地辉绿岩的全岩主量元素和微量元素分析结果见表 5-3-5。海德乌拉火山盆地辉绿岩的 SiO_2 含量为 46.6%～51.9%,TiO_2 含量为 1.75%～2.46%,在图 5-3-12 中,海德乌拉火山盆地辉绿岩落于辉绿岩/辉长岩区域。碱金属含量变化范围较大(Na_2O+K_2O 含量为 5.60%～8.13%),Na 含量高于 K 含量,$w(Na_2O)/w(K_2O)=1.09～4.70$。海德乌拉火山盆地辉绿岩表现出高 Fe 含量($FeO^T$ 含量为 8.88%～12.3%)、低 Mg 含量(MgO 含量为 2.76%～6.34%)的特征,$Mg^{\#}$ 值较低,在 0.36～0.54 之间。

表 5-3-5 海德乌拉火山盆地辉绿岩主量元素和微量元素测试结果一览表

样品号	HD20-51	ZK105-4	ZK105-3	HD20-47	HD-4	ZK105-1	HD20-75	SH-01	SH-02	SH-03	SH-04	SH-05
SiO_2	46.6	47.5	48.7	48.9	49.9	50.0	50.6	51.9	50.9	51.2	51.1	51.0

续表 5-3-5

样品号	HD20-51	ZK105-4	ZK105-3	HD20-47	HD-4	ZK105-1	HD20-75	SH-01	SH-02	SH-03	SH-04	SH-05
TiO_2	2.46	2.43	2.28	2.19	2.47	2.23	1.79	1.75	1.85	1.87	2.05	2.04
Al_2O_3	16.8	16.0	15.1	14.7	16.9	15.0	14.9	15.3	14.7	14.7	15.9	15.8
FeO^T	11.20	12.30	12.20	10.60	9.78	11.00	8.88	10.10	11.00	11.10	9.72	9.75
MnO	0.16	0.13	0.15	0.18	0.09	0.15	0.16	0.12	0.15	0.15	0.13	0.13
MgO	5.06	4.74	5.11	3.46	5.23	5.34	5.31	4.73	6.30	6.34	2.77	2.76
CaO	5.27	4.69	3.96	6.52	2.73	4.20	5.38	4.34	3.93	3.96	4.47	4.47
Na_2O	4.48	5.12	3.76	4.67	5.25	3.63	4.86	4.31	3.74	3.74	6.41	6.37
K_2O	1.62	1.09	2.82	1.55	2.29	3.32	1.72	2.39	1.86	1.87	1.72	1.70
P_2O_5	0.73	0.79	0.68	0.73	0.82	0.68	0.54	0.51	0.58	0.58	0.64	0.65
LOI	5.06	4.61	4.56	6.02	4.44	4.40	5.94	4.39	3.78	3.90	4.61	4.72
合计	99.44	99.40	99.32	99.52	99.90	99.95	100.08	99.84	98.79	99.41	99.52	99.39
Sc	27.1	27.9	25.3	24.9	24.6	26.0	23.1	21.8	23.8	23.0	24.1	24.1
V	189	161	149	174	128	148	149	147	145	145	141	147
Cr	100	118	114	110	118	116	200	180	170	180	200	200
Co	33.6	39.1	31.7	29.9	56.1	32.8	29.7	28.1	28.4	29.7	28.8	27.6
Ni	39.8	44.3	44.2	40.6	79.2	48.3	65.6	57.8	65.1	65.2	66.1	66.2
Rb	68.1	46.5	149.0	61.9	81.5	155.0	72.5	103.0	78.4	77.5	63.0	63.4
Ba	666	640	363	737	474	603	673	521	440	431	356	348
Sr	338	419	187	294	366	245	402	245	305	301	131	133
Y	51.2	55.6	49.3	53.9	58.0	49.7	46.1	44.4	46.8	47.0	54.0	53.4
Hf	8.1	8.3	7.1	7.3	8.4	7.6	7.2	7.1	6.9	6.9	8.0	7.8
Zr	348	376	335	320	383	333	312	311	311	309	354	351
Ta	1.09	0.98	0.87	0.94	0.99	0.86	1.00	0.91	0.91	0.91	0.98	0.99
Nb	19.0	19.2	16.8	17.2	19.7	16.6	16.5	15.8	15.8	15.5	16.9	17.3
Pb	13.5	16.4	9.5	14.9	59.5	12.9	14.3	10.2	11.9	11.9	76.0	74.4
Th	6.21	6.52	5.67	5.62	7.46	5.84	7.07	6.50	5.96	6.01	7.04	7.07
U	2.15	2.04	1.78	2.02	8.76	2.01	2.41	1.50	1.43	1.44	4.05	4.08
La	32.7	39.6	34.4	33.2	36.0	37.0	31.6	34.5	35.4	34.5	39.3	38.7
Ce	81.3	87.1	76.1	76.5	81.8	79.3	73.8	76.4	78.3	76.6	88.4	88.3

续表 5-3-5

样品号	HD20-51	ZK105-4	ZK105-3	HD20-47	HD-4	ZK105-1	HD20-75	SH-01	SH-02	SH-03	SH-04	SH-05
Pr	10.40	11.70	10.10	10.40	10.90	10.30	9.66	9.45	9.58	9.46	10.90	11.10
Nd	43.6	49.4	41.8	44.2	47.0	43.3	40.4	39.1	41.2	40.4	46.4	45.9
Sm	10.02	10.90	9.87	10.15	10.55	9.82	8.84	8.21	8.69	8.59	9.80	9.76
Eu	2.75	2.81	2.57	2.73	2.32	2.56	2.40	2.12	2.32	2.29	2.36	2.42
Gd	11.10	11.40	10.20	11.10	10.70	10.10	9.64	8.55	9.11	9.00	9.84	9.74
Tb	1.65	1.79	1.59	1.62	1.77	1.63	1.43	1.31	1.38	1.37	1.50	1.50
Dy	9.71	10.3	9.04	9.63	10.40	8.72	8.30	7.82	8.29	8.26	9.12	9.18
Ho	1.98	2.30	2.04	2.02	2.30	1.97	1.73	1.61	1.71	1.68	1.86	1.90
Er	5.43	5.81	5.09	5.39	6.09	5.22	4.69	4.59	4.86	4.42	5.07	5.12
Tm	0.79	0.87	0.72	0.76	0.92	0.81	0.67	0.67	0.68	0.68	0.77	0.72
Yb	4.86	5.29	4.84	4.84	5.82	4.90	4.29	4.18	4.33	4.28	4.79	4.81
Lu	0.71	0.82	0.63	0.73	0.88	0.67	0.65	0.63	0.66	0.67	0.74	0.75

注：主量元素含量的单位为%，微量元素含量的单位为$\times 10^{-6}$。

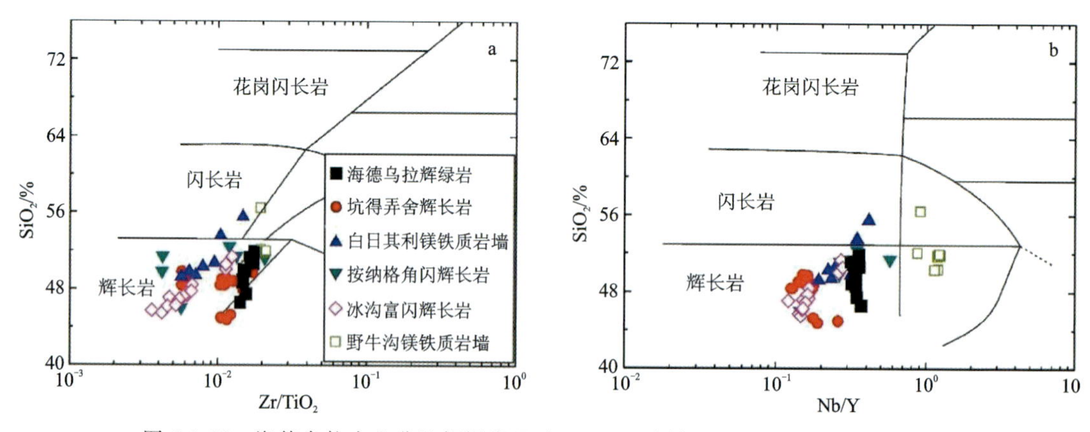

图 5-3-12 海德乌拉火山盆地辉绿岩 Zr/TiO_2-SiO_2 图解(a)和 Nb/Y-SiO_2 图解(b)

(据 Winchester and Floyd，1977)

在微量元素蛛网图中，海德乌拉火山盆地辉绿岩显示出富集不相容元素的特征，但 Nb、Ta、Sr、Ti 相对亏损，Pb 则相对富集(图 5-3-13a)。在稀土元素(REE)配分图解中，海德乌拉火山盆地辉绿岩明显富集轻稀土，并且具有一定的 Eu 负异常(δEu=0.67～0.80)，其轻稀土元素(LREE)含量与 OIB 相当，但重稀土元素(HREE)含量则明显高于 OIB(图 5-3-13b)。海德乌拉火山盆地辉绿岩的 Zr/Hf 值为 43.0～47.2，明显高于球粒陨石(Zr/Hf=36.3；Sun and McDonough，1989)，Nb/Ta 在 16.5～19.6 之间，与球粒陨石大体相当(Nb/Ta=17.6；Sun and McDonough，1989)。

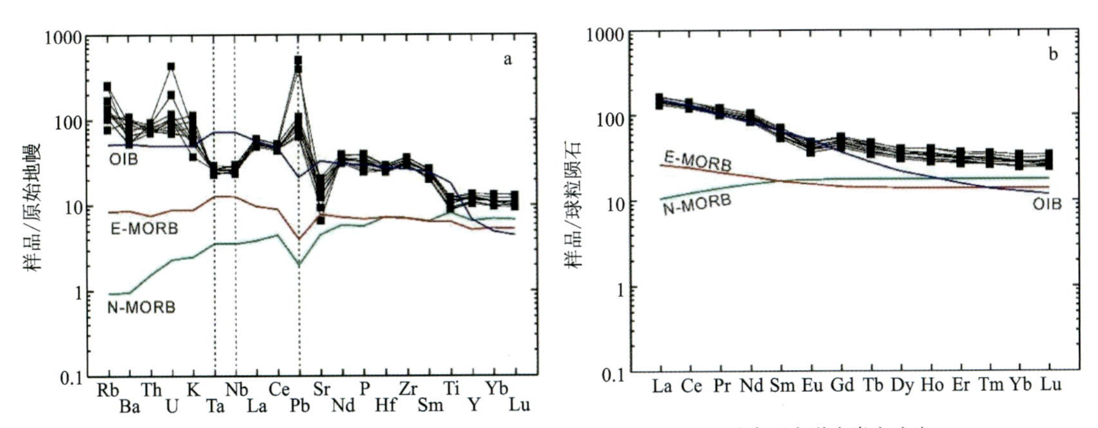

OIB. 洋岛玄武岩；N-MORB. 正常型大洋中脊玄武岩；E-MORB. 异常型大洋中脊玄武岩。

图 5-3-13 海德乌拉火山盆地辉绿岩原始地幔标准化微量元素蛛网图(a)和球粒陨石标准化稀土元素配分图(b)

(二)Sr-Nd 同位素组成

海德乌拉火山盆地辉绿岩的全岩 Sr-Nd 同位素分析结果见表 5-3-6，Sr 同位素初始值和 $\varepsilon_{Nd}(t)$ 值校正到 238Ma。海德乌拉火山盆地辉绿岩具有相对富集的 Sr-Nd 同位素组成，$(^{87}Sr/^{86}Sr)_i$ 值为 0.711 614～0.712 954，$\varepsilon_{Nd}(t)$ 值较为一致，在－3.2～－2.8 之间(图 5-3-14a)，单阶段 Nd 模式年龄(t_{DM})为 1.35～1.39Ga，明显高于其成岩年龄。

表 5-3-6 海德乌拉火山盆地辉绿岩 Sr-Nd 同位素测试结果一览表

样品号	$^{147}Sm/^{144}Nd$	$^{143}Nd/^{144}Nd(2\sigma)$	$\varepsilon_{Nd}(t)$	2σ	$t_{DM}{}^{C}$/Ma	$^{87}Rb/^{86}Sr$	$^{87}Sr/^{86}Sr(2\sigma)$	$(^{87}Sr/^{86}Sr)_i$
SH-01	0.126 868	0.512 363 6(8)	－3.2	0.2	1276	1.210 584	0.717 087(10)	0.712 954
SH-02	0.127 44	0.512 377 2(8)	－3.0	0.2	1256	0.743 795	0.714 213(10)	0.711 674
SH-03	0.128 468	0.512 373 6(10)	－3.1	0.2	1264	0.745 027	0.714 158(14)	0.711 614
SH-04	0.127 612	0.512 387 3(8)	－2.8	0.2	1240	1.391 574	0.716 538(8)	0.711 788
SH-05	0.128 476	0.512 378 9(10)	－3.0	0.2	1256	1.384 556	0.716 596(10)	0.711 869

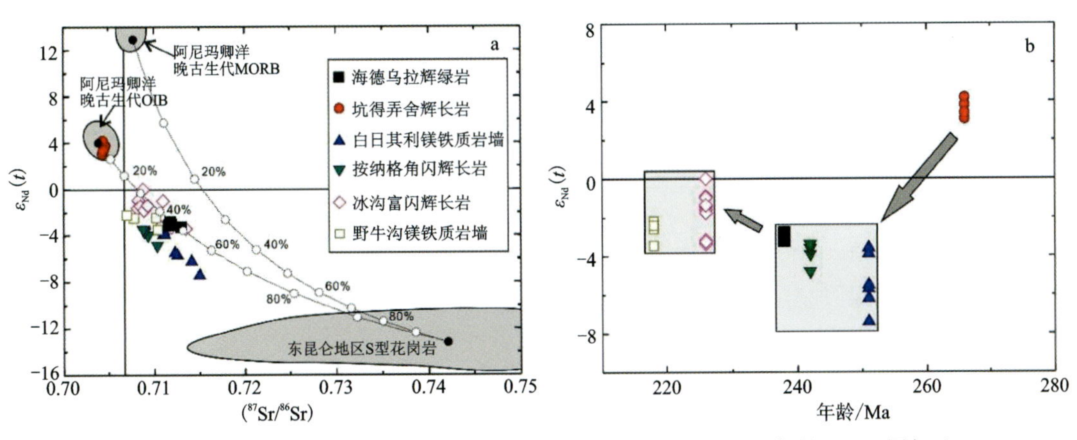

图 5-3-14 海德乌拉火山盆地辉绿岩$(^{87}Sr/^{86}Sr)_i$-$\varepsilon_{Nd}(t)$图解(a)和年龄-$\varepsilon_{Nd}(t)$图解(b)

(三)物质来源与成因分析

基性岩浆在上升过程中,难以避免地会受到地壳物质的混染,而强烈的地壳混染将会改变基性岩浆的地球化学特征。海德乌拉火山盆地辉绿岩中存在继承锆石,在原始地幔标准化微量元素蛛网图解中明显富集 Pb(图 5-3-13a),这些特征都表明岩浆上升过程中与地壳岩石之间发生了一定程度的同化混染作用。因此,在利用地球化学特征探讨源区性质和岩浆过程之前,需要对地壳混染对岩浆成分的影响进行评估。

海德乌拉火山盆地辉绿岩的 Zr/Nb 值随着 SiO_2 含量的升高而呈现升高的趋势,并且,该值与 Nb/La 值呈负相关关系(图 5-3-15a、b),这些变化趋势不符合受到地壳混染控制的变化趋势;海德乌拉火山盆地辉绿岩 Zr/Hf 值明显高于大陆上地壳平均成分(36.4;Rudnick and Gao,2003),并且与 SiO_2 含量之间没有明显的负相关关系(图 5-3-15c);海德乌拉火山盆地辉绿岩的 Sm/Yb 值低于大陆上地壳平均成分(2.35;Rudnick and Gao,2003),并且与 SiO_2 含量之间大体呈负相关关系(图 5-3-15d)。这些特征均暗示着岩浆中高场强元素和 REE(Eu 除外)的特征没有受到地壳物质混染的明显影响,可以反映其地幔源区的特征。

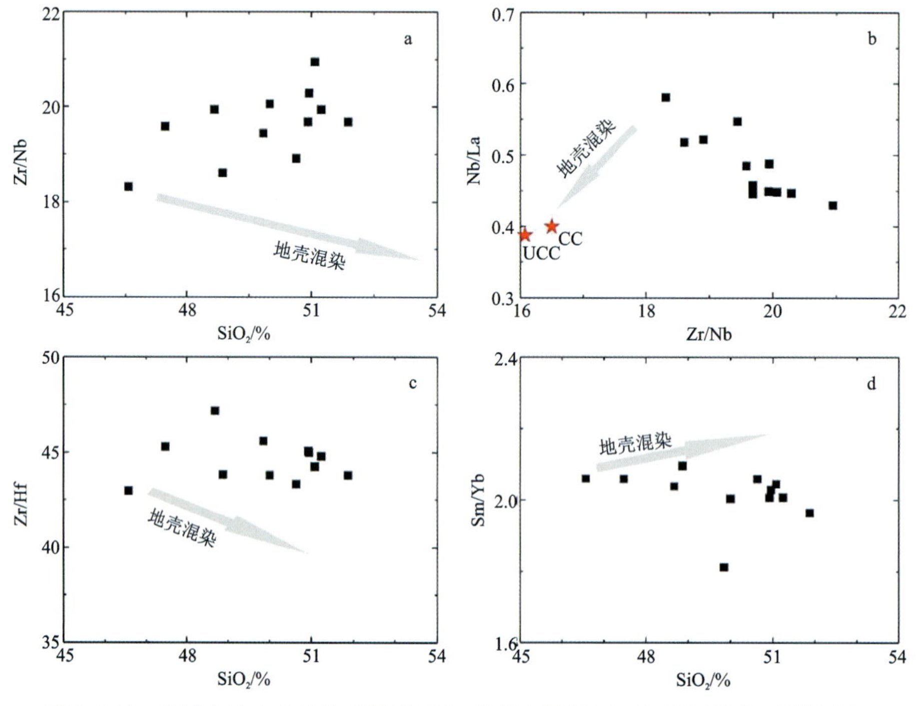

图 5-3-15 海德乌拉火山盆地辉绿岩 SiO_2-Zr/Nb 图解(a)、Zr/Nb-Nb/La 图解(b)、SiO_2-Zr/Hf 图解(c)、SiO_2-Sm/Yb 图解

海德乌拉火山盆地辉绿岩明显富集不相容元素,具有显著的 Nb、Ta 的相对亏损,以及相对富集的 Sr-Nd 同位素组成,这些地球化学特征明显区别于 N-MORB 和 OIB(图 5-3-13a、b)。造成这种富集的同位素组成和元素特征的原因有两种,即地壳物质混染和继承自富集的地幔源区。

为了评估地壳物质混染对海德乌拉火山盆地辉绿岩的影响，本研究进行了 Sr-Nd 同位素的模拟计算。以阿尼玛卿洋晚古生代大洋中脊玄武岩（MORB）或洋岛玄武岩（OIB）作为原始岩浆，混染以中上地壳物质（以东昆仑造山带强过铝质 S 型花岗岩代替），只有当地壳组分比例超过 30％时，才能得到与海德乌拉火山盆地基性岩同位素组成相当的岩浆。考虑到海德乌拉火山盆地基性岩 SiO_2 含量为 46.6％～51.9％，与阿尼玛卿洋晚古生代 MORB（SiO_2 含量为 45.3％～50.3％）和 OIB（SiO_2 含量为 43.6％～51.2％）大体相当（郭安林等，2007），而大陆上地壳平均 SiO_2 含量约为 66.6％（Rudnick and Gao，2003），根据质量守恒定律，混染的地壳物质的比例应低于 10％，远不足以得到海德乌拉火山盆地基性岩的 Sr-Nd 同位素组成（图 5-3-13a）。虽然计算使用了近似成分进行替代，会导致所得数值与实际情况有所偏差，但仍然足以说明，造成海德乌拉火山盆地基性岩富集的同位素组成的主要原因，并非地壳物质的混染。

在 Nb/Yb-Th/Yb 图解中，海德乌拉火山盆地辉绿岩样品落在 MORB-OIB 演化区域之上（图 5-3-16a），表明其地幔源区中存在部分俯冲物质；在 La/Nb-Nb/Th 图解中，海德乌拉火山盆地辉绿岩落在弧火山岩区域中（图 5-3-16b），也支持其地幔源区曾受到俯冲物质的交代。因此，海德乌拉火山盆地辉绿岩应来自受到俯冲物质交代的地幔的部分熔融，其富集的特征应是继承自地幔源区。

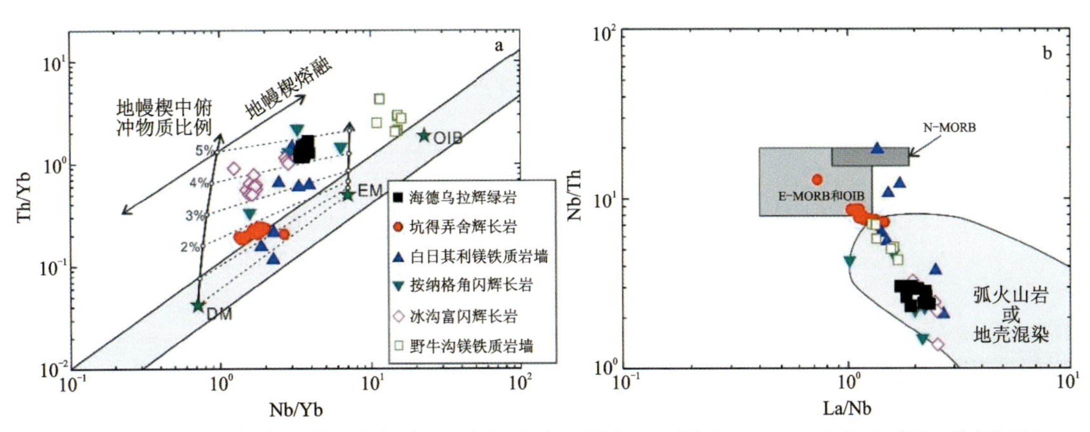

图 5-3-16　海德乌拉火山盆地辉绿岩 Nb/Yb-Th/Yb 图解（a）（据 Pearce，2008）和 La/Nb-Nb/Th（b）（据 Yang et al.，2019）

在俯冲过程中，交代地幔楔的物质可能来自：①俯冲板片或沉积物释放的流体；②俯冲沉积物或板片熔融形成的熔体。如图 5-3-16 所示，海德乌拉火山盆地辉绿岩样品大体呈现水平展布趋势，与俄罗斯 Kamchatka 岩浆弧中的 Golovin 和 Belaya 岩浆岩成分的变化趋势大体相当，反映了研究区地幔的富集主要是受到流体交代的结果，熔体交代不明显。同时，东昆仑造山带内发育的其他早—中三叠世基性岩（如图 5-3-17 中白日其利镁铁质岩墙和按纳格角闪辉长岩）与海德乌拉火山盆地辉绿岩展现了相同的变化趋势，暗示着在这一时期，俯冲流体对地幔的交代在东昆仑造山带普遍发育。

综上所述，海德乌拉地区的地幔受到俯冲板片释放流体的交代，从而发生了富集和部分熔融，形成了海德乌拉火山盆地内的辉绿岩。

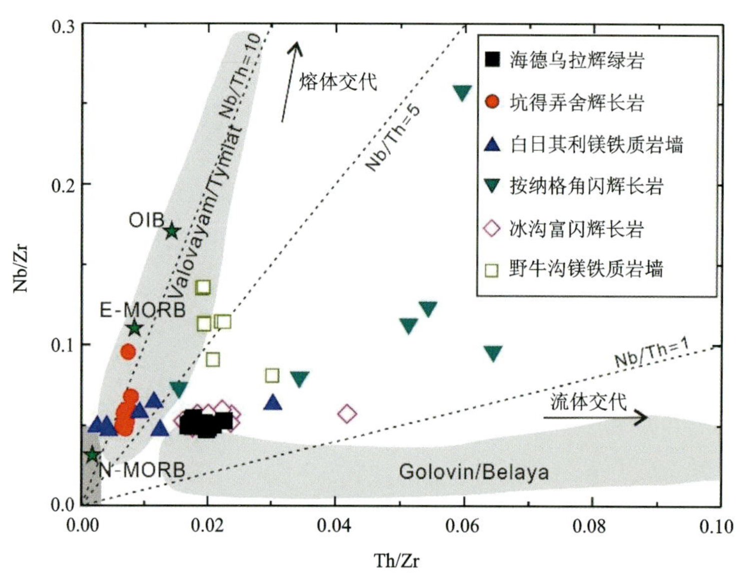

图 5-3-17　东昆仑造山带早—中三叠世基性岩 Th/Zr-Nb/Zr 图解

（据 Kepezhinskas et al.，1997）

第四节　海德乌拉铀矿床铀矿物特征及物质组合

海德乌拉铀矿床矿体形态复杂，多呈透镜状和细脉状，受火山岩的岩性界面、隐爆角砾岩及密集裂隙带控制（图 5-4-1A、B）；少数主矿体为板状、似层状，受断裂构造控制。矿床热液蚀变强烈，成矿前期热液蚀变主要有黄铁矿化（图 5-4-1C），成矿期蚀变主要有紫黑色萤石化

Fl. 萤石；Py. 黄铁矿；Hem. 赤铁矿；Qz. 石英；Cal. 方解石。

图 5-4-1　海德乌拉铀矿床矿石特征图

A. 隐爆角砾岩型矿石；B. 紫黑色萤石化矿石；C. 浸染状赤铁矿-黄铁矿化矿石；D. 硅化-碳酸盐化矿石；E. 脉状萤石化-碳酸盐化矿石

（图 5-4-1B、E）、赤铁矿化（图 5-4-1C）、粉红色碳酸盐化和硅化等（图 5-4-1D），成矿后期蚀变主要包括白色方解石化和伊利石化等。铀矿石主要呈紫黑色、猪肝红和杂色（图 5-4-1B～D）。沥青铀矿为主要的矿石矿物，呈脉状和浸染状（图 5-4-2），与石英、萤石、方解石、黄铁矿和赤铁矿共生。显微结构上海德乌拉铀矿床沥青铀矿具有同心环特征并发育有干裂纹（图 5-4-2B、C）。根据矿石矿物和脉石矿物共生组合关系，海德乌拉铀矿床矿化类型包括沥青铀矿-黄铁矿-石英型、沥青铀矿-黄铁矿-赤铁矿型和沥青铀矿-方解石-石英型（图 5-4-3）。

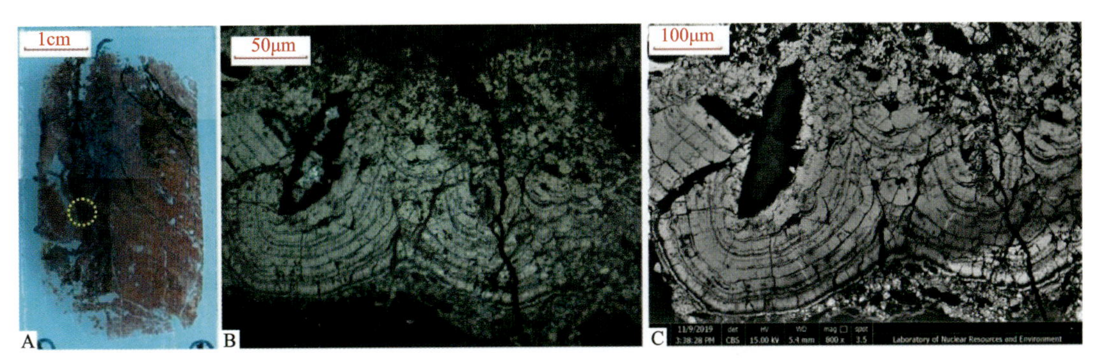

图 5-4-2　海德乌拉铀矿床沥青铀矿细脉及显微结构图

A. 沥青铀矿薄片；B. 沥青铀矿的显微镜图（单偏光）；C. 沥青铀矿的 BSE 图

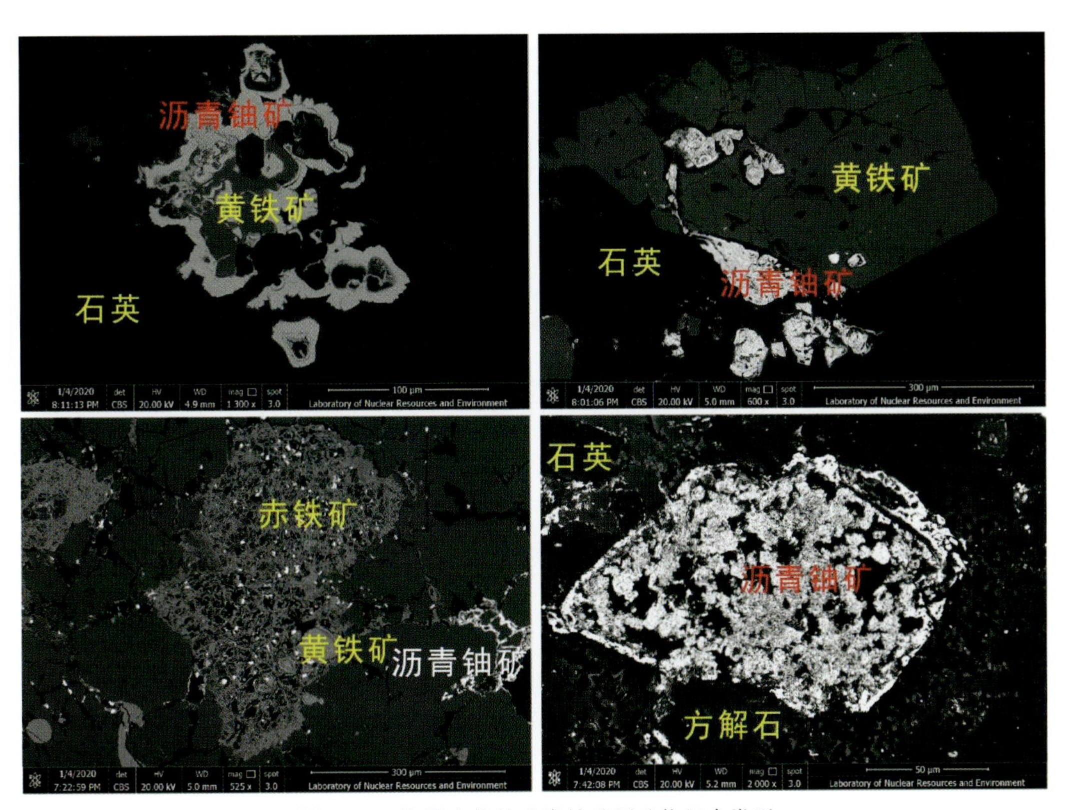

图 5-4-3　海德乌拉铀矿床铀矿石矿物组合类型

第五节　海德乌拉铀矿床沥青铀矿化学特征

一、沥青铀矿化学成分

本研究利用电子探针对海德乌拉铀矿床沥青铀矿化学成分共测试50个EMPA点，主量元素测试结果见表5-5-1。海德乌拉铀矿床沥青铀矿的化学组成表现为：UO_2为83.05%～89.27%，中间值为86.32%；CaO为2.23%～3.43%，中间值为2.80%；PbO为2.68%～4.14%，中间值为3.40%；FeO为0.17%～0.78%，中间值为0.37%；SiO_2为0.26%～1.51%，中间值为0.45%，Th含量远低于检测限；稀土氧化物总量高（$\sum REE_2O_3$：1.13%～2.30%），轻稀土氧化物（$\sum LREE_2O_3$：0.56%～1.68%）相对于重稀土氧化物富集（$\sum HREE_2O_3$：0.14%～0.99%）。

有学者研究表明，当沥青铀矿化学组成中存在较多的杂质元素时，这些杂质元素中的钍、稀土元素和钙等会在沥青铀矿形成过程中以类质同象形式取代U进入其晶体结构中（Martz et al.，2019）。海德乌拉铀矿床沥青铀矿具有高的Ca含量，且CaO与UO_2呈负相关性（图5-5-1a），表明Ca可能是以类质同象取代U进入沥青铀矿中。在被后期流体改造时，流体中的Fe和Si等元素是取代Pb进入沥青铀矿结构中（Martz et al.，2019）。故而，FeO和SiO_2含量，以及它们与PbO之间的相关性可用来判别沥青铀矿是否经历后期蚀变（郑国栋等，2021；Martz et al.，2019）。Martz et al.（2019）认为未蚀变的沥青铀矿相对蚀变后的沥青铀矿而言，含较高Pb和较低的Fe和Si。海德乌拉铀矿床沥青铀矿具有较低的FeO和SiO_2含量，同时FeO、SiO_2以及它们之和与PbO之间并未呈现出负相关性（图5-5-1），说明Fe和Si并不是在后期热液过程中以替换PbO的形式进入沥青铀矿之中。因此，可认为海德乌拉矿区铀矿物被测点位是新鲜的未受到蚀变的沥青铀矿。

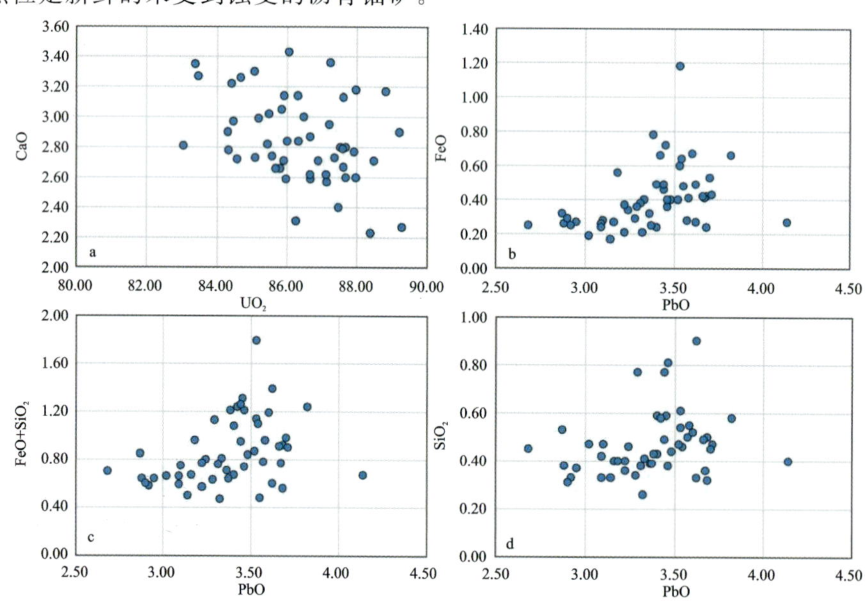

图5-5-1　海德乌拉铀矿床沥青铀矿CaO-UO_2(a)、FeO-PbO(b)、SiO_2+FeO-PbO(c)和SiO_2-PbO(d)图解

表 5-5-1　海德乌拉铀矿床沥青铀矿电子探针主量元素分析结果

单位：%

样品号	UO_2	PbO	SiO_2	FeO	CaO	La_2O_3	Ce_2O_3	Pr_2O_3	Nd_2O_3	Sm_2O_3	Gd_2O_3	Dy_2O_3	Ho_2O_3	Er_2O_3	Yb_2O_3	Y_2O_3	合计	$LREE_2O_3$	$HREE_2O_3$	REE_2O_3
3-1	85.19	3.33	0.41	0.40	2.99	0.05	0.65	0.07	0.11	0.20	0.12	0.42	/	0.08	/	0.24	94.26	1.08	0.61	1.70
3-2	84.46	3.53	0.54	0.60	2.97	0.19	0.51	0.11	0.14	0.22	0.08	0.31	0.09	0.17	/	0.18	94.10	1.17	0.64	1.81
3-3	85.8	3.82	0.58	0.66	2.66	0.13	0.58	0.17	0.34	0.21	0.04	0.33	/	0.03	/	0.18	95.53	1.43	0.41	1.84
3-4	85.91	3.48	0.44	0.40	3.14	0.14	0.63	0.25	0.09	0.04	0.01	0.39	0.09	0.19	/	0.18	95.38	1.15	0.69	1.83
3-5	87.45	3.64	0.55	0.63	2.35	0.10	0.62	0.12	0.15	0.10	0.24	0.36	/	0.07	/	0.24	96.62	1.10	0.68	1.77
3-6	88.38	3.68	0.32	0.24	2.23	0.08	0.35	0.29	0.21	0.18	0.37	0.04	/	0.12	/	0.24	97.36	1.10	0.53	1.63
3-7	87.68	3.36	0.39	0.32	2.60	0.11	0.55	0.26	0.16	/	0.14	0.27	0.08	0.01	/	0.24	96.92	1.08	0.49	1.57
3-8	87.46	3.68	0.50	0.42	2.40	0.12	0.54	0.07	0.16	0.16	0.15	0.14	/	0.04	/	0.22	96.82	1.06	0.33	1.39
3-9	88.81	2.95	0.37	0.27	3.17	0.19	0.65	0.07	0.34	0.18	0.14	0.30	/	/	0.03	0.20	98.28	1.42	0.46	1.88
3-10	87.97	3.24	0.46	0.34	3.18	0.14	0.42	0.35	0.38	0.19	0.21	0.43	0.04	/	0.09	0.18	98.43	1.48	0.76	2.24
3-11	87.68	3.16	0.40	0.27	2.80	/	0.63	0.25	0.02	0.21	0.16	0.27	/	0.01	/	0.21	96.80	1.10	0.45	1.55
3-12	87.13	3.58	0.55	0.41	2.57	0.16	0.60	0.05	0.15	0.07	/	0.28	0.02	0.11	0.11	0.20	96.69	1.02	0.52	1.53
3-13	83.47	3.10	0.47	0.28	3.27	0.14	0.53	0.26	0.09	0.13	0.24	0.36	/	0.09	/	0.26	93.40	1.15	0.69	1.84
3-14	83.05	3.18	0.40	0.56	2.81	0.05	0.59	0.03	0.26	0.15	0.21	0.33	/	0.02	0.09	0.18	92.51	1.07	0.65	1.72
3-15	86.66	3.44	0.49	0.46	2.59	0.05	0.58	0.22	0.24	0.01	0.14	/	/	/	/	0.23	96.06	1.09	0.14	1.24
3-16	86.47	3.22	0.40	0.37	3.00	/	0.63	0.13	0.08	0.14	0.18	0.29	/	/	/	0.22	95.90	0.98	0.48	1.46
3-17	85.97	3.40	0.43	0.24	2.59	0.22	0.47	0.18	0.26	/	0.12	0.21	0.15	0.04	/	0.15	95.09	1.12	0.52	1.64
3-18	86.25	3.62	0.33	0.27	2.31	0.09	0.45	0.17	0.23	0.12	0.10	0.39	0.04	0.02	0.08	0.18	95.21	1.06	0.63	1.69
3-19	85.07	3.54	0.46	0.64	3.30	0.06	0.57	0.05	0.09	0.04	0.12	0.44	0.01	/	/	0.23	95.27	0.81	0.58	1.39
3-20	83.38	3.14	0.33	0.17	3.35	0.03	0.30	0.12	0.11	/	0.08	0.25	/	0.10	0.01	0.14	92.16	0.56	0.43	0.99

续表 5-5-1

样品号	UO_2	PbO	SiO_2	FeO	CaO	La_2O_3	Ce_2O_3	Pr_2O_3	Nd_2O_3	Sm_2O_3	Gd_2O_3	Dy_2O_3	Ho_2O_3	Er_2O_3	Yb_2O_3	Y_2O_3	合计	$LREE_2O_3$	$HREE_2O_3$	REE_2O_3
3-21	84.32	3.37	0.39	0.25	2.78	0.13	0.51	0.12	0.20	0.04	0.26	0.06	0.12	0.27	/	0.23	93.68	0.99	0.70	1.68
3-22	89.27	3.52	0.47	0.40	2.27	0.14	0.66	0.20	0.19	0.04	0.20	0.35	0.26	0.01	/	0.23	99.00	1.23	0.82	2.05
3-23	85.48	3.38	0.43	0.78	3.02	0.16	0.81	0.15	0.44	0.11	0.28	0.47	0.10	/	0.14	0.33	96.74	1.67	0.99	2.66
3-24	86.05	2.88	0.38	0.26	3.43	0.05	0.31	0.35	0.19	0.10	0.09	0.17	/	/	/	0.18	95.22	0.99	0.27	1.26
3-25	86.32	3.02	0.47	0.19	2.84	0.21	0.50	0.03	0.11	/	0	0.20	0.14	0.04	/	0.19	94.81	0.86	0.38	1.24
3-26	87.52	3.09	0.33	0.26	2.80	0.12	0.40	0.29	0.11	0.12	0.22	/	0.03	0.07	0.25	0.22	96.34	1.04	0.56	1.60
3-27	86.3	3.28	0.34	0.29	3.14	0.13	0.41	/	0.19	0.19	0.04	0.13	0.13	0.03	/	0.09	95.26	0.91	0.32	1.24
3-28	84.30	3.22	0.36	0.21	2.90	0.10	0.44	0.16	0.06	0.23	0.23	0.31	0.12	0.15	/	0.25	93.68	0.99	0.80	1.79
3-29	86.00	4.14	0.40	0.27	2.84	/	0.52	0.29	0.29	/	0.19	0.35	/	/	/	0.22	96.01	1.10	0.53	1.63
3-30	85.84	2.92	0.33	0.25	3.05	0.01	0.51	/	0.21	/	/	0.11	/	0.18	/	0.18	94.12	0.73	0.29	1.02
3-31	87.11	3.71	0.47	0.43	2.62	0.02	0.57	0.03	0.20	0.06	0.15	0.01	0.05	/	/	0.25	96.42	0.87	0.21	1.08
3-32	87.20	3.31	0.38	0.38	2.95	0.06	0.58	0.18	0.16	0.38	0.19	0.18	0.06	0.13	/	0.20	96.94	1.37	0.55	1.92
3-33	87.61	3.46	0.38	0.36	2.67	0.16	0.49	0.16	0.36	0.25	0.01	0.27	/	/	/	0.19	96.98	1.42	0.27	1.69
3-34	87.59	3.67	0.36	0.41	2.79	0.15	0.58	0.10	0.30	0.17	0.10	0.27	0.02	0.03	/	0.23	97.42	1.29	0.42	1.71
3-35	85.09	3.29	0.77	0.36	2.73	0.01	0.74	0.26	0.17	0.16	0.32	0.15	0.07	/	/	0.22	94.86	1.34	0.54	1.88
3-36	85.44	3.46	0.81	0.40	2.82	0.13	0.65	0.04	0.06	0.10	0.23	0.23	/	/	/	0.27	95.22	0.99	0.46	1.45
3-37	84.41	3.55	1.51	0.48	3.22	0.21	0.61	0.16	/	0.19	0.24	0.07	0.12	0.08	/	0.31	95.80	1.17	0.51	1.68
3-38	84.57	3.45	0.59	0.72	2.72	/	0.68	0.14	0.16	0.11	0.18	0.45	/	0.17	0	0.30	94.95	1.09	0.81	1.90
3-39	87.35	3.40	0.59	0.49	2.73	0.13	0.77	0.38	0.17	0.23	0.19	0.06	0.05	/	0.22	0.29	97.87	1.68	0.52	2.19
3-40	86.65	3.66	0.49	0.42	2.62	0.12	0.57	0.23	0.49	0.17	0.25	0.28	0.07	/	0.06	0.28	97.00	1.57	0.65	2.23
3-41	85.67	3.60	0.52	0.67	2.66	0.09	0.98	0.18	0.22	0.14	0.16	0.29	0.01	0.02	/	0.26	96.16	1.61	0.48	2.10

续表 5-5-1

样品号	UO_2	PbO	SiO_2	FeO	CaO	La_2O_3	Ce_2O_3	Pr_2O_3	Nd_2O_3	Sm_2O_3	Gd_2O_3	Dy_2O_3	Ho_2O_3	Er_2O_3	Yb_2O_3	Y_2O_3	合计	$LREE_2O_3$	$HREE_2O_3$	REE_2O_3
3-42	85.57	3.42	0.58	0.66	2.74	0.05	0.83	0.14	0.25	0.26	0.31	0.30	0.13	/	/	0.17	96.17	1.53	0.74	2.27
3-43	85.90	3.44	0.77	0.49	2.71	0.00	0.79	/	0.36	/	0.21	0.33	0.31	/	/	0.24	96.15	1.15	0.85	2.00
3-44	86.88	3.62	0.90	0.49	2.71	0.15	0.66	0.20	0.50	0.18	0.34	0.20	0.15	/	/	0.36	98.06	1.68	0.68	2.37
3-45	89.19	3.32	0.26	0.21	2.90	0.25	0.41	0.34	0.04	0.22	0.11	0.28	0.05	0.09	0.05	0.24	98.55	1.26	0.58	1.84
3-46	87.92	3.57	0.50	0.28	2.77	0.00	0.50	0.35	0.16	0.34	0.10	0.14	0.10	/	/	0.26	97.70	1.35	0.34	1.68
3-47	88.48	3.09	0.42	0.24	2.71	0.10	0.53	0.33	0.31	/	0.01	0.20	0.15	0.10	/	0.24	97.51	1.27	0.46	1.73
3-48	87.23	2.68	0.45	0.25	3.36	0.09	0.56	0.04	0.20	/	0.06	0.60	0.03	0.13	0.03	0.25	96.71	0.88	0.84	1.73
3-49	87.61	2.90	0.31	0.29	3.13	0.22	0.36	0.22	0.24	0.06	0.17	0.44	0.03	0.08	0.24	0.24	97.13	1.09	0.95	2.04
3-50	87.97	2.87	0.53	0.32	2.60	0.07	0.49	0.20	0.09	0.09	0.25	0.28	0.02	0.13	/	0.25	96.64	0.95	0.68	1.63

注：“/”表示低于检测限。

沥青铀矿 LA-ICP-MS 微区原位同位素微量元素分析点位见图 5-5-2，分析结果见表 5-5-2 和图 5-5-3。微量元素测试结果显示：海德乌拉矿床沥青铀矿具有较高的稀土元素总量[(10 350～14 027)$\times 10^{-6}$]，中间值为 12 365$\times 10^{-6}$，相对富集轻稀土元素[$(LREE/HREE)_N$ 为1.633～1.899]，具有明显的 Eu 负异常，δEu 为 0.42～0.48，中间值为 0.44。在球粒陨石标准化稀土元素配分图中（图 5-5-3），海德乌拉铀矿床沥青铀矿显示出与热液脉型、侵入岩型和不整合面型铀矿床不同的稀土配分模式，且与俄罗斯思特烈卓夫火山岩型铀矿床的沥青铀矿具有明显不同的稀土元素配分模式（图 5-5-3a），而呈现出与形成于岩浆期后热液环境下铀矿物类似的稀土配分模式（图 5-5-3b）。

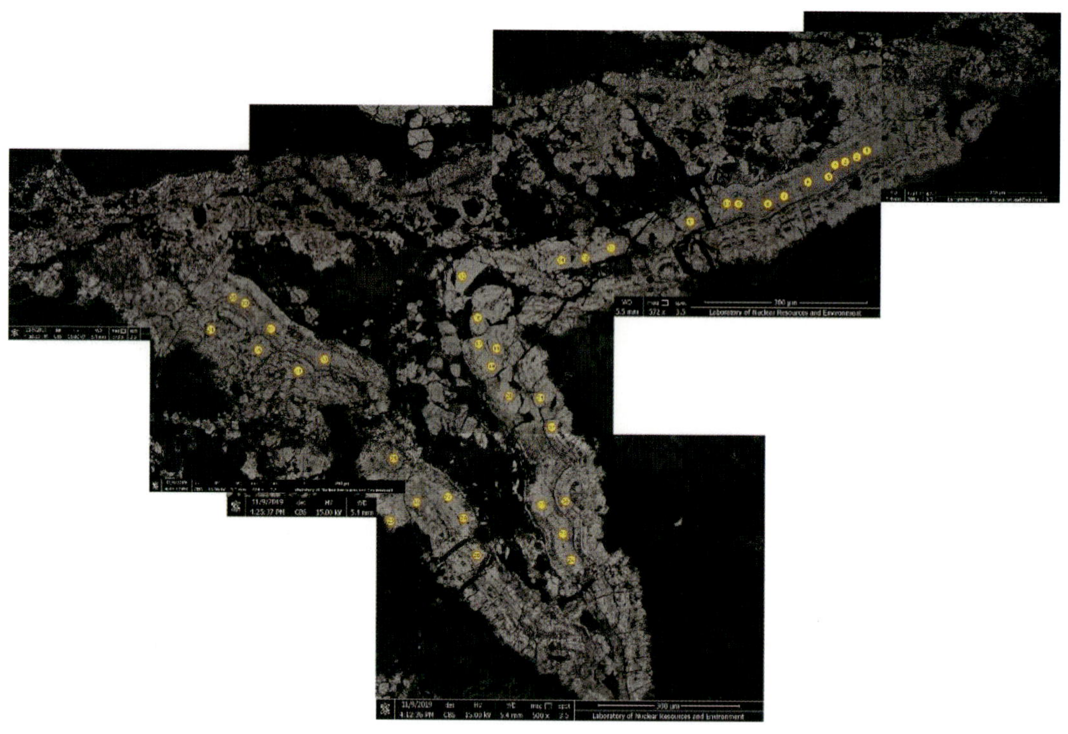

图 5-5-2　海德乌拉铀矿床沥青铀矿激光测试点位图

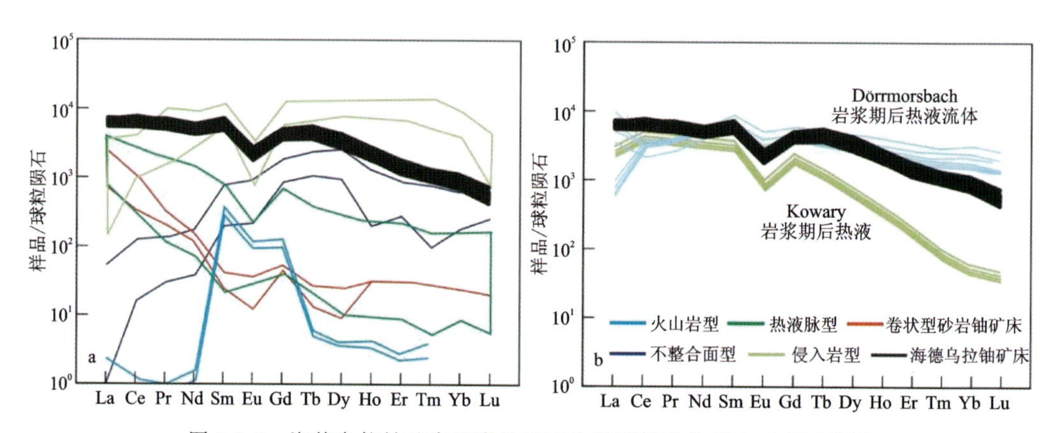

图 5-5-3　海德乌拉铀矿床沥青铀矿球粒陨石标准化稀土元素配分图

注：稀土元素标准化值据 Boynton（1984），底图改自 Mercadier 等（2011）和 Frimmel 等（2014）。

表 5-5-2 海德乌拉铀矿床沥青铀矿钍和稀土元素组成

样品好	La	Ce	Pr	Nd	Sm	Eu	Gd	Tb	Dy	Ho	Er	Tm	Yb	Lu	Th	ΣREE	$(LREE/HREE)_N$	δEu
KS-01	1747	4106	590	2581	957	136	845	168	895	126	252	28	151	14	48	12 596	1.836	0.45
KS-03	1656	4182	653	2635	1058	158	969	187	963	136	290	31	164	16	58	13 098	1.726	0.47
KS-05	1577	3731	532	2203	825	123	779	152	829	116	228	24	134	13	24	11 266	1.789	0.46
KS-08	1508	4090	589	2454	975	143	866	183	964	142	251	29	154	15	29	12 363	1.673	0.47
KS-10	1792	4515	639	2545	974	139	900	178	924	133	267	29	158	15	35	13 208	1.813	0.45
KS-15	1387	3531	490	2039	761	106	752	140	691	106	194	23	119	11	21	10 350	1.803	0.42
KS-16	1752	4423	620	2561	966	136	901	170	851	125	247	28	146	14	30	12 940	1.869	0.44
KS-17	1694	4356	579	2526	921	127	850	160	812	118	241	27	138	14	32	12 563	1.899	0.43
KS-21	1432	3705	504	2118	788	113	777	144	710	103	212	24	126	11	29	10 767	1.817	0.44
KS-22	1727	4519	655	2757	1030	158	923	191	995	139	284	31	176	16	65	13 601	1.762	0.48
KS-24	1627	3997	545	2392	887	125	811	162	806	122	234	26	140	14	18	11 888	1.816	0.44
KS-26	1630	4163	571	2398	919	127	806	161	823	115	232	27	140	13	26	12 125	1.874	0.44
KS-35	1544	3934	557	2231	845	117	788	152	780	111	219	27	134	12	22	11 451	1.840	0.43
KS-40	1689	4529	684	2811	1116	155	1050	207	1091	156	298	34	188	19	32	14 027	1.633	0.43
KS-46	1667	4218	580	2336	884	123	807	156	834	117	224	24	136	13	35	12 119	1.893	0.44
KS-47	1718	4873	647	2605	1040	145	973	182	936	142	271	31	161	16	41	13 740	1.789	0.43
KS-50	1512	3948	556	2349	834	116	810	157	775	114	225	26	138	13	31	11 573	1.812	0.42

注:元素含量的单位为$\times 10^{-6}$。

二、沥青铀矿成因

在铀简单氧化物(主要是沥青铀矿和晶质铀矿)形成过程中，一些元素会以类质同象形式进入其中。这些元素进入铀的简单氧化物时受控于成矿流体的物理化学性质、成矿物质来源以及同沉淀矿物等(Mercadier et al.，2011；Martz et al.，2019)。故而，这些元素及它们之间的比值可以用来反演铀的简单氧化物形成的环境。如形成于岩浆/变质环境的铀氧化物具有高的 Th 含量及低的 U/Th 值(小于 100)；形成于高温热液环境下铀的氧化物 U/Th 值介于 100～1000；形成于中低温环境下铀的氧化物具有低的 Th 含量及 U/Th 值大于 1000(Mercadier et al.，2011；Frimmel et al.，2014)。高温环境下形成的铀简单氧化物具有高的稀土元素总量，低的轻、重稀土比值以及轻、重稀土分异不明显的稀土配分模式图；中低温环境下形成的铀简单氧化物有较低的稀土元素含量及明显分异的稀土配分模式(Mercadier et al.，2011；Frimmel et al.，2014)。总而言之，具有相似的稀土配分模式的铀矿物之间具有可类比的成因(Mercadier et al.，2011)。

如前所述，海德乌拉铀矿床沥青铀矿具有较低的 Th 含量，在 EMPA 测得 Th 含量低于检测线，在 LA-ICP-MS 微量元素测得 Th 含量为$(18\sim65)\times10^{-6}$(中间值为31×10^{-6})，U/Th 值为 12 900～50 195，说明海德乌拉铀矿床沥青铀矿形成温度低于 450°C(图 5-5-4)，高稀土元素总量及相对较低的轻、重稀土元素分异程度[$(LREE/HREE)_N$为 1.633～1.899]表明海德乌拉铀矿床沥青铀矿形成温度高于 350°C(图 5-5-4)。在球粒陨石标准化稀土元素配分图中(图 5-5-3b)，海德乌拉铀矿床沥青铀矿的稀土配分模式与岩浆期后热液流体相关的铀矿床类似。因此，认为海德乌拉铀矿床沥青铀矿形成于 350～450℃的成矿流体中，该成矿流体主要与岩浆期后热液流体有关。

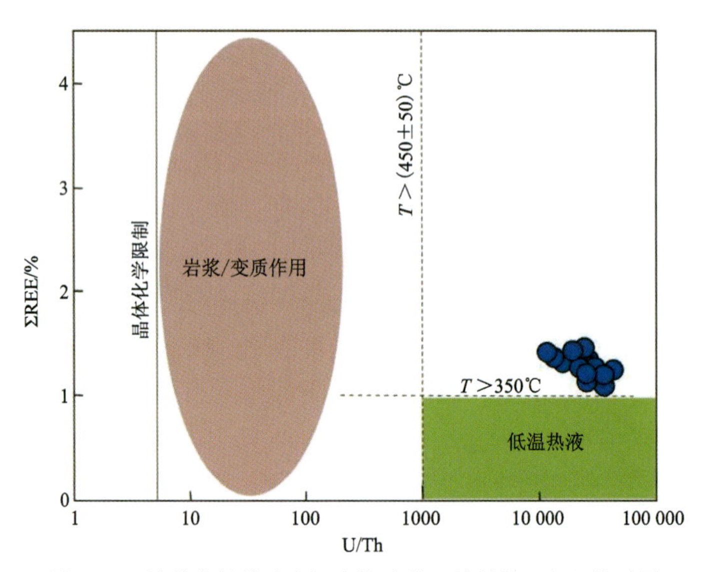

图 5-5-4　海德乌拉铀矿床沥青铀矿稀土总量与 U/Th 关系图

(底图据 Frimmel et al.，2014)

此外，海德乌拉铀矿床沥青铀矿具有较高 Ca 含量（1.60%～2.45%）。已有研究表明：在热液脉型铀矿床中，新鲜的沥青铀矿 CaO 含量最高可以达到 8%（Ballouard et al.，2017），这可能与成矿流体富含 Ca 有关（Martz et al.，2019）。Ca 和 U 具有相似的离子半径，且大部分热液铀矿床的形成都与富 Ca 的流体或者岩浆有关（Richard et al.，2016）。因此，海德乌拉铀矿床沥青铀矿较高的 CaO 含量表明其可能起源于富 Ca 的流体中，并经历 Ca 和 U 之间的类质同象。CaO 与 UO_2 之间的负相关性（图 5-5-1a），也说明海德乌拉铀矿床沥青铀矿形成与富 Ca 流体有关。

第六节　海德乌拉铀矿床成矿流体来源及特征

一、流体包裹体测温特征

卢焕章等（2004）对粉红色方解石、紫黑色萤石及石英中流体包裹体的分布、形态和相态特征详细观察，镜下可见流体包裹体在微裂隙或者蚀坑中多呈带状、线状分布，形态多为规则状。成矿期捕获了大量的流体包裹体，依据成因分类准则可以将其分为以下 3 种类型。

（1）呈随机孤立分布或群簇状分布于单颗粒矿物（粉红色方解石、紫黑色萤石）内部的原生包裹体，此类包裹体通常沿方解石解理方向和萤石环带有序排列（图 5-6-1a、b）。

（2）沿切穿相邻矿物颗粒的微裂隙分布的次生包裹体（图 5-6-1b），此类包裹体通常分布较分散。

（3）沿单颗粒矿物内部愈合的微裂隙或蚀坑分布的假次生包裹体（图 5-6-1c）。若根据 Roedder（1984）提出的流体包裹体在室温条件下的相态分类准则及冷冻回温过程中的相态变化，可将这些流体包裹体划分为富液相两相水溶液包裹体（WL 型）、富气相两相水溶液包裹体（WV 型）、含 CO_2 气液两相水溶液包裹体（C 型）、纯液相单相包裹体（W 型），未见到纯气相以及固相多相包裹体。

WL 型：室温下由液相水（L_{H_2O}）和气相水（V_{H_2O}）组成（图 5-6-1f、g），气泡较小，无色透明，气相体积多数在 8%～15% 之间；其形态多呈椭圆状、似圆状、长块状或不规则状。WL 型包裹体在粉红色方解石、石英、紫黑色萤石中广泛分布，大小在 2～15μm 之间，多数在 3～5μm 之间，石英、紫黑色萤石中个别包裹体大于 10μm；气相比值普遍较低（多数范围为 12%～18%），个别可达 25%；加热时气相部分均一到液态。该类包裹体在 3 种矿物（粉红色方解石、紫黑色萤石及石英）中均可见到，是海德乌拉矿区最主要的包裹体类型。

WV 型：室温下由液相水（L_{H_2O}）和气相水（V_{H_2O}）组成（图 5-6-1d），气泡较大，颜色略微暗沉，气液比大于 50%（多数范围为 50%～70%）；形态呈四边形、椭圆、不规则形；大小范围为 3～6μm，多数均一至液相。该类型包裹体数量极少，分布比较有限，仅在石英中有发现。

C 型：该类型包裹体室温下表现为两相，是由气相 CO_2（V_{CO_2}）和液相水（L_{H_2O}）组成（图 5-6-1e），气泡较小，气液比一般在 15%～20% 之间，多呈椭圆形，大小在 5～7μm 之间，大部分均一到液相，数量较少，多出现于石英矿物中。

W 型：室温下由液相水（L_{H_2O}）组成（图 5-6-1h、i），无气泡，包裹体腔体边界线较明显，液

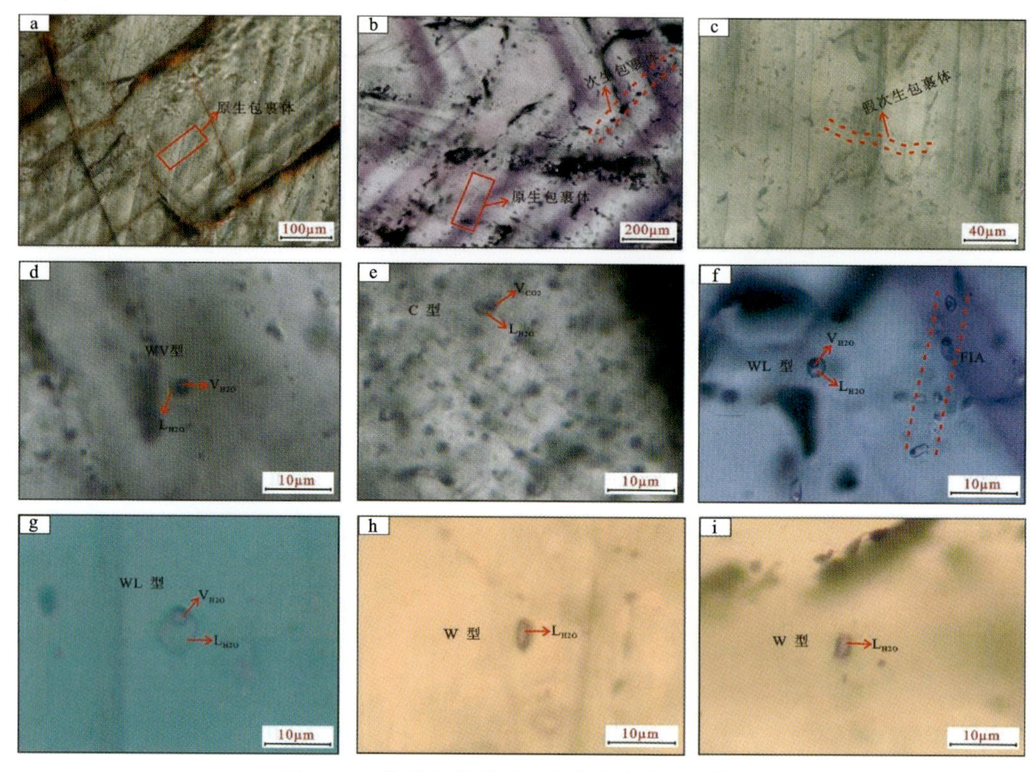

图 5-6-1 海德乌拉铀矿床流体包裹体显微特征

a. 粉红色方解石内部的原生包裹体群；b. 紫黑色萤石中沿着生长环带分布的原生包裹体及穿过晶体的次生包裹体；c. 粉红色方解石中的假次生包裹体；d. 石英中由液相水（L_{H_2O}）和气相水（V_{H_2O}）组成的 WV 型包裹体；e. 石英中由液相水（L_{H_2O}）和气相 CO_2（V_{CO_2}）组成的 C 型包裹体；f. 紫黑色萤石中由液相水（L_{H_2O}）和气相水（V_{H_2O}）组成的 WL 型包裹体及包裹体组合（FIA）；g. 粉红色方解石中由液相水（L_{H_2O}）和气相水（V_{H_2O}）组成的 WL 型包裹体；h、i. 粉红色方解石中纯液相水（L_{H_2O}）W 型包裹体

相呈无色透明；其形态多为椭圆形；大小多在 3～6μm 之间。该类型包裹体仅在方解石矿物中发现，含量较少且无序分布。

二、流体包裹体的均一温度和盐度

主要针对海德乌拉铀矿床 WL 型包裹体开展测温，共测温 9 个包体片（143 个包裹体），获得了 55 组包裹体数据，可用来计算盐度的数据有 73 个包裹体（表 5-6-1）。据 Bodnar（1993）的 NaCl-H_2O 体系的冰点温度与盐度关系表，海德乌拉铀矿床成矿期石英、紫黑色萤石和粉红色方解石中流体包裹体的盐度区间分别为 7.17%～17.26% $NaCl_{eqv}$、0.53%～3.06% $NaCl_{eqv}$ 和 1.40%～7.02% $NaCl_{eqv}$，盐度范围分布较广，其对应的峰值依次为 7%～8.5% $NaCl_{eqv}$、0.5%～1.5% $NaCl_{eqv}$ 和 2.5%～3.5% $NaCl_{eqv}$（图 5-6-2b、d、f）；与此对应的均一温度区间分别为 183～287℃（平均值为 219℃）、127～204℃（平均值为 169℃）和 133～187℃（平均值为 163℃）（图 5-6-2a、c、e），紫黑色萤石和粉红色方解石中流体包裹体的均一温度峰值均集中于 150～170℃，石英中流体包裹体的均一温度峰值集中于 200～220℃。

表 5-6-1 海德乌拉铀矿床流体包裹体测温结果

样品号	寄主矿物	序号	产状*	大小/μm	V/T (%)**	冰点温度 T_i/℃		均一温度 T_h/℃		盐度/%$NaCl_{eqv}$	密度/$g\cdot cm^{-3}$	成矿压力/$\times10^5$ Pa	成矿深度/km
						范围	平均值(n)	范围	平均值(n)				
20HD52-1A	石英	1	HF	3~5	11~13	−11.31	−11.31(1)	194.51~197.01L	192.03(3)	15.27	0.99	231.07	0.77
		2	RD	3~5	14~16	−4.51	−4.51(1)	218.02L	218.02(1)	7.17	0.90	201.61	0.67
		3	RD	2~4	13~15	−4.50	−4.50(1)	246.05L	246.05(1)	7.17	0.86	227.53	0.76
		4	HF	3~5	13~16	—	—	221.03~243.45L	235.91(3)	—	0.82	138.14	0.46
		5	HF	4~6	12~15	—	—	205.01~222.77L	213.03(3)	—	0.85	124.74	0.42
		6	HF	5~6	12~14	—	—	205.51~216.30L	212.16(4)	—	0.85	124.23	0.41
		7	HF	4~6	13~17	—	—	232.26~255.58L	244.74(4)	—	0.80	143.31	0.48
20HD52-1B	石英	8	HF	3~6	16~20	5.91~5.80	−5.86(2)	190.56~215.69L	204.55(3)	9.08	0.93	204.26	0.68
		9	RD	5~7	18~20	−6.11	−6.11(1)	192.15L	192.15(1)	9.34	0.94	193.73	0.65
		10	RD	3~5	13~15	—	—	202.23L	202.23(1)	—	0.86	118.42	0.39
		11	HF	3~5	16~25	5.10~4.99	5.05(2)	204.20~214.69L	209.27(4)	8	0.91	200.39	0.67
		12	HF	3~4	13~15	—	—	223.07~257.22L	240.09(3)	—	0.81	140.59	0.47
20HD52-1C	石英	13	HF	4~7	18~25	5.08~3.74	−4.58(3)	223.25~236.49L	230.47(5)	7.31	0.88	214.42	0.71
		14	HF	3~5	14~18	12.08~10.07	−10.57(5)	193.51~209.89L	198.44(7)	14.57	0.98	234.64	0.78
		15	HF	4~6	15~19	10.79~9.89	−10.34(2)	202.89~214.66L	210.49(4)	14.25	0.96	246.85	0.82
		16	HF	4~5	15~18	—	—	277.83~292.62L	286.73(3)	—	0.73	167.90	0.56
		17	HF	3~4	12~16	−9.98	−9.98(1)	247.34~258.61L	251.40(3)	13.94	0.92	292.44	0.97
		18	HF	4~5	18~25	−13.40	−13.4(1)	172.34~188.52L	182.60(3)	17.26	1.01	230.04	0.77
		19	RD	4~6	20~25	−10.21	−10.21(1)	223.56L	223.56(1)	14.15	0.95	261.49	0.87
		20	RD	3~5	18~20	—	—	213.15L	213.15(1)	—	0.85	124.81	0.42
		21	RD	4~6	15~18	—	—	205.39L	205.39(1)	—	0.86	120.27	0.40

续表 5-6-1

样品号	寄主矿物	序号	产状*	大小/μm	V/T(%)**	冰点温度 T_i/℃		均一温度 T_h/℃		盐度/%$NaCl_{eqv}$	密度/g·cm^{-3}	成矿压力/$\times 10^5$ Pa	成矿深度/km
						范围	平均值(*n*)	范围	平均值(*n*)				
20HD52-1	萤石	22	GZ	5～10	12～15	0.9～0.40	−0.63(3)	157.3～166.8L	160.96(1)	1.06	0.92	103.51	0.35
		23	HF	3～6	12～16	0.62～0.60	−0.61(3)	161.59～167.73L	164.30(3)	1.06	0.92	105.65	0.35
		24	HF	5～7	11～13	0.97～0.61	−0.82(3)	159.43～162.31	160.66(3)	1.40	0.92	106.18	0.35
		25	C	2～4	15～17	—	—	182.40L	182.40(1)	—	0.89	106.81	0.36
		26	C	2～4	10～12	−0.57	−0.57(1)	182.50L	182.50(1)	1.06	0.90	117.36	0.39
		27	C	8～10	10～15	−0.69	−0.69(1)	129.50L	129.50(1)	1.23	0.95	84.43	0.28
20HD52-2	萤石	28	HF	3～5	15～18	1.95～1.50	−1.80(8)	201.69～208.75L	204.46(8)	3.06	0.88	152.10	0.51
		29	HF	3～5	13～16	−0.30	−0.30(1)	151.98～156.25L	155.13(5)	0.53	0.92	95.35	0.32
		30	RD	5～7	15～18	—	—	126.89L	126.89(1)	—	0.95	74.30	0.25
		31	RD	4～6	13～15	—	—	146.38L	146.38(1)	—	0.93	85.71	0.29
		32	RD	3～5	15～17	—	—	165.95L	165.95(1)	—	0.91	97.17	0.32
20HD52-3	萤石	33	HF	3～4	13～16	—	—	169.03～184.76L	176.91(3)	—	0.90	103.59	0.35
		34	S	4～6	12～15	—	—	155.33L	155.33(1)	—	0.92	90.96	0.30
		35	S	5～6	13～15	—	—	201.25L	201.25(1)	—	0.87	117.84	0.39
		36	S	4～6	15～18	—	—	194.24L	194.24(1)	—	0.88	113.74	0.38
		37	HF	3～5	12～15	—	—	150.23～164.07L	157.52(4)	—	0.92	92.24	0.31
		38	HF	4～5	14～17	—	—	169.22～170.02L	169.73(3)	—	0.90	99.39	0.33
		39	I	5～7	18～20	—	—	181.80L	181.80(1)	—	0.89	106.46	0.35
		40	HF	5～6	18～22	0.57～0.51	−0.54(2)	172.44～190.89L	179.87(3)	0.88	0.90	113.95	0.38
		41	HF	4～6	17～20	0.87～0.46	−0.60(6)	171.29～180.48L	176.11(6)	1.06	0.90	113.25	0.38

续表 5-6-1

样品号	寄主矿物	序号	产状*	大小/μm	V/T (%)**	冰点温度 T_i/℃		均一温度 T_h/℃		盐度/%$NaCl_{eqv}$	密度/g·cm^{-3}	成矿压力/×10^5Pa	成矿深度/km
						范围	平均值(n)	范围	平均值(n)				
20HD84-2A	方解石	42	HF	4～5	12～15	1.92～1.85	−1.90(4)	162.70～165.13L	163.81(4)	3.23	0.93	123.20	0.41
		43	HF	4～5	13～15	0.99～0.48	−0.79(3)	176.53～178.83L	177.63(3)	1.40	0.90	117.39	0.39
		44	HF	3～4	14～16	—	—	159.91～175.92L	167.00(3)	—	0.91	97.79	0.33
		45	HF	2～3	11～14	1.07～0.72	−0.85(3)	165～175.02L	169.16(3)	1.57	0.91	113.28	0.38
20HD84-2B	方解石	46	RD	6～8	15～18	−4.4	−4.40(1)	170.32L	170.32(1)	7.02	0.95	156.47	0.52
		47	RD	5～7	16～18	−4.41	−4.41(1)	165.52L	165.52(1)	7.02	0.95	152.06	0.51
		48	I	4～6	18～20	−1.93	−1.93(1)	184.76L	184.76(1)	3.23	0.91	138.95	0.46
		49	I	5～7	18～20	—	—	187.28L	187.28(1)	—	0.88	109.66	0.37
20HD84-2C	方解石	50	HF	3～5	12～16	−3.23	−3.23(1)	150.08～154.27L	151.55(4)	5.26	0.96	128.02	0.43
		51	HF	3～5	12～15	−1.57	−1.57(1)	150.07～151.93L	150.75(3)	2.74	0.94	109.81	0.37
		52	HF	3～5	12～17	1.87～1.17	−1.55(5)	169.22～180.45L	174.79(5)	2.74	0.92	127.32	0.42
		53	HF	4～5	15～18	1.57～1.06	−1.27(4)	139.88～151.93L	145.31(4)	2.24	0.94	102.26	0.34
		54	RD	2～4	10～15	—	—	133.09L	133.09(1)	—	0.94	77.93	0.26
		55	RD	3～5	13～15	—	—	146.13L	146.13(1)	—	0.93	85.57	0.29

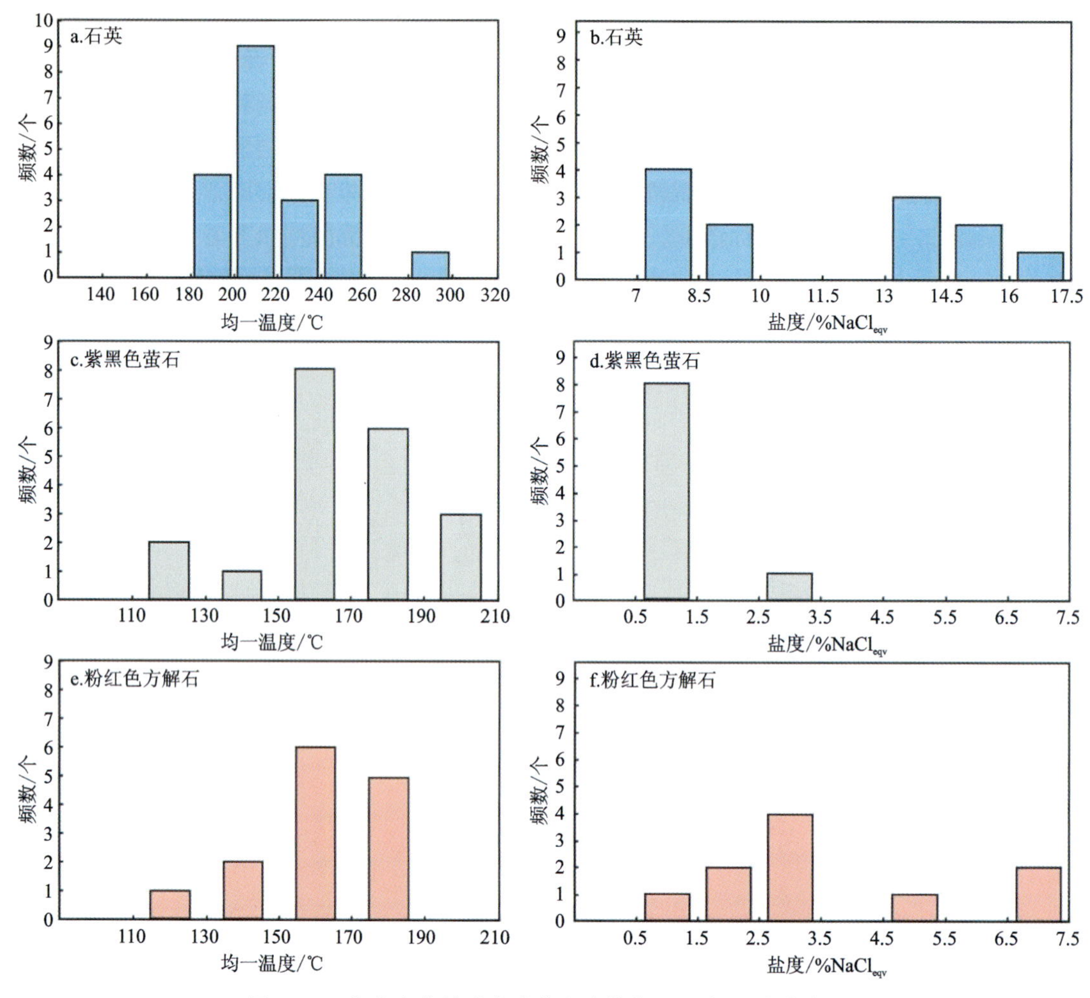

图 5-6-2　海德乌拉铀矿床流体包裹体均一温度、盐度直方图

三、成矿流体密度、压力及深度

原生流体包裹体群的均一温度可近似看作捕获温度(卢焕章等,2004),所以流体包裹体的均一温度可以大致反映成矿温度。通过对流体包裹体均一温度和盐度的相关数据的分析处理,采用盐水溶液包裹体的密度经验公式进行流体密度的计算(刘斌和段光贤,1987):

$$D = A + Bt + Ct^2 \tag{5-6-1}$$

式中:D 为流体密度,g/cm^3;t 为流体包裹体的均一温度,℃;A、B、C 为无量纲参数,可采用经验公式计算。

$$\begin{cases} A = A_0 + A_1 W + A_2 W^2 \\ B = B_0 + B_1 W + B_2 W^2 \\ C = C_0 + C_1 W + C_2 W^2 \end{cases} \tag{5-6-2}$$

式中:W 为盐度,%NaCl$_{eqv}$。在均一温度 $t \leqslant 500$℃、盐度 $W \leqslant 30\%$时,式(5-6-2)中各参数取值如下:$A_0 = 0.993\ 531$,$A_1 = 8.721\ 47 \times 10^{-3}$,$A_2 = -2.439\ 75 \times 10^{-5}$;$B_0 = 7.116\ 52 \times 10^{-5}$,

$B_1=-5.2208\times10^{-5}$，$B_2=1.26656\times10^{-6}$；$C_0=-3.4997\times10^{-6}$，$C_1=2.12124\times10^{-7}$，$C_2=-4.523\times10^{-9}$。

将所得的流体包裹体均一温度、盐度数据代入公式(5-6-2)，可求得海德乌拉铀矿床的 $NaCl\text{-}H_2O$ 体系气液两相包裹体的密度。海德乌拉铀矿床成矿期石英、紫黑色萤石及粉红色方解石中流体密度分别为 0.73～1.01g/cm³（平均值为 0.89g/cm³）、0.87～0.95g/cm³（平均值为0.91g/cm³）和 0.88～0.96g/cm³（平均值为 0.93g/cm³），密度曲线呈现出抛物线趋势，其流体密度主要集中于 0.80～0.95g/cm³之间（图 5-6-3），表明该矿床成矿流体为中等密度的流体。

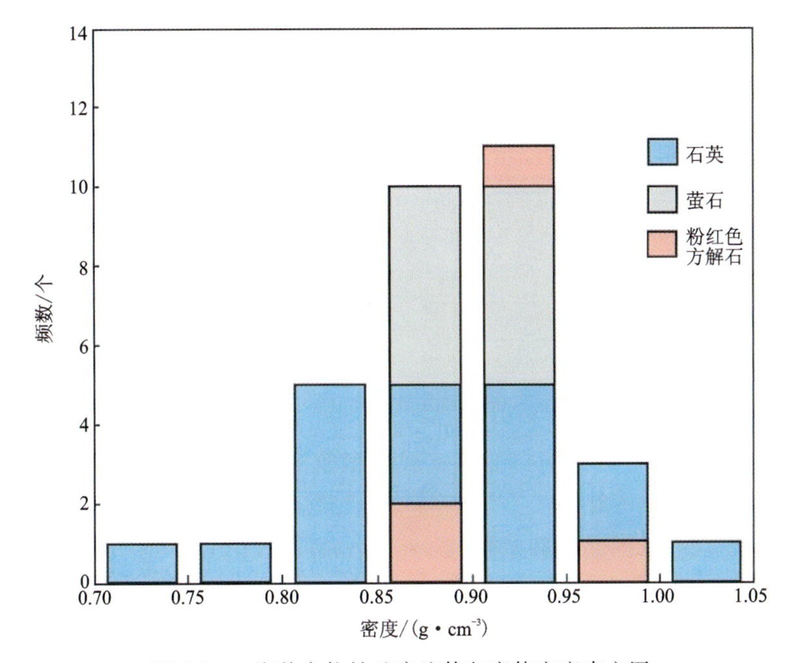

图 5-6-3　海德乌拉铀矿床流体包裹体密度直方图

将流体包裹体的均一温度、盐度代入邵洁涟(1988)提出的流体压力的计算式：

$$\begin{cases} P = P_0 \times t/t_0 \\ P_0 = 219 + 2620W \\ t_0 = 374 + 920W \end{cases} \tag{5-6-3}$$

式中：t_0 为初始温度，℃；P 为成矿压力，MPa；P_0 为初始压力，MPa。

计算可得海德乌拉铀矿床的成矿流体压力值，其成矿期石英、紫黑色萤石及粉红色方解石中包裹体估算的成矿压力分别为 11.84～29.24MPa（平均值为 18.77MPa）、7.43～15.21MPa（平均值为 10.40MPa）和 7.79～15.65MPa（平均值为 11.71MPa），由此可知，该矿床形成于低压环境下。

成矿深度在研究矿床成因、判断找矿潜力方面具有重要的依据（杨增海等，2012）。将流体包裹体的均一温度、盐度代入邵洁涟(1988)提出的成矿深度的计算公式：

$$H = P/(300\times10^5) \tag{5-6-4}$$

式中：H 为成矿深度，km；P 为成矿压力(即流体压力)，MPa。

将数据代入式(5-6-4)可得海德乌拉铀矿床成矿期石英、紫黑色萤石及粉红色方解石中包裹体估算的成矿深度分别为 0.39～0.97km(平均值为 0.63km)、0.25～0.51km(平均值为 0.35km)和 0.21～0.52km(平均值为 0.39km)，因此，该矿床的成矿深度范围为 0.21～0.97km，这表明其形成深度较浅。

四、流体包裹体激光拉曼分析

激光拉曼光谱仪是一种非破坏性地测定物质成分的微观分析仪器，可以快速对单个包裹体进行定性分析。本研究针对海德乌拉铀矿床典型包裹体气液相成分进行了测试。测试对象是石英、紫黑色萤石及粉红色方解石中流体包裹体的气液相成分。测试结果表明：成矿期 3 种矿物内包裹体液相成分均以 H_2O 为主，但由于紫黑色萤石的荧光效应过强及粉红色方解石内包裹体太小，二者的气相成分仅测试出 H_2O。另外，对石英(20HD52 系列)中流体包裹体激光拉曼光谱图分析表明：气体成分以 H_2O 为主，并含少量 CO_2(特征峰值为 1383cm^{-1})(图 5-6-4)。

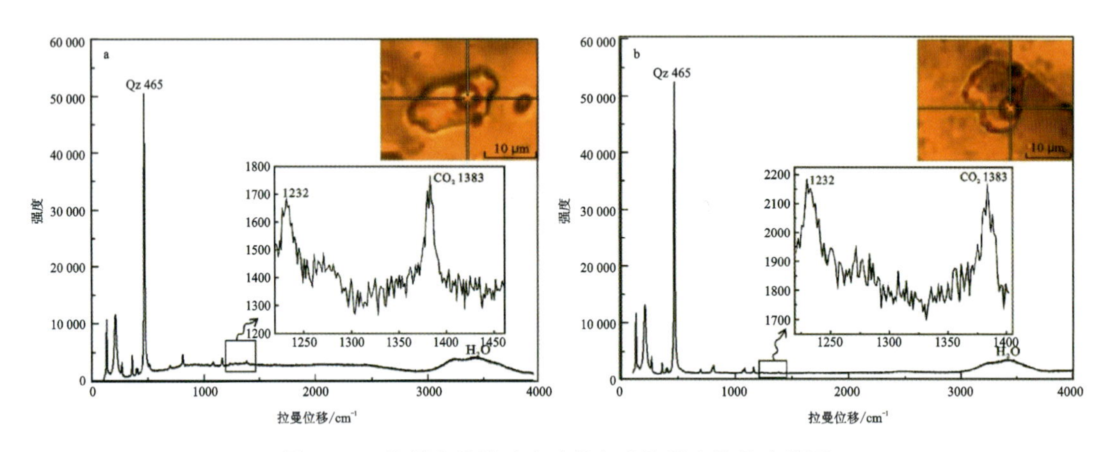

图 5-6-4　海德乌拉铀矿床流体包裹体激光拉曼光谱图

五、C-H-O 同位素特征

本研究针对粉红色方解石做了 C-H-O 同位素测试，其结果见表 5-6-2。测试结果表明，粉红色方解石矿物的 $\delta^{13}C_{Cal\text{-}V\text{-}PDB}$、$\delta D_{Cal\text{-}V\text{-}SMOW}$、$\delta^{18}O_{Cal\text{-}V\text{-}PDB}$ 值分别为 $-1.41‰ \sim -0.81‰$、$-70.6‰ \sim -63.3‰$ 和 $-19.13‰ \sim -15.56‰$，平均值依次为 $-1.15‰$、$-67.24‰$ 和 $-17.64‰$。根据成矿期流体包裹体的均一温度中间值(T)及方解石与水的同位素分馏平衡方程 $10^3\ln\alpha_{方解石-水}=4.01\times10^6/T^2-4.66\times10^3/T+1.71$(郑永飞等，2000)和 $10^3\ln\alpha_{方解石-CO_2}=2.988\times10^6/T^2-7.666\,3\times10^3/T+2.461\,2$(Fried and O'Neil，1977)，计算得出成矿流体的 $\delta^{13}C_{Fluid\text{-}V\text{-}PDB}$、$\delta D_{Fluid\text{-}V\text{-}SMOW}$、$\delta^{18}O_{Fluid\text{-}V\text{-}SMOW}$ 值分别为 $-1.59‰ \sim -1.00‰$、$-71‰ \sim -63‰$ 和 $0.03‰ \sim 3.72‰$。

表 5-6-2　海德乌拉铀矿床粉红色方解石矿物及矿化流体的 $\delta^{13}C$、δD 和 $\delta^{18}O$ 值

样品号	T/℃	$\delta^{13}C$/‰	δD/‰	$\delta^{18}O$/‰	$\delta^{18}O$/‰	$\delta^{13}C$/‰	δD/‰	$\delta^{18}O$/‰
		Cal-V-PDB	Cal-V-SMOW	Cal-V-PDB	Cal-V-SMOW	Fluid-V-PDB	Fluid-V-SMOW	Fluid-V-SMOW
20HD-45-1-1	177	−0.97		−17.71	13	−1.16		1.49
20HD-45-1-2	177	−0.81		−17.74	13	−1.00		1.46
20HD-45-2-1	177	−1.18	−68.6	−18.17	12	−1.37	−69	1.03
20HD-45-2-2	177	−1.20	−70.6	−19.13	11	−1.39	−71	0.03
20HD-45-2-3	177	−1.19		−18.34	12	−1.38		0.84
20HD-48	177	−1.21		−18.59	12	−1.39		0.59
20HD-79-1	177	−1.41	−65.1	−17.85	12	−1.59	−65	1.31
20HD-79-2	177	−1.38	−63.3	−15.89	14	−1.57	−63	3.32
20HD-79-3	177	−0.93		−17.63	13	−1.11		1.57
20HD-79-4	177	−1.20		−17.45	13	−1.39		1.76
20HD-80-1	177	−1.11	−68.6	−15.56	15	−1.30	−69	3.72
20HD-80-2	177	−1.16		−17.96	12	−1.35		1.24
20HD-82	177	−1.17		−17.30	13	−1.35		1.92
20HD-84-1	177	−1.24		−17.71	13	−1.43		1.49
20HD-84-2	177	−1.11		−17.64	13	−1.30		1.56

六、成矿流体性质

流体包裹体岩相学特征和显微测温结果表明，海德乌拉铀矿床成矿期捕获的包裹体类型为WL型和少量WV型、C型流体包裹体。其中，成矿期石英中流体包裹体的均一温度、盐度、密度依次为183～287℃、7.17%～17.26%$NaCl_{eqv}$、0.73～1.01g/cm^3；成矿期紫黑色萤石中流体包裹体的均一温度、盐度、密度依次为127～204℃、0.53%～3.06%$NaCl_{eqv}$、0.87～0.95g/cm^3；成矿期粉红色方解石中流体包裹体的均一温度、盐度、密度依次为133～187℃、1.40%～7.02%$NaCl_{eqv}$、0.88～0.96g/cm^3。此外，结合海德乌拉铀矿床成矿年龄为235Ma（朱坤贺等，2022），表明该地区成矿流体为同一期次的热液流体作用的结果。成矿期3种矿物内包裹体的均一温度均低于300℃，这表明成矿流体温度属于中低温热液范围；由盐度直方图（图5-6-2b、d、f）可知，流体包裹体盐度明显低于20%$NaCl_{eqv}$，这表明海德乌拉铀矿床成矿流体盐度较低。在此基础上，结合成矿压力、密度与成矿深度数据，综合判断海德乌拉铀矿床流体具有中低温、低盐度、中等密度、浅成、低压的特征。此外，结合前人对浅成低温热液型矿床的定义：均一温度介于50～200℃之间、盐度低于12.85%$NaCl_{eqv}$并与陆相火山岩相关或产于陆相火山岩内的矿床（丰成友等，2004；陈衍景等，2007；洪树炯等，2020），海德乌拉铀矿床内包裹体的均一温度和盐度的测试结果与之相符，因此，笔者认为海德乌拉矿床属于浅成低温热液型铀矿床，成矿流体具有中低温、低盐度和低密度的特征。

七、成矿流体来源

关于海德乌拉铀矿床流体的$\delta^{13}C_{Fluid\text{-}V\text{-}PDB}$、$\delta D_{Fluid\text{-}V\text{-}SMOW}$和$\delta^{18}O_{Fluid\text{-}V\text{-}SMOW}$值分别为－1.59‰～－1.00‰、－71‰～－63‰和0.03‰～3.72‰。在$\delta D_{Fluid\text{-}V\text{-}SMOW}$-$\delta^{18}O_{Fluid\text{-}V\text{-}SMOW}$图中（图5-6-5a），成矿流体数据点落于岩浆水与大气降水之间，这种现象可能与岩浆水和大气降水之间所发生的氢氧同位素平衡交换反应有关（李永胜等，2021）。因此，海德乌拉铀矿床的流体来源可能为大气降水与岩浆水的混合。此外，在$\delta^{13}C_{V\text{-}PDB}$-$\delta^{18}O_{V\text{-}SMOW}$同位素图中（图5-6-5b），其数据点分布均比较集中，其成矿流体数据点均落在火成岩相碳酸盐岩左侧并且偏向火成岩相碳酸盐岩区域，这表明海德乌拉铀矿床形成过程中流体中的碳是由火成岩相碳酸盐岩提供，反映出深

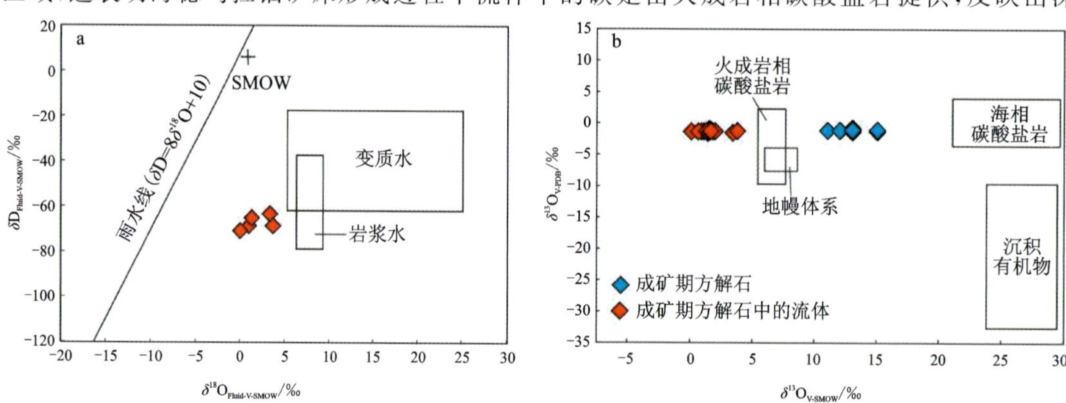

图5-6-5 海德乌拉铀矿床成矿流体$\delta D_{Fluid\text{-}V\text{-}SMOW}$-$\delta^{18}O_{Fluid\text{-}V\text{-}SMOW}$关系图（a）及海德乌拉铀矿床$\delta^{13}C_{V\text{-}PDB}$-$\delta^{18}O_{V\text{-}SMOW}$同位素关系图（b）

源热液的特点。结合海德乌拉矿区发育有三叠纪侵入岩辉绿岩(238Ma,孙立强等,2022),推测成矿流体中的深部岩浆水可能与辉绿岩岩浆作用有关。

综上所述,根据C-O同位素及H-O同位素分析结果,笔者认为海德乌拉铀矿床流体来源为大气降水与深部岩浆热液的混合。

第七节 海德乌拉铀矿床成矿时代

根据郭国林等(2012)用VC编写的年龄计算程序,即根据UO_2、ThO_2和PbO浓度,采用Bowles(1990)多次迭代的方法得到海德乌拉地区沥青铀矿50个测点U-Th-Pb化学年龄,其化学年龄范围为350~226Ma,主要集中于300~270Ma,峰值为289Ma(图5-7-1a)。

海德乌拉铀矿床沥青铀矿LA-ICP-MS U-Pb同位素测试结果见表5-7-1。海德乌拉沥青铀矿测得$^{206}Pb/^{238}U$值为0.048 8~0.062 3,$^{207}Pb/^{235}U$值为0.792 1~1.453 6,利用IsoplotR软件(Vermeesch,2018),采用等时线法进行普通铅矫正后得到的$^{206}Pb/^{238}U$值和$^{207}Pb/^{235}U$值分别为0.036 5~0.038 1和0.255 3~0.268 2。计算得到的$^{206}Pb/^{238}U$年龄和$^{207}Pb/^{235}U$年龄都介于241~231Ma之间,得到的$^{206}Pb/^{238}U$加权平均年龄为(234.6±1.2)Ma(MSWD=0.99,n=17)(图5-7-1b)。

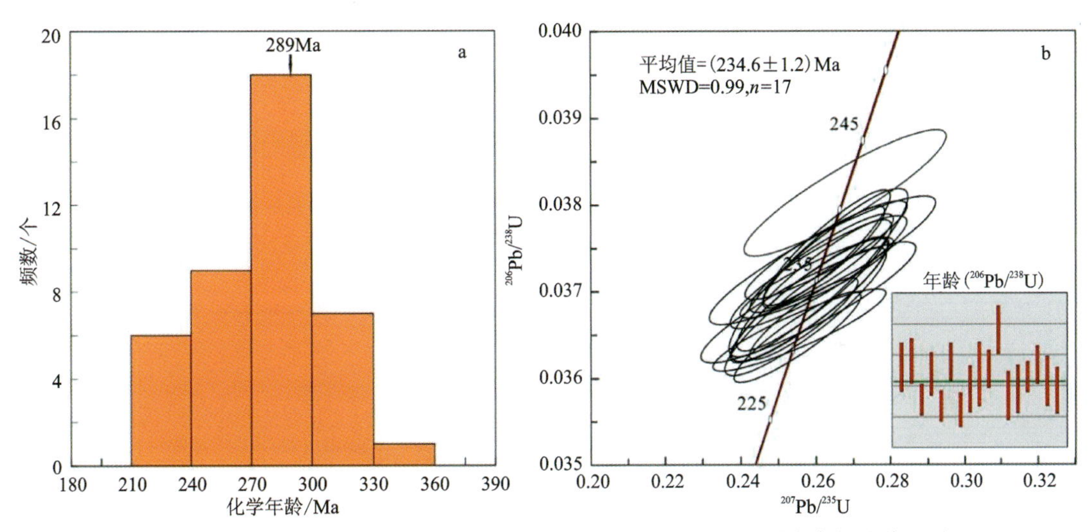

图5-7-1 海德乌拉铀矿床沥青铀矿化学年龄频数图(a)及U-Pb同位素年龄谐和图(b)

定年结果显示:海德乌拉沥青铀矿U-Th-Pb化学年龄和同位素年龄存在较大的不一致性。该现象产生的原因可能与不同定年的方法的有效性有关。U-Th-Pb化学年龄有效的前提条件为:①被测的沥青铀矿未遭受后期流体改造;②沥青铀矿中不存在非放射性成因的普通铅(Martz et al.,2019)。尽管LA-ICP-MS并不能够有效地测定铀氧化物中作为主量元素Pb的真实含量,然而其较高的普通铅占比却依旧能够说明海德乌拉铀矿床沥青铀矿中存在大量的普通铅。因此,笔者认为火山岩型铀矿床沥青铀矿同位素年龄相对可靠,即海德乌拉铀矿床成矿年龄为(234.6±1.2)Ma。

表 5-7-1 海德乌拉铀矿床 LA-ICP-MS 沥青铀矿 U-Pb 同位素组成

点号	含量/$\times10^{-6}$				原始测量同位素组成						矫正后同位素组成				矫正数据得到的年龄/Ma			
	总 Pb	Th	U	普通 Pb	$^{207}Pb/^{235}U$	1σ	$^{206}Pb/^{238}U$	1σ	$^{207}Pb/^{206}Pb$	1σ	$^{207}Pb/^{235}U$	1σ	$^{206}Pb/^{238}U$	1σ	$^{207}Pb/^{235}U$	1σ	$^{206}Pb/^{238}U$	1σ
KS-01	61 427	48	716 776.2	15 724	1.118 4	0.027 3	0.056 1	0.001 1	0.143 0	0.001 6	0.262 2	0.019 9	0.037 4	0.000 5	236	20	236	3
KS-03	72 906	58	639 536.6	19 813	1.453 6	0.022 5	0.062 3	0.000 9	0.168 5	0.001 3	0.256 0	0.015 2	0.036 5	0.000 3	231	15	231	2
KS-05	60 140	24	717 371.6	17 168	1.158 4	0.020 3	0.056 8	0.001 0	0.147 8	0.001 4	0.261 1	0.015 6	0.037 2	0.000 4	236	16	236	3
KS-08	53 386	29	757 758.3	10 287	0.792 1	0.018 4	0.048 8	0.001 1	0.117 1	0.001 1	0.261 1	0.015 8	0.037 2	0.000 6	236	16	236	4
KS-10	69 475	35	689 040.2	16 408	1.146 8	0.023 8	0.057 7	0.001 1	0.143 8	0.001 6	0.268 2	0.017 9	0.038 1	0.000 5	241	18	241	3
KS-15	51 609	21	746 711.4	11 745	0.870 3	0.017 4	0.050 0	0.000 9	0.125 7	0.001 1	0.257 6	0.014 3	0.036 8	0.000 5	233	14	233	3
KS-16	75 093	30	675 827.3	19 951	1.313 5	0.019 2	0.060 1	0.000 8	0.158 2	0.001 6	0.260 6	0.013 5	0.037 2	0.000 3	235	14	235	2
KS-17	57 256	32	724 396.7	13 453	0.920 9	0.011 8	0.051 0	0.000 6	0.130 9	0.001 3	0.257 0	0.009 5	0.036 7	0.000 3	232	10	232	2
KS-21	56 725	29	732 372.0	11 427	0.833 2	0.013 2	0.050 0	0.000 8	0.120 8	0.001 2	0.263 2	0.011 3	0.037 5	0.000 4	237	11	237	3
KS-22	65 196	65	686 277.5	17 657	1.198 4	0.019 1	0.058 0	0.000 9	0.149 7	0.001 4	0.263 1	0.014 3	0.037 5	0.000 4	237	14	237	2
KS-24	55 911	18	722 814.0	14 577	0.983 8	0.014 0	0.052 1	0.000 7	0.136 8	0.001 1	0.255 3	0.011 2	0.036 5	0.000 3	231	11	231	2
KS-26	60 390	26	714 797.5	15 172	1.047 2	0.016 2	0.054 5	0.000 8	0.139 1	0.001 1	0.261 9	0.012 7	0.037 3	0.000 4	236	13	236	2
KS-35	50 677	22	734 215.5	12 435	0.890 8	0.017 1	0.050 6	0.000 9	0.127 7	0.001 4	0.258 7	0.014 0	0.036 9	0.000 5	234	14	234	3
KS-40	62 639	32	689 936.8	16 643	1.192 5	0.026 0	0.057 1	0.001 1	0.150 6	0.001 2	0.258 4	0.018 9	0.036 9	0.000 5	233	19	233	3
KS-46	61 517	35	727 051.6	12 700	0.918 5	0.016 8	0.051 2	0.000 9	0.129 8	0.001 1	0.258 7	0.013 8	0.036 9	0.000 5	234	14	234	3
KS-47	56 912	41	724 256.2	11 723	0.873 7	0.013 0	0.050 8	0.000 7	0.124 6	0.001 0	0.262 6	0.010 7	0.037 4	0.000 4	237	11	237	2
KS-50	51 722	31	743 424.4	11 569	0.845 3	0.016 4	0.049 8	0.000 9	0.122 8	0.001 2	0.259 9	0.013 7	0.037 1	0.000 5	235	14	235	3

第八节 海德乌拉铀矿床成矿模式及意义

一、古生代火山岩成岩意义

东昆仑造山带古生代岩浆岩记录了板块古生代俯冲增生作用，其构造演化见图 5-8-1。东昆仑造山带内发育了 3 条蛇绿糜棱岩带（Dong et al.，2018a）：南带是慕士塔格-布青山-阿尼玛卿山蛇绿糜棱岩带（MBAM），中带为阿其克库勒湖-昆中蛇绿糜棱岩带（AKM），北带为祁漫塔格-香日德蛇绿糜棱岩带（QXM）。南带蛇绿岩和弧岩浆岩的成岩年龄介于 535～437Ma 之间，峰值为 515Ma，其 N-MORB 蛇绿岩属性说明南带可能是东昆仑造山带主要缝合带（陈能松等，2006；Li et al.，2007；Xiong et al.，2015；Zhou et al.，2016；刘战庆等，2011a、b）；中带蛇绿岩和弧岩浆岩的成岩年龄峰值在 440Ma 左右，其 SSZ-型蛇绿岩说明中带代表上俯冲带；北带蛇绿岩和弧岩浆岩的成岩年龄峰值在 400Ma 左右，E-MORB 型蛇绿岩说明北带形成于弧后盆地。上述蛇绿岩和弧岩浆岩的年代学和地球化学特征说明了原特提斯洋为北向俯冲，俯冲作用起始于早寒武世，并一直延续至早志留世（刘彬等，2012，2013a、b；Chen et al.，2020）。

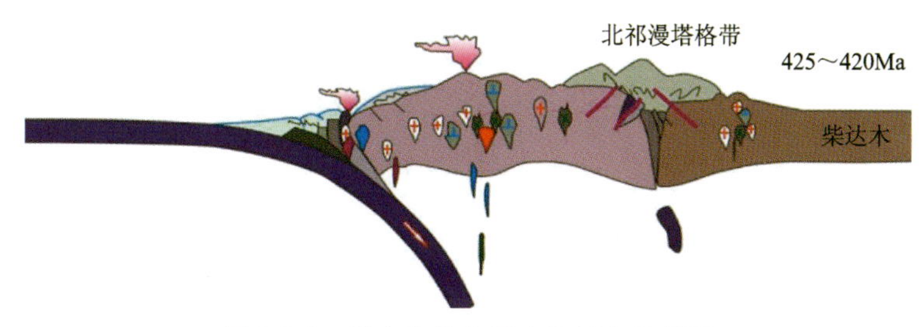

图 5-8-1 早古生代东昆仑地区构造简图

海德乌拉火山盆地流纹岩和粗面岩形成于 428～421Ma，属于志留纪罗德洛世岩浆作用的产物。该流纹岩富含高场强元素和稀土元素且富碱，属于 A 型岩浆岩。研究表明，A 型岩浆岩可以形成于一系列伸展环境下，如大陆弧后伸展环境、后碰撞伸展环境以及板内伸展环境（Eby，1992；Whalen et al.，1996）。高 Y/Nb 值（1.50～2.85）说明海德乌拉火山盆地流纹岩和粗面岩为 A 型岩浆岩，属于后碰撞环境下岩浆作用的产物。近些年，有学者在东昆仑造山带内厘定的一系列中志留世—泥盆纪 A 型岩浆岩（陈静等，2013；王冠等，2013；Xin et al.，2018；Chen et al.，2020），构成东昆仑造山带 A 型岩浆岩带（Chen et al.，2020）。这些 A 型岩浆岩属于后碰撞环境岩浆作用的产物（Xin et al.，2018；Chen et al.，2020），说明自中-晚志留世开始东昆仑造山带已经进入后碰撞伸展环境。

对于东昆仑造山带后碰撞伸展环境的触发机制依旧存在着不同的观点。部分学者认为，东昆仑造山带后碰撞环境是在祁漫塔格弧后洋盆闭合后由中昆仑岛弧和柴达木板块碰撞所致（如 Zhou et al.，2016；Dong et al.，2018a）。然而，并没有足够证据证明在东昆仑造山带的东部地区曾经发育有类似于祁漫塔格地区的弧后洋盆，如东昆仑造山带中部和东部地区缺乏类似于祁漫塔格的弧后沉积体系以及俯冲有关的岩浆岩，中部地区至今未发现蛇绿岩，东部地区存在的少量蛇绿岩可能仅仅反映的是原始的裂缝或者是非常有限的洋盆（Xin et al.，2018）。另有部分学者认为东昆仑造山带的后碰撞造山伸展作用是由冈瓦纳大陆东北边缘的多板块会聚后加厚岩石圈底部拆沉引发（如 Chen et al.，2020；Xin et al.，2018）。存在于南昆仑带志留纪赛什塘组与中泥盆世地层之间的断层（Dong et al.，2018a），证明原特提斯洋盆闭合后可能发生过陆-陆碰撞（Xin et al.，2018）。东昆仑造山带发育 459～428Ma 榴辉岩（如 Meng et al.，2013；国显正等，2017；Song et al.，2018）、448Ma 的埃达克质花岗岩（Zhou et al.，2016）以及 432Ma 的 S 型花岗岩（Zheng et al.，2018），说明东昆仑造山带自中奥陶世—中志留世开始就处于陆-陆碰撞环境。事实上，前人研究已经表明早古生代时期冈瓦纳大陆北部延伸至古亚洲洋的南缘，包括东昆仑地块在内的中国主要陆块均分布于冈瓦纳大陆东北边缘（Li et al.，2018），这些陆块之间及其与冈瓦纳主大陆之间的碰撞形成一系列造山带，如北柴达木高压—超高压变质带（Yu et al.，2013a、b）、北祁连造山带（Song et al.，2013）等。综合考虑中央造山带西部祁连、柴达木、阿尔金和东昆仑地体中广泛发育的近于同时代的（志留纪—泥盆纪）与碰撞相关的花岗岩和高压—超高压变质岩，可以推断东昆仑地体在该时期也卷入了冈瓦纳大陆北缘一系列的碰撞造山事件。因此，可认为东昆仑造山带后碰撞伸展环境是由冈瓦纳大陆东北边缘的板块会聚后加厚岩石圈拆沉所致。

二、海德乌拉地区基性和酸性脉岩与铀成矿作用的关系

热液铀矿床（火山岩型、花岗岩型）的形成常伴随着晚期大量斑岩或者脉岩出露（巫建华等，2017），铀成矿与这些斑岩或脉岩的关系尤为密切。有学者曾提出位于赣杭构造带的相山铀矿田（火山岩型）中花岗斑岩是铀矿赋存的有利空间部位（林锦荣等，2013），近期学者研究提出相山铀矿田的早阶段高温铀成矿可能与区内花岗斑岩活动更为密切（如 Wang et al.，2023）；而下庄铀矿田和诸广山铀矿田（花岗岩型）铀成矿作用与区内发育的辉绿岩脉有关（如 Zhang et al.，2022）。这些斑岩/脉岩的岩浆有可能为铀成矿提供了铀源、矿化剂或热源（Hu et al.，2009；Pek et al.，2018；Zhang et al.，2022）。最新研究提出东昆仑造山带中东段海德乌拉铀矿床含矿主岩主要为志留纪中酸性火山岩，铀成矿时代在 235Ma 左右，成矿流体中存在岩浆流体的参与（朱坤贺等，2022）。孙立强等（2022）对矿区毗邻铀矿体的辉绿岩脉进行了详细研究，辉绿岩定年结果为（238±2）Ma，与铀成矿是同时期的，进一步说明同成矿期的基性岩浆活动为铀成矿提供了热源和矿化剂（朱坤贺等，2022；Wang et al.，2024）。本研究首次在海德乌拉铀矿区西部厘定出了三叠纪的花岗斑岩，其形成年龄为（240±2）Ma，仍然与铀成矿是同时期的，进一步说明区内还存在三叠纪同成矿期的酸性岩浆活动。该花岗斑岩与同时期辉绿岩一样，可能为三叠纪铀成矿提供热源及成矿流体。

此外，在海德乌拉铀矿区西部花岗斑岩中还新发现了铀矿化，品位 0.04%，蚀变主要为紫黑色萤石化和绿帘石化。因此，除了发育与基性和酸性岩浆斑岩/脉岩活动同期的三叠纪铀成矿作用之外，海德乌拉矿区还可能存在以花岗斑岩为含矿主岩的更晚期铀成矿作用。同时作为晚阶段铀成矿的寄主岩，花岗斑岩的侵入不仅为晚阶段铀成矿提供了赋矿空间及成矿物质来源等，更可能促进了海德乌拉火山岩型铀矿的形成。

三、早中生代成矿意义

自晚古生代以来，东昆仑地区古特提斯构造域布青山-阿尼玛卿洋北向俯冲（图 5-8-2），在东昆仑造山带内形成一系列 I 型花岗岩（Dong et al.，2018a）。早三叠世存在的与洋壳俯冲有关的中压变质作用说明布青山-阿尼玛卿洋俯冲作用可能一直持续到早三叠世（陈能松等，2007）。晚三叠世时期，东昆仑造山带岩浆岩主要为高钾钙碱性—钾玄岩系列，具有后碰撞花岗岩的特征，区内存在的 A 型花岗岩、安山岩-流纹岩等都表明东昆仑造山带晚三叠世属于后碰撞环境（Dong et al.，2018b）。然而，由布青山-阿尼玛卿洋闭合后的碰撞到后碰撞伸展环境的起始时间目前仍存在争议。由于中三叠世侵入岩记录较少，所以大部分学者认为中三叠世为同碰撞环境（Xiong et al.，2014）。然而，Ding 等（2014）对中三叠世花岗质岩脉的研究认为东昆仑造山带在中三叠世就已经进入了后碰撞环境。

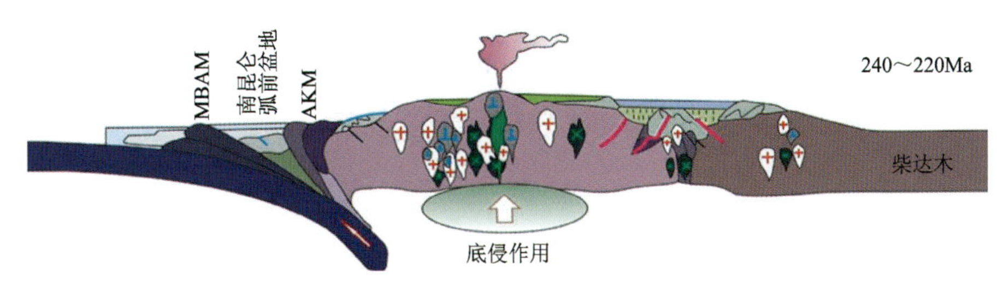

图 5-8-2　东昆仑造山带晚古生代以来构造示意图

热液铀成矿作用与区域内岩石圈伸展有关，每一期次铀成矿作用都对应于一期次岩石圈伸展环境（Hu et al.，2009）。因此，海德乌拉铀矿床成矿年龄为（234.6±1.2）Ma，属晚三叠世，意味着东昆仑造山带至少在 235Ma 之前就已经进入了伸展环境。东昆仑造山带在早中生代时期存在一系列成矿事件（图 5-8-3），如 239Ma 左右的东昆仑东段哈日扎铜钼矿（国显正等，2016）、234Ma 左右的祁漫塔格卡尔却卡铜钼矿（高永宝等，2018）、236Ma 左右的祁漫塔格尕林格铁—铜多金属矿（于淼等，2015）及 236Ma 左右的鄂拉山什多龙矽卡岩型辉钼矿（李文良等，2014）等成矿事件。综合来看，海德乌拉铀矿床沥青铀矿的成矿年龄与上述矿床成矿年龄相吻合，说明中—晚三叠世是海德乌拉地区的一个重要成矿期，这也可能进一步说明至少从中—晚三叠世东昆仑造山带已经进入了后碰撞伸展环境。

四、海德乌拉铀矿床成因模式

对于大多数热液型铀矿床，铀成矿机制是 U 以铀酰络合物（UO_2^{2+}）的形式迁移，并以 U^{4+} 矿物的形式沉淀（Romberger，1984；Cuney，2009）。然而，Timofeev 等（2018）的实验研究表明 U 可以在还原性岩浆流体中以 UCl_4 的形式迁移，其沉淀可能是由温度降低导致 U-Cl 络合物失稳引起的。如前所述，海德乌拉铀矿床形成过程中有大气降水参与，这表明 U 是以 U^{6+} 矿物形式进行迁移。因此，海德乌拉铀矿床的矿化机制可能主要是由较活泼的 U^{6+} 转化为稳定的 U^{4+}。陈露明（1990）研究认为热液型铀矿床中铀的碳酸盐络合离子为 $[UO_2(CO_3)_3]^{4-}$ 和 $[UO_2(CO_3)_2]^{2-}$。一般而言，铀沉淀的机制主要有吸附作用、还原作用、流体混合、水-岩交换

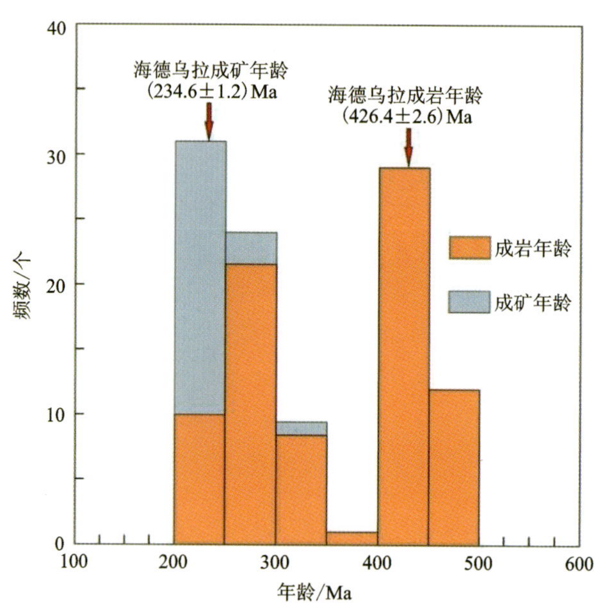

图 5-8-3 东昆仑造山带岩浆岩成岩和成矿年龄直方图

反应等作用(Fayek et al.,2011),其中尤以水-岩相互作用为重要途径。流体与主岩相互作用时,热液的温度、pH 和氧逸度将发生改变,碳酸铀酰络合物的溶解度也将随之而变,进而导致 UO_2 沉淀。在大多数热液型铀矿床中,赤铁矿化和碳酸盐化通常被认为是铀矿化的有利迹象。在海德乌拉铀矿床中,部分沥青铀矿颗粒围绕黄铁矿分布,其中少部分黄铁矿被赤铁矿交代,除此之外,还有部分沥青铀矿脉与粉色方解石相邻。以上所有特征表明,水-岩相互作用可能是海德乌拉铀矿形成的关键。

此外,一些沥青铀矿脉穿插于主岩的构造裂隙中,其与碳酸盐化、赤铁矿化不相关。因此,铀沉淀亦可能通过另一种机制发生。流体沸腾/CO_2 去气也可能导致海德乌拉矿床中沥青铀矿沉淀,这在许多热液铀矿床(Hu et al.,2008,2009)和贵金属矿床(Simmons et al.,2005;Moncada et al.,2017)中很常见。海德乌拉矿床中存在流体沸腾/CO_2 去气迹象,其成矿期石英中共存的原生富液相和富气相两种流体包裹体为流体沸腾的存在提供了有利证据(Bodnar et al.,1985)。在海德乌拉地区铀矿床中,隐爆角砾岩的出现进一步证明了该铀矿中曾存在流体沸腾迹象,其亦是压力骤减的常见证据(Moncada et al.,2017)。因此,由于压力的释放及 CO_2 等挥发分的大量逸失,碳酸铀酰络离子($[UO_2(CO_3)]^{4-}$)的分解被认为是海德乌拉沥青铀矿沉淀的另一个关键因素,其也被认为是华南一些热液型铀矿床成因的重要因素(Hu et al.,2008,2009;Chi et al.,2021)。

综上,海德乌拉铀矿床成矿模式见图 5-8-4。由古生代原特提斯洋俯冲形成的伸展环境引发的地幔上涌,加热大陆中—下地壳并使之部分熔融,从而形成了海德乌拉火山盆地流纹岩和粗面岩组合。与大陆地壳相比,海德乌拉火山盆地流纹岩和粗面岩组合具有较高的 U 含量和较高的 Th/U,能够为区内铀成矿提供足够的铀源。在中生代时期,由于古特提斯洋的俯冲引发的伸展环境导致地幔上涌,这些基性岩浆侵入并加热地壳,很可能引发后者发生部分熔融，从而形成海德乌拉火山盆地辉绿岩和花岗质熔体。该辉绿岩和花岗斑岩分泌出来的热液流体与下渗的大气降水混合，并萃取流纹岩和粗面岩中的铀形成富铀的热液流体。因与围岩之间相互反应以及热液流体沸腾/CO_2去气，使得该富铀热液流体的物理-化学条件发生改变，导致沥青铀矿在合适的地方沉淀。

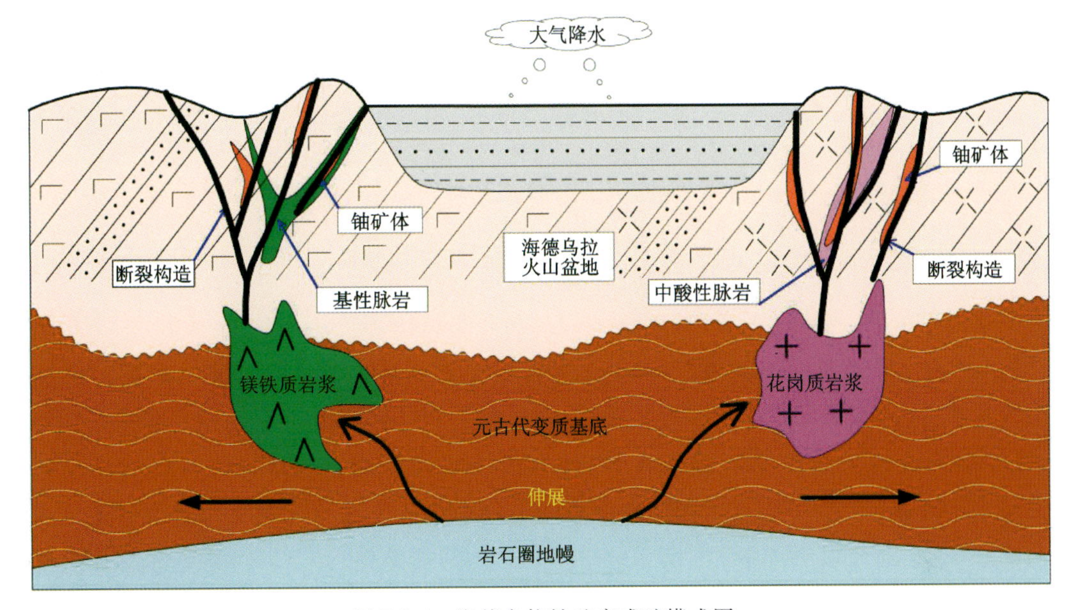

图 5-8-4　海德乌拉铀矿床成矿模式图

第六章　结　论

东昆仑造山带位于青藏高原北部，区域岩浆活动频繁，断裂构造发育，成矿地质条件十分优越，有色金属及贵金属矿找矿已取得了显著成果，并在基础地质认识和成矿理论方面也不断取得创新，极大地提高了东昆仑成矿带综合研究水平，但铀矿地质勘查研究程度却仍然较低。

随着核电的大发展，青海省自然资源厅逐步加强了东昆仑成矿带的铀矿地质工作，先后发现了黑山、洪水河和海德乌拉等花岗岩型、火山岩型铀矿点，并率先在海德乌拉地区取得火山岩型铀矿找矿重大突破。随之，在青海省科学技术厅重点研发与转化项目——“青海省东昆仑火山岩型铀矿资源调查理论创新与找矿突破”的资助下，紧紧围绕东昆仑成矿带铀矿成矿条件与找矿突破这个总目标，全面收集东昆仑地区最新基础地质成果资料，对典型铀矿区进行了详细的野外地质调查和取样，结合室内综合整理研究成果，系统梳理总结了东昆仑成矿带海德乌拉等重点铀成矿远景区成矿地质条件、成矿特征、成矿规律及找矿标志等，建立了铀矿成矿模型，并取得了以下多项创新性成果认识。

1. 首次在东昆仑造山带中东段海德乌拉地区中生代火山盆地新厘定出一套古生代陆相中酸性火山岩，并分析了其成因及形成机理

前人区调成果认为海德乌拉地区八宝山组火山岩形成时代为中生代晚三叠世，而笔者通过研究认为海德乌拉铀矿床赋矿流纹岩主要形成于426Ma，属于古生代志留纪罗德洛世岩浆作用的产物，推测海德乌拉地区还存在形成于古生代晚志留世的中酸性火山岩(流纹岩、粗面岩)。在岩石成因和形成环境方面，初步推断认为古生代晚志留世流纹岩可能是东昆仑造山带内晚奥陶世钙碱性花岗闪长岩在中地壳压力下部分熔融的产物，粗面岩可能是高温低压板内伸展环境下岩石圈地幔部分熔融的产物。海德乌拉地区古生代晚志留世中酸性火山岩的形成与原特提斯洋俯冲闭合引发的后碰撞伸展环境有关，该后碰撞伸展环境可能是由于冈瓦纳大陆东北边缘的板块会聚后加厚岩石圈拆沉所致。

2. 首次厘定了海德乌拉铀矿区基性和酸性脉岩的形成年龄，并揭示了其成因

笔者推断由于俯冲板片脱水交代地幔楔所形成的富集地幔发生部分熔融，导致基性岩浆在上升过程中受到少量地壳物质混染，形成了海德乌拉铀矿区的辉绿岩；另外受到幔源岩浆侵入加热的影响，地壳物质部分熔融而形成了酸性岩浆，岩浆在演化过程中经历了一定的分离结晶作用，最终形成了海德乌拉铀矿区的花岗斑岩。基于上述认识，笔者重建了东昆仑造山带东段晚二叠世—三叠纪构造演化模式，明确了古特提斯洋大洋板片的俯冲至少持续到中三叠世末期(238Ma)，并在不晚于228Ma时转入后碰撞伸展的构造环境。

3. 构建了东昆仑成矿带铀矿勘查技术方法组合，为区域找矿提供了技术支撑

初步总结了开展大比例尺地面伽马能谱测量，辅以火山岩专项地质填图确定靶区，物探综合剖面(伽马能谱剖面、活性炭测氡剖面、音频大地电磁测深剖面)准确定位及钻探验证为一套适合东昆仑地区高效的铀矿勘查技术方法组合，显著提高了海德乌拉地区铀矿勘查效率，降低了找矿勘探的风险。

4. 首次厘定了与古生代火山岩有关的独立铀矿床，取得了铀矿找矿历史性突破，填补了东昆仑成矿带铀矿找矿的空白

本研究在海德乌拉火山盆地取得了理论指导找矿的重大突破，科研与勘查工作相互指导、相互促进。海德乌拉铀矿区共圈定15条铀矿化带，带长100～2950m、最宽达640m，受北西向、北东-北东东向、倾向东-南东的断裂构造及其次级密集裂隙带控制；累计圈定铀矿(化)体100多条，长24～100m，规模较大的矿体走向延长128.2～450m，倾向延深最大约400m，厚0.7～6.18m，平均品位0.034%～1.786%，单样最高为8.7%，矿体形态呈板状、似层状或透镜状，成群成组分布，矿床规模达到中型。该找矿成果对今后在东昆仑地区寻找火山岩型铀矿资源起到示范引领作用，进一步助推了青海省委省政府“打造国家清洁能源高地”战略部署落地，有力保障了我国能源资源安全。

5. 首次提出了东昆仑造山带中晚三叠世碰撞伸展环境控制热液型铀成矿的新认识

本研究发现海德乌拉铀矿床沥青铀矿具有较高的UO_2、CaO、PbO和稀土氧化物总量，较低的FeO、SiO_2和LREE/HREE比值，Th含量远低于检测线，且沥青铀矿呈现出与形成于岩浆期后热液环境下的铀矿物类似的稀土元素球粒陨石标准化蛛网图。沥青铀矿同位素定年结果表明：海德乌拉铀矿床成矿年龄为234Ma，成矿时代为晚三叠世。本研究认为海德乌拉铀矿床沥青铀矿的形成有岩浆期后热液流体参与，结合海德乌拉流纹岩形成于始特提斯洋闭合后引发的后碰撞伸展环境以及在中-晚三叠世时期东昆仑造山带一带大规模成矿事件背景，本研究初步推测海德乌拉矿床的形成可能与古特提斯构造域布青山-阿尼玛卿洋北向俯冲-碰撞后的伸展环境有关。

6. 首次构建了东昆仑成矿带铀矿成矿模式，明确了铀矿成矿机理，为进一步开展热液型铀矿勘查提供了理论基础

本研究认为由于古生代原特提斯洋俯冲形成的伸展环境引发的地幔上涌，加热大陆中-下地壳并使之部分熔融，从而形成了海德乌拉火山盆地富铀的流纹岩和粗面岩组合。与大陆地壳相比，海德乌拉火山盆地流纹岩和粗面岩组合具有较高的U含量和较高的Th/U比值，能够为区内铀成矿提供足够的铀源。在中生代时期，由于古特提斯洋的俯冲引发的伸展环境导致地幔上涌，并形成海德乌拉火山盆地辉绿岩。该辉绿岩分泌出来的热液流体与下渗的大气降水混合，并萃取流纹岩和粗面岩中的铀形成富铀的热液流体。因流体沿断裂构造上侵过程中与围岩之间相互反应以及流体在构造带中减压沸腾、去气，使得该富铀热液流体物理-化学条件发生改变，导致沥青铀矿沉淀成矿。初步构建了古生代赋矿中酸性火山岩、中生代辉绿岩和大气降水，以及有利的成矿构造"三位一体"铀成矿模式。

对成矿流体研究的结果表明，海德乌拉铀矿床属于浅成低温热液型矿床，成矿流体具有低盐度、中等密度、低压的特征，成矿流体可能为大气降水与岩浆水混合来源。综合海德乌拉铀矿床沥青铀矿成矿时代、成矿意义及流体包裹体研究，并结合前人的研究，认为海德乌拉矿床成矿物质来源于古生代中酸性火山岩组合，在后碰撞伸展背景下，沥青铀矿的沉淀主要是因流体与围岩的相互反应所引起的物理化学条件变化加上流体沸腾/CO_2 去气，最终导致了沥青铀矿等成矿物质发生大规模的卸载与沉淀而形成的。该研究成果全面提升了东昆仑成矿带铀矿成矿规律、成矿机制等的理论研究水平。

7. 建议加强东昆仑成矿带碱性花岗岩和陆相火山岩地区铀矿资源潜力评价工作

东昆仑地区岩浆活动频繁，元古代—早古生代为海相火山岩，晚古生代—中生代三叠纪既有海相又有陆相火山岩，寒武纪—奥陶纪、石炭纪—二叠纪两期海相火山岩和泥盆纪、晚三叠世两期陆相火山岩分布最广，规模最大，均形成于(后)碰撞伸展环境，以碱性、钙碱性岩石为主。侵入岩从超基性—中酸性及碱性均较发育，主要以中酸性岩(花岗闪长岩、二长花岗岩、钾长花岗岩等)分布最为广泛，分为古元古代—新元古代、新元古代—泥盆纪、石炭纪—侏罗纪三个构造—岩浆旋回，其中奥陶纪—志留纪及二叠纪—三叠纪为岩浆活动的高峰期。泥盆纪、晚三叠世形成于(后)碰撞伸展环境的碱性、钙碱性陆相火山岩和加里东期碰撞环境、印支期后碰撞环境形成的碱性花岗岩岩石背景铀含量均较高，有利于铀成矿。东昆仑地区水系沉积物铀异常也可以看出，铀元素高背景场及高值区与钾质、(钙)碱性、过铝质陆相火山岩和侵入岩空间位置较一致。综合分析认为：东昆仑成矿带西部景忍、喀雅克登、野马泉、小灶火地区晚三叠世鄂拉山组陆相火山岩地区和中东部石灰沟-大干沟-大格勒沟脑-埃坑德勒斯特-哈图沟脑一带加里东期碱性花岗岩地区具备较大的找矿潜力，应优先开展铀矿资源潜力评价工作。

主要参考文献

白强,2017.青海省都兰县洪水河地区铀矿普查报告[R].西宁:青海省核工业地质局.

白强,李彦强,戴佳文,等,2019.青海东昆仑胡鲁森铀矿点矿化特征与控矿因素[J].东华理工大学学报(自然科学版),42(3):220-226.

蔡煜琦,张金带,李子颖,等,2015.中国铀矿资源特征及成矿规律概要[J].地质学报,89(6):1051-1069.

常有英,李建放,张军,等,2009.青海那陵郭勒河东晚三叠世侵入岩形成环境及年代学研究[J].西北地质,42(1):57-65.

陈贵华,陈名佐,1999.相山铀矿田成矿条件分析[J].铀矿地质,15(6):329-337.

陈加杰,付乐兵,魏俊浩,等,2016.东昆仑沟里地区晚奥陶世花岗闪长岩地球化学特征及其对原特提斯洋演化的制约[J].地球科学,41(11):1863-1882.

陈静,谢智勇,李彬,等,2013.东昆仑拉陵灶火钼多金属矿床含矿岩体地质地球化学特征及其成矿意义[J].地质与勘探,49(5):813-823.

陈露明,1990.504铀矿床成因探讨[J].铀矿地质,6(3):135-145.

陈律,2021.青海省海德乌拉地区遥感地质解译与铀矿化蚀变信息提取[D].南昌:东华理工大学.

陈能松,李晓彦,王新宇,等,2006.柴达木地块南缘昆北单元变质新元古代花岗岩锆石SHRIMP U-Pb年龄[J].地质通报,25(11):1311-1314.

陈能松,孙敏,王勤燕,等,2007.东昆仑造山带昆中带的独居石电子探针化学年龄:多期构造变质事件记录[J].科学通报,52(11):1297-1306.

陈向阳,张雨莲,宋忠宝,等,2013.东昆仑清水河东沟斑岩铜钼矿地质地球化学特征[J].矿床地球化学,19(增刊):357-358.

陈衍景,倪培,范宏瑞,等,2007.不同类型热液金矿系统的流体包裹体特征[J].岩石学报,23(9):2085-2108.

陈永福,张栋,路英川,等,2016.青海鄂拉山北段牦牛沟铜金矿辉钼矿Re-Os年龄及其地质意义[J].地球学报,37(1):69-78.

陈正乐,陈柏林,潘家永,等,2015.江西相山铀矿床成矿规律总结研究[M].北京:地质出版社.

谌宏伟,罗照华,莫宣学,等,2006.东昆仑喀雅克登塔格杂岩体的SHRIMP年龄及其地质意义[J].岩石矿物学杂志,25(1):25-32.

池国祥,卢焕章,2008.流体包裹体组合对测温数据有效性的制约及数据表达方法[J].岩石学报,24(9):1945-1953.

崔美慧,孟繁聪,吴祥珂,2011.东昆仑祁漫塔格早奥陶世岛弧:中基性火成岩地球化学、Sm-Nd同位素及年代学证据[J].岩石学报,27(11):3365-3379.

戴佳文,2011.青海省格尔木市小灶火地区铀矿普查报告(2009—2010年度)[R].西宁:青海省核工业地质局.

戴佳文,2015.青海省茫崖行委乌兰乌珠尔一景忍地区铀矿资源远景调查报告[R].西宁:青海省核工业地质局.

戴佳文,2021.青海省都兰县海德乌拉地区铀矿预查报告[R].西宁:青海省核工业地质局.

杜乐天,王文广,刘正义,2010.中国铀矿床研究评价——花岗岩型铀矿床[R].北京:中国核工业地质局.

杜玉良,贾群子,韩生福,2012.青海东昆仑成矿带中生代构造-岩浆-成矿作用及铜金多金属找矿研究[J].西北地质,45(4):69-75.

方锡珩,2009.中国火山岩型铀矿的主要地质特征[J].铀矿地质,2(25):98-104.

方锡珩,方茂龙,罗毅等.全国火山岩型铀矿资源潜力评价[J].铀矿地质,2012,28(06):342-348+354.

丰成友,李东生,屈文俊,等,2009a.青海祁漫塔格索拉吉尔矽卡岩型铜钼矿床辉钼矿铼-锇同位素定年及其地质意义[J].岩矿测试,28(3):223-227.

丰成友,李东生,吴正寿,等,2009b.青海东昆仑成矿带斑岩型矿床的确认及找矿前景分析[J].矿物学报(增刊):171-172.

丰成友,李东生,吴正寿,等,2010.东昆仑祁漫塔格成矿带矿床类型、时空分布及多金属成矿作用[J].西北地质,43(4):10-17.

丰成友,王雪萍,舒晓峰,等,2011.青海祁漫塔格虎头崖铅锌多金属矿区年代学研究及地质意义[J].吉林大学学报(地球科学版),41(6):1806-1817.

丰成友,张德全,佘宏全,等,2006.青海驼路沟钴(金)矿床形成的构造环境及钴富集成矿机制[J].矿床地质,25(5):544-561.

高晓峰,校培喜,贾群子,2011.滩间山群的重新厘定:来自柴达木盆地周缘玄武岩年代学和地球化学证据[J].地质学报,85(9):1452-1463.

高延林,吴向农,左国朝,1988.东昆仑山清水泉蛇绿岩特征及其大地构造意义[J].中国地质科学院西安地质矿产研究所所刊(21):7-28.

高永宝,李侃,钱兵,等,2018.东昆仑卡而却卡铜钼铁多金属矿床成矿年代学:辉钼矿Re-Os和金云母Ar-Ar同位素定年约束[J].大地构造与成矿学,42(1):96-107.

高永宝,李文渊,李侃,等,2017.东昆仑祁漫塔格早中生代大陆地壳增生过程中的岩浆活动与成矿作用[J].矿床地质,36(2):463-482.

葛肖虹,张梅生,刘永江,等,1998.阿尔金断裂研究的科学问题与研究思路[J].现代地质,12(3):295-301.

古凤宝,1994.东昆仑地质特征及晚古生代—中生代构造演化[J].青海地质(1):4-14.

郭安林,张国伟,孙延贵,等,2007.青海省共和盆地周缘晚古生代镁铁质火山岩Sr-Nd-Pb同位素地球化学及其地质意义[J].岩石学报,23(4):747-754.

郭国林,张展适,刘晓东,等,2012.光石沟铀矿床晶质铀矿电子探针化学定年研究[J].东华理工大学学报(自然科学版),35(4):309-314.

郭建,李子颖,黄志章,等,2015.相山铀矿田邹家山矿床成矿流体氢氧同位素地球化学特征[J].地质学报,89(增刊):99-100.

郭建,李子颖,李秀珍,等,2014.相山铀矿田邹家山矿床成矿流体特征[J].铀矿地质,30(5):263-270.

郭晶晶,2021.相山铀矿田邹家山矿床特富矿石中磷灰石流体包裹体研究[D].南昌:东华理工大学.

郭晶晶,邱林飞,胡宝群,等,2020.江西相山矿田邹家山铀矿床特富矿石流体包裹体特征:来自共生磷灰石-紫黑色细晶萤石等矿物制约[J].地球科学与环境学报,42(4):526-539.

郭通珍,谈生祥,常革红,等,2012.祁漫塔格韧性剪切带中绢云母^{40}Ar-^{39}Ar定年及地质意义[J].西北地质,45(1):94-101.

郭正府,邓晋福,许志琴,等,1998.青藏东昆仑晚古生代末—中生代中酸性火成岩与陆内造山过程[J].现代地质,12(3):344-352.

国显正,贾群子,孔会磊,等,2016a.东昆仑东段哈日扎石英闪长岩时代、成因及其地质意义[J].地质科技情报,35(5):18-26.

国显正,贾群子,李金超,等,2016b.东昆仑热水钼矿区似斑状黑云母二长花岗岩元素地球化学及年代学研究[J].中国地质,43(4):1165-1177.

国显正,贾群子,钱兵,等,2017.东昆仑高压变质带榴辉岩和榴闪岩地球化学特征及形成动力学背景[J].地球科学与环境学报,39(6):735-750.

韩效忠,刘蓉蓉,刘权,等,2010.浙江省衢州地区新路火山岩盆地西段铀成矿模式[J].矿床地质,29(2):332-342.

郝杰,刘小汉,桑海清,2003.新疆东昆仑阿牙克岩体地球化学与^{40}Ar/^{39}Ar年代学研究及其大地构造意义[J].岩石学报,19(3):517-522.

何书跃,李东生,李良林,等,2009.青海东昆仑鸭子沟斑岩型铜(钼)矿区辉钼矿铼-锇同位素年龄及地质意义[J].大地构造与成矿学,33(2):236-242.

何书跃,李玉龙,陈静,等,2017.东昆仑东段哈陇休玛斑岩型钼矿成矿流体特征及成矿机制探讨[J].矿物岩石,37(3):22-30.

洪树炯,袁万明,袁二军,2020.东昆仑热液矿床的流体包裹体特征[J].中国矿业,29(S2):241-244.

黄净白,方锡珩,谢佑新,2010.中国铀矿床研究评价——火山岩型铀矿床[R].北京:中国核工业地质局.

贾群子,杜玉良,栗亚芝,等,2016.青海省金属矿产成矿条件和成矿预测[M].武汉:中国地质大学出版社.

贾小辉，王强，唐功建，2009. A 型花岗岩的研究进展及意义[J]. 大地构造与成矿学，33(3)：465-480.

姜春发，杨经绥，冯秉贵，等，1992. 昆仑开合构造[M]. 北京：地质出版社.

雷勇亮，2022. 东昆仑造山带海德乌拉铀矿床铝质 A 型流纹岩成因及其意义[D]. 南昌：东华理工大学.

雷勇亮，戴佳文，白强，等，2021. 东昆仑造山带海德乌拉铝质 A 型流纹岩成因及其意义[J]. 岩石学报，37(7)：1964-1982.

李碧乐，孙丰月，于晓飞，等，2012. 东昆中隆起带东段闪长岩 U-Pb 年代学和岩石地球化学研究[J]. 岩石学报，28(4)：1163-1172.

李光明，沈远超，刘铁兵，2001. 东昆仑祁漫塔格地区海西期花岗岩地质地球化学特征[J]. 地质与勘探，37(1)：73-78.

李国臣，丰成友，王瑞江，等，2012. 新疆白干湖钨锡矿田东北部花岗岩锆石 SIMS U-Pb 年龄、地球化学特征及构造意义[J]. 地球学报，33(2)：216-226.

李海兵，杨经绥，许志琴，等，2001. 阿尔金断裂带印支期走滑活动的地质及年代学证据[J]. 科学通报，46(16)：1333-1338.

李金超，杜玮，孔会磊，等，2015. 青海省东昆仑大水沟金矿英云闪长岩锆石 U-Pb 测年、岩石地球化学及其找矿意义[J]. 中国地质，42(3)：509-520.

李金超，贾群子，杜玮，等，2014. 东昆仑东段阿斯哈矿床石英闪长岩 LA-ICP-MS 锆石 U-Pb 定年及岩石地球化学特征[J]. 吉林大学学报(地球科学版)，44(4)：1188-1199.

李金超，孔会磊，栗亚芝，等，2017. 青海东昆仑瑙木浑金矿蚀变绢云母 Ar-Ar 年龄、石英闪长岩锆石 U-Pb 年龄和岩石地球化学特征[J]. 地质学报，91(5)：979-991.

李荣社，计文化，杨永成，等，2008. 昆仑山及邻区地质[M]. 北京：地质出版社.

李瑞保，裴先治，李佐臣，等，2015. 东昆仑南缘布青山构造混杂带得力斯坦南 MOR 型玄武岩地质、地球化学特征及岩石成因[J]. 地球科学，40(7)：1148-1162.

李世金，李熙鑫，王富春，等，2020. 青海省重要矿床发现史与经验启示[M]. 北京：地质出版社.

李文良，夏锐，卿敏，等，2014. 应用辉钼矿 Re-Os 定年技术研究青海什多龙矽卡岩型钼铅锌矿床的地球动力学背景[J]. 岩矿测试，33(6)：900-907.

李献华，李正祥，葛文春，等，2001. 华南新元古代花岗岩的锆石 U-Pb 年龄及其构造意义[J]. 矿物岩石地球化学通报，20(4)：271-273.

李彦强，段建华，戴佳文，等，2021. 青海海德乌拉地区火山岩型铀矿含矿主岩地球化学及铀矿化特征研究[J]. 铀矿地质，37(4)：643-652.

李永胜，张帮禄，公凡影，等，2021. 湖南康家湾大型隐伏铅锌矿床成因探讨：流体包裹体、氢氧同位素及硫同位素证据[J]. 岩石学报，37(6)：1847-1866.

李子颖，黄志章，李秀珍，等，2010. 南岭贵东岩浆岩与铀成矿作用[M]. 北京：地质出版社.

李子颖，黄志章，李秀珍，等，2014. 相山火成岩与铀成矿作用[M]. 北京：地质出版社.

凌洪飞，2011. 论花岗岩型铀矿床热液来源：来自氧逸度条件的制约[J]. 地质论评，57

(2):193-206.

刘彬,马昌前,郭盼,等,2013b.东昆仑中泥盆世A型花岗岩的确定及其构造意义[J].地球科学(中国地质大学学报),38(5):947-962.

刘彬,马昌前,蒋红安,等,2013a.东昆仑早古生代洋壳俯冲与碰撞造山作用的转换:来自胡晓钦镁铁质岩石的证据[J].岩石学报,29(6):2093-2106.

刘彬,马昌前,张金阳,等,2012.东昆仑造山带东段早泥盆世侵入岩的成因及其对早古生代造山作用的指示[J].岩石学报,28(6):1785-1807.

刘斌,段光贤,1987. NaCl-H_2O溶液包裹体的密度式和等容式及其应用[J].矿物学报,7(4):345-352.

刘建楠,丰成友,亓锋,等,2012.青海都兰县下得波利铜钼矿区锆石U-Pb测年及流体包裹体研究[J].岩石学报,28(2):679-690.

刘建平,赖健清,谷湘平,等,2012.青海赛什塘铜矿区侵入岩体地球化学及锆石LA-ICPMS U-Pb年代学[J].中国有色金属学报,22(3):622-632.

刘松林,2023.青海省都兰县纳克秀玛地区铀矿调查评价[R].西宁:青海省核工业放射性地质勘查院.

刘松林,2024.青海省都兰县海德乌拉地区矿产资源调查评价2024年设计书[R].西宁:青海省核工业放射性地质勘查院.

刘松林,王春涛,戴佳文,等,2024.青海省都兰县海德乌拉地区矿产资源调查评价设计书[R].西宁:青海省核工业放射性地质勘查院、青海省地质调查院.

刘小于,1991.中国火山岩型铀矿成矿期及矿化类型划分[J].铀矿地质,7(2):94-98.

刘云华,黄同兴,谌建国,等,2004.桂西堆积型铝土矿中三水铝石成因矿物学研究[J].中国地质,31(4):413-419.

刘增铁,2008.青海省铜矿主要类型及找矿方向研究[R].西宁:青海省国土资源博物馆.

刘战庆,裴先治,李瑞保,等,2011a.东昆仑南缘阿尼玛卿构造带布青山地区两期蛇绿岩的LA-ICP-MS锆石U-Pb定年及其构造意义[J].地质学报,85(2):185-194.

刘战庆,裴先治,李瑞保,等,2011b.东昆仑南缘布青山构造混杂岩带早古生代白日切特中酸性岩浆活动:来自锆石U-Pb测年及岩石地球化学证据[J].中国地质,38(5):1150-1167.

卢焕章,范宏瑞,倪培,等,2004.流体包裹体[M].北京:科学出版社.

鲁海峰,杨延乾,何皎,等,2017.东昆仑哈陇休玛钼(钨)矿床花岗闪长斑岩锆石U-Pb及辉钼矿Re-Os同位素定年及其地质意义[J].矿物岩石,37(2):33-39.

陆露,吴珍汉,胡道功,等,2010.东昆仑牦牛山组流纹岩锆石U-Pb年龄及构造意义[J].岩石学报,26(4):1150-1158.

罗毅,丁迪生,董文明,等,2011.湖北省铀矿资源潜力评价与找矿靶区优选[M].北京:原子能出版社.

骆金诚,石少华,陈佑纬,等,2019.铀矿床定年研究进展评述[J].岩石学报,35(2):589-605.

马永寿,拜永山,何皎,等,2010.祁漫塔格地区泛非期二长花岗岩的发现及意义[J].青海大学学报(自然科学版),28(5):56-60.

莫宣学,罗照华,邓晋福,等,2007.东昆仑造山带花岗岩及地壳生长[J].高校地质学报,13(3):403-414.

潘彤,2008.青海祁漫塔格地区铁多金属成矿特征及找矿潜力[J].矿产与地质,22(3):232-235.

潘彤,拜永山,孙丰月,等,2011.青海省东昆仑地区有色、贵金属矿产成矿系列与成矿预测[M].北京:地质出版社.

潘彤,罗才让,伊有昌,等,2006.青海省金属矿产成矿规律及成矿预测[M].北京:地质出版社.

潘彤,孙丰月,李智明,等,2005.青海省东昆仑钴矿成矿系列研究[M].北京:地质出版社.

潘彤,王秉璋,李东生,等,2016.青海东昆仑成矿环境、成矿规律与找矿方向[M].北京:地质出版社.

潘彤,王秉璋,张爱奎,等,2019.柴达木盆地南北缘成矿系列及找矿预测[M].北京:地质出版社.

潘彤,王贵仁,王福德,等,2020.中国矿产地质志·青海卷[R].西宁:青海省地质矿产勘查开发局.

潘裕生,周伟明,许荣华,等,1996.昆仑山早古生代地质特征与演化[J].中国科学(D辑),26(4):302-307.

祁生胜,李五福,于文杰,等,2019.中国区域地质志·青海志[R].西宁:青海省地质调查院.

祁生胜,宋述光,史连昌,等,2014.东昆仑西段夏日哈木-苏海图早古生代榴辉岩的发现及意义[J].岩石学报,30(11):3345-3356.

青海省地质调查院,2004.曲麻莱县大场金矿评价报告[R].西宁:青海省地质调查院.

青海省地质矿产局,1991.青海省区域地质志[M].北京:地质出版社.

青海省地质矿产局,1997.青海省岩石地层[M].武汉:中国地质大学出版社.

邱爱金,郭令智,郑大瑜,等,1999.江西相山地区中、新生代构造演化对富大铀矿形成的制约[J].高校地质学报,5(4):418-425.

邱林飞,欧光习,张建峰,等,2009.浙江大桥坞铀矿床深部流体作用的地质-地球化学证据[J].铀矿地质,25(6):330-337.

邱林飞,欧光习,张敏,等,2012.相山居隆庵矿床铀成矿流体特征及其来源探讨[J].矿床地质,31(2):271-281.

邵洁涟,1988.金矿找矿矿物学[M].武汉:中国地质大学出版社.

沈峰,陈然志,李方,1995.华南相山铀矿田成矿条件及发展前景[J].铀矿地质,11(5):257-265.

沈远超,杨金中,刘铁兵,等,2000.新疆东昆仑祁漫塔格地区上三叠统火山岩的年代及构造环境研究[J]. 地质与勘探,36(3):32-35.

石少华,胡瑞忠,温汉捷,等,2010. 桂北沙子江铀矿床成矿年代学研究:沥青铀矿 U-Pb 同位素年龄及其地质意义[J]. 地质学报,84(8):1175-1182.

宋忠宝,张雨莲,陈向阳,等,2013. 东昆仑哈日扎含矿花岗闪长斑岩 LA-ICP-MS 锆石 U-Pb 定年及地质意义[J]. 矿床地质,32(1):157-168.

孙丰月,2003. 新疆-青海东昆仑成矿带规律和找矿方向综合研究[R]. 长春:吉林大学地质调查研究院.

孙立强,王凯兴,戴佳文,等,2022. 东昆仑造山带海德乌拉辉绿岩成因及其地质意义[J]. 地球科学,49(4):1261-1276.

覃慕陶,刘师先,1998. 南岭花岗岩型和火山岩型铀矿床[M]. 北京:地质出版社.

田承盛,丰成友,李军红,等,2013. 青海它温查汉铁多金属矿床^{40}Ar-^{39}Ar 年代学研究及意义[J]. 矿床地质,32(1):169-176.

田三春,2009. 青海东昆仑西段祁漫塔格地区冰沟南 1/5 万矿产地球化学调查报告[R]. 西宁:青海省第三地质矿产勘查院.

王秉璋,2011. 祁漫塔格地质走廊域古生代—中生代火成岩岩石构造组合研究[D]. 北京:中国地质大学(北京).

王富春,陈静,谢志勇,等,2013. 东昆仑拉陵灶火钼多金属矿床地质特征及辉钼矿 Re-Os 同位素定年[J]. 中国地质,40(4):1209-1217.

王冠,孙丰月,李碧乐,等,2013. 东昆仑夏日哈木矿区早泥盆世正长花岗岩锆石 U-Pb 年代学,地球化学及其动力学意义[J]. 大地构造与成矿学,37(4):685-697.

王辉,丰成友,李大新,等,2015. 青海赛什塘铜矿床辉钼矿 Re-Os 年代学及硫同位素地球化学研究[J]. 地质学报,89(3):487-497.

王健,聂江涛,郭建,2015. 江西相山矿田铜矿化特征及成矿流体演化[J]. 矿物岩石,35(4):74-84.

王谋,李晓峰,王果,等,2012. 新疆雪米斯坦火山岩带白杨河铍铀矿床地质特征[J]. 矿产勘查,3(1):34-40.

王晓霞,胡能高,王涛,等,2012. 柴达木盆地南缘晚奥陶世万宝沟花岗岩:锆石 SHRIMP U-Pb 年龄、Hf 同位素和元素地球化学[J]. 岩石学报,28(9):2950-2962.

王正邦,赵世勤,罗毅,等,1997. 燕辽成矿带西段火山盆地铀成矿条件及远景评价[M]. 北京:地质出版社.

王正其,李子颖,2016. 浙西新路盆地中生代岩浆作用与铀成矿深部动力学过程[M]. 北京:地质出版社.

王正其,夏菲,朱鹏飞,等,2010. 铀矿勘查学[M]. 哈尔滨:哈尔滨工程大学出版社.

魏小林,王富春,田承盛,等,2022. 青海东昆仑—西秦岭成矿带成矿特征及找矿前景[M]. 北京:地质出版社.

巫建华,解开瑞,吴仁贵,等,2014. 中国东部中生代流纹岩—粗面岩组合与热液型铀矿研究新进展[J]. 地球科学进展,29(12):1372-1382.

巫建华，劳玉军，谢国发，等，2017. 江西相山铀矿田火山岩系地层学、年代学特征及地质意义[J]. 中国地质，44(5)：974-992.

吴峻，兰朝利，李继亮，等，2001. 新疆东昆仑阿其克库勒湖西缘地区蛇绿岩的确证[J]. 地质科技情报，20(3)：6-10.

吴玉，2013. 相山铀矿田成矿流体地球化学特征及矿床成因探讨[D]. 南昌：东华理工大学.

吴志春，郭福生，薛林福，等，2021. 江西相山矿田典型铀矿床三维地质特征与成矿条件分析[M]. 北京：地质出版社.

夏锐，卿敏，王长明，等，2014. 青海东昆仑托克妥 Cu-Au(Mo)矿床含矿斑岩成因：锆石 U-Pb 年代学和地球化学约束[J]. 吉林大学学报(地球科学版)，44(5)：1502-1524.

夏毓亮，2019. 中国铀成矿地质年代学[M]. 北京：中国原子能出版社.

向鹏，2011. 青海省加当根斑岩型铜(钼)矿床成矿特征及成矿条件研究[D]. 武汉：中国地质大学(武汉).

向鹏，姚书振，周宗桂，2013. 青海加当根斑岩型铜(钼)矿床岩石地球化学特征及其成因认识[J]. 西北地质，46(1)：139-153.

肖晔，丰成友，李大新，等，2014. 青海省果洛龙洼金矿区年代学研究与流体包裹体特征[J]. 地质学报，88(5)：895-902.

许庆林，2014. 青海东昆仑造山带斑岩型矿床成矿作用研究[D]. 长春：吉林大学.

许荣华，HARRIS N，LEWIS C，等，1990. 拉萨至格尔木的同位素地球化学[C]//中-英青藏高原综合考察队. 青藏高原地质演化. 北京：科学出版社：280-302.

许志琴，李海兵，唐哲民，等，2011. 大型走滑断裂对青藏高原地体构架的改造[J]. 岩石学报，27(11)：3157-3170.

许志琴，杨经绥，李海兵，等，2006. 中央造山带早古生代地体构架与高压/超高压变质带的形成[J]. 地质学报，80(12)：1793-1806.

许志琴，张建新，徐惠芬，等. 1997. 中国主要大陆山链韧性剪切带及动力学[M]. 北京：地质出版社.

杨兴科，韩珂，何虎军，等，2015. 青海祁漫塔格虎头崖矿田岩浆-热力构造类型与深部找矿[J]. 矿物学报，35(S1)：1051.

杨延乾，李碧乐，许庆林，等，2013. 东昆仑埃坑德勒斯特二长花岗岩锆石 U-Pb 定年及地质意义[J]. 西北地质，46(1)：56-62.

杨增海，王建平，刘家军，等，2012. 内蒙古乌日尼图钨钼矿床成矿流体特征及地质意义[J]. 地球科学(中国地质大学学报)，37(6)：1268-1278.

于淼，丰成友，刘洪川，等，2015. 青海尕林格矽卡岩型铁矿金云母 $^{40}Ar/^{39}Ar$ 年代学及成矿地质意义[J]. 地质学报，89(3)：510-521.

余达淦，吴仁贵，陈培荣，等，2005. 铀资源地质学[M]. 哈尔滨：哈尔滨工程大学出版社.

岳维好，2013. 东昆仑东段沟里金矿集区典型矿床地质地球化学及成矿机理研究[D]. 昆明：昆明理工大学.

岳维好，周家喜，高建国，等，2017. 青海都兰县阿斯哈金矿区花岗斑岩岩石地球化学、锆石 U-Pb 年代学与 Hf 同位素研究[J]. 大地构造与成矿学，41(4)：776-789.

张德全，丰成友，李大新，等，2001. 柴北缘—东昆仑地区的造山型金矿床[J]. 矿床地质，20(2)：137-146.

张金带，李友良，简晓飞，等，2007. "十五"期间铀矿地质勘查主要成果及"十一五"的总体思路[J]. 铀矿地质，23(1)：1-6.

张金带，李子颖，蔡煜琦，等，2012. 全国铀矿资源潜力评价工作进展与主要成果[J]. 铀矿地质，28(6)：321-326.

张金带，李子颖，徐高中，等，2015. 我国铀矿勘查的重大进展和突破——进入新世纪以来新发现和探明的铀矿床实例[M]. 北京：地质出版社.

张理刚，1989. 稳定同位素在地质科学中的应用-金属活化热液成矿作用及找矿[M]. 西安：陕西科学技术出版社.

张龙，李晓峰，王果，2020. 火山岩型铀矿床的基本特征、研究进展与展望[J]. 岩石学报，36(2)：575-588.

张廷克，李闽榕，白云生，2023. 中国核能发展报告(2023)[M]. 北京：社会科学文献出版社.

张万良，李子颖，2005. 江西邹家山铀矿床成矿特征及物质来源[J]. 现代地质，19(3)：369-374.

张祥信，陈必河，马宝军，2009. 东昆仑可支塔格蛇绿混杂岩的地质地球化学特征[J]. 大地构造与成矿学，33(2)：313-319.

张笑天，潘家永，夏菲，等，2022. 湘赣边界鹿井铀矿床流体包裹体及成矿机制[J]. 地球科学，47(1)：192-205.

张雪亭，杨生德，杨站君，2007. 青海省板块构造研究：1∶100 万青海省大地构造图说明书[M]. 北京：地质出版社.

张亚峰，2010. 东昆仑都兰可可沙地区早古生代侵入岩体地质特征、形成时代及构造环境[D]. 西安：长安大学.

张耀玲，胡道功，石玉若，等，2010. 东昆仑造山带牦牛山组火山岩 SHRIMP 锆石 U-Pb 年龄及其构造意义[J]. 地质通报，29(11)：1614-1618

张宇婷，孙丰月，李予晋，等，2022. 吉南中侏罗世花岗闪长岩的锆石 U-Pb 年龄、地球化学及 Hf 同位素组成[J]. 吉林大学学报(地球科学版)，52(5)：1675-1687.

章邦桐，张祖还，倪琦生，1990. 内生铀矿床及其研究方法[M]. 北京：中国原子能出版社.

赵生辉，2021. 青海省都兰县海德乌拉地区 I46E001024、I47E001001 两幅 1∶5 万放射性矿产调查报告[R]. 西宁：青海省核工业地质局.

赵生辉，2022. 青海省都兰县海德乌拉地区铀矿普查 2021—2022 年工作总结[R]. 西宁：青海省核工业放射性地质勘查院.

赵生辉，2024. 青海省都兰县海德乌拉地区铀矿普查报告(2021—2023 年度)[R]. 西宁：青海省核工业放射性地质勘查院.

赵有军,2013.青海省茫崖行委黑山南坡地区铀矿普查报告[R].西宁:青海省核工业地质局.

赵有军,2019.青海省都兰县诺木洪地区 I47E001003、I47E001004、I47E002003、I47E002004 四幅 1∶5 万放射性矿产调查报告[R].西宁:青海省核工业地质局.

郑国栋,罗强,刘文泉,等,2021.粤北书楼丘铀矿床沥青铀矿原位 U-Pb 年龄和元素特征及其地质意义[J].地球科学,46(6):2174-2187.

郑国栋,王琨,陈其慎,等,2021.世界稀土产业格局变化与中国稀土产业面临的问题[J].地球学报,42(2):265-272.

郑健康,1992.东昆仑区域构造的发展演化[J].青海地质(1):15-25.

郑永飞,陈江峰,2000.稳定同位素地球化学[M].北京:科学出版社.

周红智,2019.青海省鄂拉山地区印支期岩浆演化及铜多金属成矿作用[D].武汉:中国地质大学(武汉).

周建厚,丰成友,王辉,等,2014.新疆祁漫塔格于沟子铁多金属矿辉钼矿 Re-Os 年龄及其地质意义[J].地质与勘探,50(1):1-7.

朱弟成,莫宣学,王立全,等,2009.西藏冈底斯东部察隅高分异 I 型花岗岩的成因:锆石 U-Pb 年代学,地球化学和 Sr-Nd-Hf 同位素约束[J].中国科学(D 辑):地球科学,39(7):833-848.

朱坤贺,2023.东昆仑造山带海德乌拉铀矿床成矿流体特征及其对铀成矿的指示[D].南昌:东华理工大学.

朱坤贺,戴佳文,王凯兴,等,2022.东昆仑造山带海德乌拉铀矿床沥青铀矿年代学特征及成因[J].地球科学,47(8):2940-2950.

朱云海,张克信,王国灿,等,2002.东昆仑复合造山带蛇绿岩、岩浆岩及构造岩浆演化[M].武汉:中国地质大学出版社.

朱云海,朱耀生,林启祥,等,2003.东昆仑造山带海德乌拉一带早侏罗世火山岩特征及其构造意义[J].地球科学,28(6):653-659.

宗克清,陈金勇,胡兆初,等,2015.铀矿 fs-LA-ICP-MS 原位微区 U-Pb 定年[J].中国科学:地球科学,45(9):1304-1315.

ANDERSON J L,BENDER E E,1989. Nature and origin of Proterozoic A-type granitic magmatism in the southwestern United States of America[J]. Lithos,23(1/2):19-52.

ANDERSON J L,CULLERS R L,1978. Geochemistry and evolution of the Wolf River batholith,a late Precambrian rapakivi massif in North Wisconsin, USA[J]. Precambrian Research,7(4):287-324.

BALLOUARD C,POUJOL M,BOULVAIS P,et al. ,2017. Magmatic and hydrothermal behavior of uranium in syntectonic leucogranites:The uranium mineralization associated with the Hercynian Guérande granite(Armorican Massif,France)[J]. Ore Geology Reviews,80:309-331.

BALLOUARD C,POUJOL M,MERCADIER J,et al. ,2018. Uranium metallogenesis of the peraluminous leucogranite from the Pontivy-Rostrenen Mag Matic complex (French Armorican Variscan Belt): The result of long-term oxidized hydrothermal alteration during strike-slip deformation[J]. Miner Deposita, 53: 601-628.

BIAN Q T, LI D H, POSPELOV I, et al., 2004. Age, geochemistry and tectonic setting of Buqingshan ophiolites, North Qinghai-Tibet Plateau, China[J]. Journal of Asian Earth Science, 23(4): 577-596.

BODNAR R J, 1993. Revised equation and table for determining the freezing point depression of H_2O-NaCl solutions[J]. Geochim Cosmochim Acta, 57(3): 683-684.

BODNAR R J, REYNOLDS T J, KUEHN C A, 1985. Fluid-inclusion systematics in epithermal systems[M]//BERGER B R, BETHKE P M. Geology and geochemistry of epithermal systems. Littleton, CO: Society of Economic Geologists, Inc: 73-97.

BONIN B, 2007. A-type granites and related rocks: Evolution of a concept, problems and prospects[J]. Lithos, 97(1/2): 1-29.

BONNETTI C, LIU X D, MERCADIER J, et al., 2021. Genesis of the volcanic-related Be-U-Mo Baiyanghe deposit, West Junggar (NW China), constrained by mineralogical, trace element and U-Pb isotope signatures of the primary U mineralisation[J]. Ore Geology Reviews, 128: 103921.

BOWLES J F W, 1990. Age dating of individual grains of uraninite in rocks from electron microprobe analyses[J]. Chemical Geology, 83(1/2): 47-53.

BOYNTON W V, 1984. Cosmochemistry of the rare earth elements: Meteorite studies [M]//HENDERSON P. Developments in geochemistry. Amsterdam: Elsevier: 63-114.

CAI Y Q, ZHANG J D, LI Z Y, et al., 2015. Outline of uranium resources characteristics and metallogenetic regularity in China[J]. Acta Geologica Sinica-English Edition, 89(3): 918-937.

CHAPPELL B W, 1999. Aluminium saturation in I-and S-type granites and the characterization of fractionated haplogranites[J]. Lithos, 46(3): 535-551.

CHAPPELL B W, BRYANT C J, WYBORN D, 2012. Peraluminous I-type granites[J]. Lithos, 153: 142-153.

CHEN J J, FU L B, WEI J H, et al., 2020. Proto-Tethys magmatic evolution along northern Gondwana: Insights from Late Silurian–Middle Devonian A-type magmatism, East Kunlun Orogen, Northern Tibetan Plateau, China[J]. Lithos, 356/357: 105304.

CHEN N S, SUN M, WANG Q Y, et al., 2008. U-Pb dating of zircon from the Central Zone of the East Kunlun Orogen and its implications for tectonic evolution[J]. Science in China Series D: Earth Science, 51(7): 929-938.

CHI G X, ASHTON K, DENG T, et al., 2020. Comparison of granite-related uranium deposits in the Beaverlodge District (Canada) and South China—A common control of mineralization by coupled shallow and deep-seated geologic processes in an extensional setting[J]. Ore Geology Reviews, 117.

CHI G X, DIAMOND L W, LU H Z, et al., 2021. Common problems and pitfalls in fluid inclusion study: A review and discussion[J]. Minerals, 11(1): 7.

COLLINS W J, BEAMS S D, WHITE A J R, et al., 1982. Nature and origin of A-type granites with particular reference to southeastern Australia[J]. Contributions to Mineralogy and Petrology, 80: 189-200.

CREASER R A, PRICE R C, WORMALD R J, 1991. A-type granites revisited: Assessment of a residual-source model[J]. Geology, 19(2): 163-166.

CUNEY M, 2009. The extreme diversity of uranium deposits[J]. Mineralium Deposita, 44(1): 3-9.

CUNEY M, KYSER K, 2008. Recent and not-so-recent developments in uranium deposits and implications for exploration[M]. Quebec: Mineralogical Association of Canada.

CUNNINGHAM C G, STEVEN T A, NAESER C W, 1978. Preliminary structural and mineralogical analysis of Deer Trail Mountain–Alunite Ridge mining area[M]. Utah: U. S. Geologial Survey.

DAHLKAMP F J, 2010. Uranium deposits of the world: USA and Latin America[M]. Berlin: Springer.

DALL'AGNOL R, DE OLIVEIRA D C, 2007. Oxidized, magnetite-series, rapakivi-type granites of Carajás, Brazil: Implications for classification and petrogenesis of A-type granites[J]. Lithos, 93(3/4): 215-233.

DALL'AGNOL R, SCAILLET B, PICHAVANT M, 1999. An experimental study of a Lower Proterozoic A-type granite from the Eastern Amazonian Craton, Brazil[J]. Journal of Petrology, 40(11): 1673-1698.

DING Q F, JIANG S Y, SUN F Y, 2014. Zircon U-Pb geochronology, geochemical and Sr-Nd-Hf isotopic compositions of the Triassic granite and diorite dikes from the Wulonggou mining area in the Eastern Kunlun Orogen, NW China: Petrogenesis and tectonic implications[J]. Lithos, 205: 266-283.

DONG G C, LUO M F, MO X X, et al., 2018. Petrogenesis and tectonic implications of early Paleozoic granitoids in East Kunlun Belt: Evidences from geochronology, geochemistry and isotopes[J]. Geoscience Frontiers, 9(5): 1383-1397.

DONG Y P, HE D, SUN S, et al., 2018. Subduction and accretionary tectonics of the East Kunlun Orogen, western segment of the Central China Orogenic System[J]. Earth-Science Reviews, 186: 231-261.

EBY G N, 1990. The A-type granitoids: A review of their occurrence and chemical characteristics and speculations on their petrogenesis[J]. Lithos, 26(1/2): 115-134.

EBY G N, 1992. Chemical subdivision of the A-type granitoids: Petrogenetic and tectonic implications[J]. Geology, 20(7): 641-644.

FAYEK M, HORITA J, RIPLEY E M, 2011. The oxygen isotopic composition of uranium minerals:A review[J]. Ore Geology Reviews,41(1):1-21.

FINCH W I,1996. Uranium provinces of North America—their definition,distribution and models[R]. Denver CO,USA:U. S. Geological Survey.

FRIEDMAN I,O'NEIL J R,1977. Compilation of stable isotope fractionation factors of geochemical interest[R]//FLEISCHER M. Data of geochemistry. 6th ed. Washington,D. C. : U. S. Geological Survey:KK1-KK9.

FRIMMEL H E,SCHEDEL S,BRÄTZ H,2014. Uraninite chemistry as forensic tool for provenance Analysis[J]. Applied Geochemistry,48:104-121.

FROST C D, BELL J M, FROST B R, et al., 2001. Crustal growth by magmatic underplating:Isotopic evidence from the northern Sherman batholith[J]. Geology, 29(6): 515-518.

FROST C D,FROST B R,1997. Reduced rapakivi-type granites:The tholeiite connection [J]. Geology,25(7):647-650.

FROST C D, FROST B R, 2011. On ferroan(A-type) granitoids: Their compositional variability and modes of origin[J]. Journal of Petrology,52(1):39-53.

FROST C D,FROST B R,CHAMBERLAIN K R,et al.,1999. Petrogenesis of the 1.43 Ga Sherman batholith,SE Wyoming,USA:A reduced,rapakivi-type anorogenic granite[J]. Journal of Petrology,40(12):1771-1802.

GEORGE-ANIEL B,LEROY J L,POTY B,1991. Volcanogenic uranium mineralizations in the Sierra Pena Blanca District, Chihuahua, Mexico: three genetic models[J]. Economic Geology,86(2):233-248.

GLAZNER A F,COLEMAN D S,BARTLEY J M,2008. The tenuous connection between high-silica rhyolites and granodiorite plutons[J]. Geology,36(2):183-186.

GRIFFIN W L, WANG X, JACKSON S E, et al., 2002. Zircon chemistry and magma mixing,SE China:In-situ analysis of Hf isotopes,Tonglu and Pingtan igneous complexes[J]. Lithos,61(3/4):237-269.

HALL S M,BEARD J S,POTTER C J,et al.,2022. The Coles Hill uranium deposit, Virginia, USA: Geology, geochemistry, geochronology, and genetic model [J]. Economic Geology,117(2):273-304.

HE D F,DONG Y P,ZHANG F F,et al.,2016. The 1.0 Ga S-type granite in the east Kunlun Orogen,northern Tibetan plateau:Implications for the Meso-to Neoproterozoic tectonic evolution[J]. Journal of Asian Earth Sciences,130:46-59.

HILDRETH W,2004. Volcanological perspectives on Long Valley,Mammoth Mountain, and Mono Craters: Several contiguous but discrete systems[J]. Journal of Volcanology and Geothermal Research,136(3/4):169-198.

HOEFS J,2015. Stable isotope geochemistry[M]. 9th ed. Cham:Spriger.

HOFMANN A W, JOCHUM K P, SEUFERT M, et al., 1986. Nb and Pb in oceanic basalts: new constraints on mantle evolution[J]. Earth and Planetary science letters, 79(1/2): 33-45.

HU R Z, BI X W, ZHOU M F, et al., 2008. Uranium metallogenesis in South China and its relationship to crustal extension during the Cretaceous to Tertiary[J]. Economic Geology, 103 (3): 583-598.

HU R Z, BURNARD P G, BI X W, et al., 2009. Mantle-derived gaseous components in ore-forming fluids of the Xiangshan uranium deposit, Jiangxi province, China: Evidence from He, Ar and C isotopes[J]. Chemical Geology, 266(1/2): 86-95.

HUANG H Q, LI X H, LI W X, et al., 2011. Formation of high $\delta^{18}O$ fayalite-bearing A-type granite by high-temperature melting of granulitic metasedimentary rocks, southern China [J]. Geology, 39(10): 903-906.

INTERNATIONAL ATOMIC ENERGY AGENCY, 2018. World distribution of uranium deposits(UDEPO) with uranium deposits classification[M]. Vienna: IAEA.

KEMP A I S, HAWKESWORTH C J, FOSTER G L, et al., 2007. Magmatic and crustal differentiation history of graniticrocks from Hf-O isotopes in zircon[J]. Science, 315(5814): 980-983.

KING P L, WHITE A J R, CHAPPELL B W, et al., 1997. Characterization and origin of aluminous A-type granites from the Lachlan Fold Belt, southeastern Australia[J]. Journal of Petrology, 38(3): 371-391.

LI S Z, ZHAO S J, LIU X, et al., 2018. Closure of the Proto-Tethys Ocean and Early Paleozoic amalgamation of microcontinental blocks in East Asia[J]. Earth-Science Reviews, 186: 37-75.

LI W Y, LI S G, GUO A L, et al., 2007. Zircon SHRIMP U-Pb ages and trace element geochemistry of the Kuhai gabbro and the Dur'ngoi diorite in the southern east Kunlun tectonic belt, Qinghai, Western China and their geological implications[J]. Science in China Series D: Earth Sciences, 50(Suppl 2): 331-338.

LIN G, ZHOU Y, WEI X R, et al., 2006. Structural controls on fluid flow and related mineralization in the Xiangshan uranium deposit, Southern China [J]. Joural of Geochmical Exploration, 89(1/2/3): 231-234

LITVINOVSKY B A, JAHN B, ZANVILEVICH A N, et al., 2002. Petrogenesis of syenite-granite suites from the Bryansky Complex(Transbaikalia, Russia): implications for the origin of A-type granitoid magmas[J]. Chemical Geology, 189(1/2): 105-133.

LIU Y S, HU Z C, GAO S, et al., 2008. In situ analysis of major and trace elements of anhydrous minerals by LA-ICP-MS without applying an internal standard [J]. Chemical Geology, 257(1/2): 34-43.

LOISELLE M C, WONES D R, 1979. Characteristics and origin of anorogenic granites[J].

Geological Society of America,12(7):468.

LUDWIG K R,2003. A geochronological toolkit for Microsoft Excel[J]. Isoplot,3:1-70.

LÓPEZ S,CASTRO A,2001. Determination of the fluid-absent solidus and supersolidus phase relationships of MORB-derived amphibolites in the range 4–14 kbar[J]. American Mineralogist,86(11/12):1396-1403.

MARTZ P,MERCADIER J,PERRET J,et al. ,2019. Post-crystallization alteration of natural uraninites:Implications for dating,tracing,and nuclear forensics[J]. Geochimica et Cosmochimica Acta,249:138-159.

MCCULLOCH M T,GAMBLE J A,1991. Geochemical and geodynamical constraints on subduction zone magmatism[J]. Earth and Planetary Science Letters,102(3/4):358-374.

MCDONOUGH W F,SUN S S,1995. The composition of the Earth[J]. Chemical Geology,120(3/4):223-253.

MENG F C,ZHANG J X,CUI M H,2013. Discovery of Early Paleozoic eclogite from the East Kunlun,Western China and its tectonic significance[J]. Gondwana Research,23(2):825-836.

MERCADIER J,CUNEY M,LACH P,et al. ,2011. Origin of uranium deposits revealed by their rare earth element signature[J]. Terra Nova,23(4):264-269.

MONCADA D,BAKER D,BODNAR R J,2017. Mineralogical,petrographic and fluid inclusion evidence for the link between boiling and epithermal Ag-Au mineralization in the La Luz area,Guanajuato Mining District,México[J]. Ore Geology Reviews,89:143-170.

OZHA M K,PAL D C,MISHRA B,et al. ,2017. Geochemistry and chemical dating of uraninite in the Sa Markiya area,central Rajasthan,northwestern India–Implication for geochemical and temporal evolution of uranium mineralization[J]. Ore Geology Reviews,88:23-42.

PATINO DOUCE A E,1997. Generation of metaluminous A-type granites by low-pressure melting of calc-alkaline granitoids[J]. Geology,25(8):743-746.

PATIÑO DOUCE A E,1999. What do experiments tell us about the relative contributions of crust and mantle to the origin of granitic magmas? [J]. Geological Society,London,Special Publications,168(1):55-75.

PATIÑO DOUCE A E,2005. Vapor-absent melting of tonalite at 15–32 kbar[J]. Journal of Petrology,46(2):275-290.

PEARCE J A,2008. Geochemical fingerprinting of oceanic basalts with applications to ophiolite classification and the search for Archean oceanic crust[J]. Lithos,100(1/2/3/4):14-48.

PETCOVIC H L,GRUNDER A L,2003. Textural and thermal history of partialmelting in tonalitic wallrock at the margin of a basalt dike,Wallowa Mountains,Oregon[J]. Journal of Petrology,44(12):2287-2312.

QIAN Q,HERMANN J,2013. Partial melting of lower crust at 10–15 kbar:Constraints on adakite and TTG formation[J]. Contributions to Mineralogy and Petrology,165:1195-1224.

RAPP R P, WATSON E B, 1995. Dehydration melting of metabasalt at 8–32 kbar: Implications for continental growth and crust-mantle recycling[J]. Journal of Petrology, 36 (4):891-931.

REYES-CORTÉS M,FUENTES-COBAS L,TORRES-MOYE E,et al. ,2010. Uranium minerals from the San Marcos District,Chihuahua,Mexico[J]. Mineralogy and Petrology, 99 (1):121-132.

RICHARD A, CATHELINEAU M, BOIRON M C, et al., 2016. Metal-rich fluid inclusions provide new insights into unconformity-related U deposits(Athabasca Basin and Basement,Canada)[J]. Miner alium Deposita,51:249-270.

ROEDDER E, 1984. Fluid inclusions [M]. RIBBE P H. Reviews in Mineralogy. Michigan:Mineralogical Society of American.

ROGER F, ARNAUD N, GILDER S, et al., 2003. Geochronological and geochemical constraints on Mesozoic suturing in east central Tibet[J]. Tectonics,22(4):1037-1057.

ROMBERGER S B,1984. Transport and deposition of uranium in hydrothermal systems at temperatures up to 300℃: Geological implications[M]//DE VIVO B, IPPOLITO F, CAPALDI G,et al. Uranium geochemistry, mineralogy, geology, exploration and resources. Dordrecht:Spriger,12-17.

RUDNICK R L,GAO S,2003. Composition of the continental crust[M]//HOLLAND H D. Treatise on geochemistry. Amsterdam:Elsevier:1-64.

SEN C,DUNN T,1994. Dehydration melting of a basaltic composition amphibolite at 1. 5 and 2. 0 GPa: implications for the origin of adakites[J]. Contributions to Mineralogy and Petrology,117(4):394-409.

SHABAGA B M, FAYEK M Q, QUIRT D, et al., 2020. Sources of sulphur for the Proterozoic Kiggavik uranium deposit, Nunavut, Canada[J]. Canadian Journal of Earth Sciences,57(11):1312-1323.

SIMMONS S F,WHITE N C,JOHN D A,2005. Geological characteristics of epithermal precious and base metal deposits[M]//HEDENQUIST J W, THOMPSON J F H, GOLDFARB R J, et al. Economic geology one hundredth anniversary volume: 1905–2005. Littleton,CO,USA:Society of Economic Geologists:485-522.

SKJERLIE K P,JOHNSTON A D,1992. Vapor-absent melting at 10 kbar of a biotite-and amphibole-bearing tonalitic gneiss: Implications for the generation of A-type granites [J]. Geology,20(3):263-266.

SKJERLIE K P, PATIÑO DOUCE A E, 2002. The fluid-absent partial melting of a zoisite-bearing quartz eclogite from 1. 0 to 3. 2 GPa: Implications for melting in thickened continental crust and for subduction-zone processes[J]. Journal of Petrology, 43 (2):

291-314.

SONG S, BI H, QI S, et al., 2018. HP-UHP metamorphic belt in the East Kunlun orogen: Final closure of the proto-Tethys ocean and formation of the pan-North-China continent[J]. Journal of Petrology, 59(11): 2043-2060.

SONG S, NIU Y, SU L, et al., 2013. Tectonics of the North Qilian orogen, NW China [J]. Gondwana Research, 23(4): 1378-1401.

SUN S S, MCDONOUGH W F, 1989. Chemical and isotopic systematics of oceanic basalts: implications for mantle composition and processes[J]. Geological Society, London, Special Publications, 42(1): 313-345.

SUN Y, MA C Q, LIU Y Y, et al., 2011. Geochronological and geochemical constraints on the petrogenesis of late Triassic aluminous A-type granites in southeast China[J]. Journal of Asian Earth Sciences, 42(6): 1117-1131.

TAYLOR H P, Jr FRECHEN J, DEGENS E T, 1967. Oxygen and carbon isotope studies of carbonatites from the Laacher See District, West Germany and the Alnö District, Sweden[J]. Geochimica et Cosmochimica Acta, 31(3): 407-430.

TAYLOR H P, Jr, 1974. The application of oxygen and hydrogen isotope studies to problems of hydrothermal alteration and ore deposition[J]. Economic Geology, 69(6): 843-883.

TIMOFEEV A, MIGDISOV A A, WILLIAMS-JONES A E, et al., 2018. Uranium transport in acidic brines under reducing conditions[J]. Nature Communications, 9: 1469.

TURNER S P, FODEN J D, MORRISON R S, 1992. Derivation of some A-type magmas by fractionation of basaltic magma: an example from the Padthaway Ridge, South Australia [J]. Lithos, 28(2): 151-179.

VERMEESCH P, 2018. Dissimilarity measures in detrital geochronology[J]. Earth-Science Reviews, 178: 310-321.

WANG H, FENG C Y, LI D X, et al., 2016. Geology, geochronology and geochemistry of the Saishitang Cu deposit, East Kunlun Mountains, NW China: Constraints on ore genesis and tectonic setting[J]. Ore Geology Reviews, 72(1): 43-59.

WANG K X, SUN T, CHEN P R, et al., 2013. The geochronological and geochemical constraints on the petrogenesis of the Early Mesozoic A-type granite and diabase in northwestern Fujian province[J]. Lithos, 179: 364-381.

WATKINS D C, 2007. Determining a representative hydraulic conductivity of the Carnmenellis Granite of Cornwall, UK, based on a range of sources of information[M]// KRÁSNÝ J, SHARP J M. Groundwater in Fractured Rocks, London: CRC Press: 167-178.

WHALEN J B, CURRIE K L, CHAPPELL B W, 1987. A-type granites: geochemical characteristics, discrimination and petrogenesis[J]. Contributions to Mineralogy and Petrology, 95: 407-419.

WHALEN J B,JENNER G A,LONGSTAFFE F J,et al.,1996. Geochemical and isotopic (O,Nd,Pb and Sr) constraints on A-type granite petrogenesis based on the Topsails igneous suite,Newfoundland Appalachians[J]. Journal of Petrology,37(6):1463-1489.

WILKINSON J J,2001. Fluid inclusions in hydrothermal ore deposits[J]. Lithos,55(1/2/3/4):229-272.

WINCHESTER J A,FLOYD P A,1977. Geochemical discrimination of different magma series and their differentiation products using immobile elements[J]. Chemical Geology,20:325-343.

WU F,SUN D,LI H,et al.,2002. A-type granites in northeastern China:Age and geochemical constraints on their petrogenesis[J]. Chemical Geology,187(1/2):143-173.

XIA R,WANG C M,QING M,et al.,2015. Zircon U-Pb dating,geochemistry and Sr-Nd-Pb-Hf-O isotopes for the Nan'getan granodiorites and mafic microgranular enclaves in the East Kunlun Orogen:Record of closure of the Paleo-Tethys[J]. Lithos(234/235):47-60.

XIAO L,CLEMENS J D,2007. Origin of potassic(C-type) adakite magmas:Experimental and field constraints[J]. Lithos,95(3/4):399-414.

XIN W,SUN F Y,LI L,et al.,2018. The Wulonggou metaluminous A_2-type granites in the Eastern Kunlun Orogenic Belt,NW China:Rejuvenation of subduction-related felsic crust and implications for post-collision extension[J]. Lithos(312/313):108-127.

XIONG F H,MA C Q,JIANG H A,et al.,2016. Geochronology and petrogenesis of Triassic high-K calc-alkaline granodiorites in the East Kunlun orogen,West China:Juvenile lower crustal melting during post-collisional extension[J]. Journal of Earth Science,27(3):474-490.

XIONG F H,MA C Q,WU L,et al.,2015. Geochemistry,zircon U-Pb ages and Sr-Nd-Hf isotopes of an Ordovician appinitic pluton in the East Kunlun orogen:New evidence for Proto-Tethyan subduction[J]. Journal of Asian Earth Sciences,111:681-697.

XIONG F H,MA C Q,ZHANG J Y,et al.,2014. Reworking of old continental lithosphere:An important crustal evolution mechanism in orogenic belts,as evidenced by Triassic I-type granitoids in the East Kunlun orogeny,Northern Tibetan Plateau[J]. Journal of the Geological Society,171(6):847-863.

YANG J H,WU F Y,CHUNG S L,et al.,2006. A hybrid origin for the Qianshan A-type granite,northeast China:Geochemical and Sr-Nd-Hf isotopic evidence[J]. Lithos,89(1/2):89-106.

YANG M,LIANG X,MA L,et al.,2019. Adsorption of REEs on kaolinite and halloysite:A link to the REE distribution on clays in the weathering crust of granite[J]. Chemical Geology,525:210-217.

YIN A,HARRISON T M,2000. Geologic evolution of the Himalayan-Tibetan orogeny[J]. Annual Review of Earth and Planetary Sciences,28:211-280.

YU C D,WANG K X,LIU X D,et al. ,2020. Uranium mineralogical and chemical features of the Na-metasomatic type uranium deposit in the Longshoushan metallogenic belt, Northwestern China[J]. Minerals,10(4):335.

YU S Y, ZHANG J X, DEL REAL P G, et al. , 2013a. The Grenvillian orogeny in the Altun-Qilian-North Qaidam mountain belts of northern Tibet Plateau: constraints from geochemical and zircon U-Pb age and Hf isotopic study of magmatic rocks[J]. Journal of Asian Earth Sciences,73:372-395.

YU S Y,ZHANG J X,LI H K,et al. ,2013b. Geochemistry,zircon U-Pb geochronology and Lu-Hf isotopic composition of eclogites and their host gneisses in the Dulan area,North Qaidam UHP terrane:New evidence for deep continental subduction[J]. Gondwana Research,23(3):901-919.

ZHANG J Y, MA C Q, LI J W, et al. , 2017. A possible genetic relationship between orogenic gold mineralization and post-collisional Magmatism in the eastern Kunlun Orogen, western China[J]. Ore Geology Reviews,81(1):342-357.

ZHANG L,CHEN Z Y,LI X F,et al. ,2018. Zircon U-Pb geochronology and geochemistry of granites in the Zhuguangshan complex,South China:implications for uranium mineralization [J]. Lithos,308/309:19-33.

ZHAO K D,JIANG S Y,CHEN W F,et al. ,2013. Zircon U-Pb chronology and elemental and Sr-Nd-Hf isotope geochemistry of two Triassic A-type granites in South China:Implication for petrogenesis and Indosinian transtensional tectonism[J]. Lithos,160/161:292-306.

ZHONG J,WANG S Y,GU D Z,et al. ,2020. Geology and fluid geochemistry of the Na-metasomatism U deposits in the Longshoushan uranium metallogenic belt, NW China: constraints on the ore-forming process[J]. Ore Geology Reviews,116:103214.

ZHOU B, DONG Y P, ZHANG F F, et al. , 2016. Geochemistry and zircon U-Pb geochronology of granitoids in the East Kunlun Orogenic Belt,northern Tibetan Plateau:Origin and tectonic implications[J]. Journal of Asian Earth Sciences,130:265-281.

ZHOU Y Y, ZHAI M G, ZHAO T P, et al. , 2014. Geochronological and geochemical constraints on the petrogenesis of the early Paleoproterozoic potassic granite in the Lushan area,southern margin of the North China Craton[J]. Journal of Asian Earth Sciences, 94:190-204.

ZHOU Y,LIN G,GONG F X,et al. ,2006. Numerical simulations of structural deformation and fluid flow in Xiangshan deposit[J]. Journal of China University Mining & Technology,16(4):404-408.